Serge Lang

ÁLGEBRA LINEAR

Da série de textos universitários de matemática

da

SPRINGER-VERLAG

Tradução

Luiz Pedro San Gil Jutuca

Decano do Centro de Ciências Exatas e Tecnologia da UNIRIO

Revisão

Lázaro Coutinho

Consultor-Matemático do Centro de Análises de Sistemas Navais

Nenhuma parte deste livro poderá ser reproduzida, transmitida e gravada, por qualquer meio eletrônico, mecânico, por fotocópia e outros, sem a prévia autorização, por escrito, da editora.

Translation from the english language third edition:
Linear Algebra by Serge Lang
Copyright© 1987 by Springer-Verlag New York Inc.
Springer-Verlag is a company in the BertelsmannSpringer publishing group. All Rights Reserved.

© 2003 Editora Ciência Moderna Ltda.
Todos os direitos para a língua portuguesa reservados pela Editora Ciência Moderna Ltda.
Esta obra foi composta no LaTeX2e

Editor: Paulo André P. Marques
Supervisão Editorial: Carlos Augusto L. Almeida
Consultoria Editorial e Revisão Técnica: Lázaro Coutinho
Tradução: Luiz Pedro San Gil Jutuca
Assistente Editorial: Daniele M. Oliveira
Capa: Marcia Lips
Diagramação: Otávio Alves Barros e Luiz Renato Dantas Coutinho

FICHA CATALOGRÁFICA

Lang, Serge
Álgebra Linear
Rio de Janeiro: Editora Ciência Moderna, 2003.
Matemática; Álgebra
I – Título
ISBN: 85-7393-253-8   CDD 512

Editora Ciência Moderna Ltda.
Rua Alice Figueiredo, 46
CEP: 20950-150 ▪ Riachuelo ▪ Rio de Janeiro ▪ Brasil
Tel: (21) 2201-6662 ▪ 2201-6492 ▪ 2201-6998
Fax: (21) 2201-6896 ▪ 2281-5778
E-mail: lcm@lcm.com.br

Sumário

1 Espaços Vetoriais   9
    §1. Definições 10
    §2. Bases 21
    §3. Dimensão de um espaço vetorial 29
    §4. Somas e somas diretas 34

2 Matrizes   41
    §1. Espaço das Matrizes 41
    §2. Equações lineares 48
    §3. Multiplicação de matrizes 52

3 Aplicações Lineares   67
    §1. Aplicações 67
    §2. Aplicações lineares 78
    §3. Núcleo e imagem de uma aplicação linear 88
    §4. Composição e inversas de aplicações lineares 99
    §5. Aplicações geométricas 107

4 Aplicações Lineares e Matrizes   121
    §1. Aplicação linear associada a uma matriz 121
    §2. Matriz Associada a uma Aplicação Linear 123

§3. Bases, Matrizes e Aplicações Lineares 130

5 Produtos Escalares e Ortogonalidade 141

§1. Produtos escalares 141

§2. Bases Ortogonais, Caso Positivo Definido 152

§3. Aplicações às Equações Lineares; O Posto 165

§4. Aplicações Bilineares e Matrizes 172

§5. Bases Ortogonais Gerais 178

§6. Espaço Dual e Produtos Escalares 182

§7. Formas Quadráticas 190

§8. Teorema de Sylvester 194

6 Determinantes 201

§1. Determinantes de Ordem 2 201

§2. Existência de Determinantes 205

§3. Propriedades adicionais de determinantes 215

§4. Regra de Cramer 224

§5. Triangulação de uma Matriz por Operações em Colunas . . . 229

§6. Permutações 232

§7. Fórmula Para Expansão de Determinantes e Unicidade do Determinante 240

§8. Inversa de uma Matriz 247

§9. Posto de uma Matriz e Subdeterminantes 251

7 Operadores Simétricos, Hermitianos e Unitários 255

§1. Operadores Simétricos 255

§2. Operadores Hermitianos 261

§3. Operadores Unitários 267

8 Autovetores e Autovalores — 275
§1. Autovetores e Autovalores 275
§2. O Polinômio Característico 282
§3. Autovalores e Autovetores de Matrizes Simétricas 301
§4. Diagonalização de uma Aplicação Linear Simétrica 307
§5. Caso Hermitiano 317
§6. Operadores Unitários 321

9 Polinômios e Matrizes — 327
§1. Polinômios 327
§2. Polinômios de Matrizes e de Aplicações Lineares 330

10 Triangulação de Matrizes e de Aplicações Lineares — 335
§1. Existência de Triangulação 335
§2. Teorema de Hamilton-Cayley 341
§3. Diagonalização de Aplicações Unitárias 344

11 Polinômios e Decomposição Primária — 347
§1. O Algoritmo Euclidiano 347
§2. Máximo Divisor Comum 351
§3. Unicidade da Fatoração 355
§4. Aplicação à Decomposição de um Espaço Vetorial 362
§5. Lema de Schur 369
§6. Forma Normal de Jordan 372

12 Números Complexos — 379
§1. Definições 379
§2. Hiperplanos Separadores 382
§3. Pontos Extremos e Hiperplanos de Suporte 385
§4. Teorema de Krein-Milman 388

13 Apêndice   **393**

APÊNDICE

   Números Complexos   **393**

ÍNDICE REMISSIVO   400

Prefácio

O objetivo deste livro é servir como texto para um curso de álgebra linear no nível de graduação num estágio mais avançado.

Meu livro *Introdução à Álgebra Linear* apresenta um texto para alunos iniciantes, no mesmo nível que os cursos introdutórios de cálculo. O presente livro também se destina ao auxílio para o próximo nível, essencialmente para um segundo curso de álgebra linear, onde a ênfase está nos vários teoremas estruturais: autovalor e autovetor (os quais, na melhor das hipóteses, apareciam somente rapidamente no final do curso introdutório); operadores simétricos, hermitianos e unitários, assim como seus teoremas espectrais (diagonalização); triangulação de matrizes e aplicações lineares; forma canônica de Jordan; conjuntos convexos e o teorema de Krein-Milman. Um dos capítulos também apresenta uma teoria completa das propriedades básicas dos determinantes. Um tratamento apenas superficial poderia ser dado num texto introdutório. Obviamente, algumas partes desse capítulo podem ainda ser omitidas num texto desse tipo.

O capítulo sobre conjuntos convexos está incluso por conter resultados básicos de álgebra linear usados em várias aplicações e em álgebra linear "geométrica". Por usar, de forma lógica, resultados da análise elementar (como o que afirma: uma função contínua num conjunto fechado e limitado tem um máximo), eu o coloquei no final. No caso dos alunos terem conhecimento desses resultados, esse capítulo pode ser abordado antes, por exemplo, após conhecerem a definição de uma aplicação linear.

Espero que este livro possa ser usado em cursos de um único período letivo. Os seis primeiros capítulos revisam algumas das noções básicas. Procurei prezar pela eficácia. Sendo assim, o teorema no qual se afirma que um sistema com m equações lineares homogêneas e n incógnitas tem uma solução não-trivial se $n > m$ é deduzido a partir do teorema da dimensão numa seqüência diferente da que é feita no texto introdutório. Além disto, a demonstração de que duas bases de um mesmo espaço têm o mesmo número de elementos (fato que define a dimensão) é feita rapidamente pelo método das "alternativas". Também omiti tópicos relativos às matrizes elementares e à eliminação de Gauss, que estão incluídos no meu livro *Introdução à Álgebra Linear*. Portanto a primeira parte deste livro não substitui o texto introdutório. Tem somente o propósito de tornar este livro auto-suficiente, com um estudo relativamente rápido sobre os conteúdos básicos, e com ênfase ao longo dos capítulos que tratam de tópicos mais avançados. O currículo atual de álgebra linear está estruturado de uma forma que a maioria dos estudantes, senão todos, tem que fazer um curso introdutório de um período cujo enfoque esteja nas matrizes. Assim, um segundo curso deverá ser dirigido para os teoremas estruturais.

No apêndice encontramos a definição e as propriedades básicas dos números complexos. E aí está incluso o resultado sobre o fechamento algébrico dos números complexos. Obviamente, a demonstração desse fato toma como sabidos certos resultados elementares da análise, mas não utiliza a teoria das variáveis complexas.

Desde o primeiro capítulo, os espaços vetoriais são considerados sobre campos que são subcampos do conjunto dos números complexos. Isto é feito por uma questão de conveniência, e para evitar de me prolongar em

Prefácio

fundamentos. Os instrutores podem enfatizar, como desejarem, que apenas as propriedades básicas da adição, multiplicação e divisão são usadas a todo momento, com a importante exceção, é claro, das teorias que dependem de um produto escalar positivo definido. Nesses casos, os números reais e complexos assumem um papel fundamental

New Haven,   Serge Lang
Connecticut

Agradecimentos

Agradeço a Ron Infante e Peter Pappas pelo auxílio na revisão do texto, e pelas sugestões e úteis correções. Também agradeço a Gimli Khazad pelas correções.

S. L.

Capítulo 1

Espaços Vetoriais

Como de hábito, uma coleção de objetos será denominada um **conjunto**. Um membro da coleção é também chamado um **elemento** do conjunto. É vantajoso, na prática, utilizar pequenos símbolos para denotar certos conjuntos. Por exemplo, denotamos por $\mathbb{R}$ o conjunto de todos os números reais, e por $\mathbb{C}$ o conjunto de todos os números complexos. Dizer que "x é um número real" equivale a dizer que "x é um elemento de $\mathbb{R}$". O conjunto de todas as n-uplas de números reais será representado por $\mathbb{R}^n$. Logo, "X é um elemento de $\mathbb{R}^n$" e "X é uma n-upla de números reais" querem dizer a mesma coisa. No apêndice é dada uma revisão sobre a definição do conjunto $\mathbb{C}$ e suas propriedades.

Em vez de dizer que u é um elemento de um conjunto S, freqüentemente diremos que u pertence a S e escrevemos $u \in S$. Se S e S' são conjuntos, e se todo elemento de S' é um elemento de S, então dizemos que S' é um **subconjunto** de S. Sendo assim, o conjunto de todos os números reais é um subconjunto dos números complexos. Dizer que S' é um subconjunto de S é o mesmo que dizer S' é parte de S. Observe que nossa definição de subconjunto de S não exclui a possibilidade de $S' = S$. Se S' é um subconjunto de S, mas $S' \neq S$, então dizemos que S' é um subconjunto **próprio** de S. Dessa forma, ℂ é um subconjunto de ℂ, mas ℝ é um subconjunto próprio de ℂ. Para indicar o fato de S' ser um subconjunto de S, escrevemos $S' \subset S$, e também dizemos que S' está **contido** em S.

Se S_1 e S_2 são conjuntos, então a **interseção** de S_1 e S_2, denotada por $S_1 \cap S_2$, é o conjunto dos elementos que pertencem a S_1 e a S_2. A **união** de S_1 e S_2, indicada por $S_1 \cup S_2$, é o conjunto dos elementos que pertencem a S_1 ou a S_2.

I, §1. DEFINIÇÕES

Seja K um subconjunto dos números complexos ℂ. Diremos que K é um corpo se forem satisfeitas as seguintes condições:

(a) Se x e y são elementos de K, então $x + y$ e xy são também elementos de K.

(b) Se $x \in K$, então $-x$ também é um elemento de K. Se, além disso $x \neq 0$, então x^{-1} é um elemento de K.

(c) Os elementos 0 e 1 são elementos de K.

Observamos que ℝ e ℂ são ambos corpos.
Denotamos por ℚ o conjunto dos números racionais, i.e. o conjunto de todas as frações m/n, onde m e n são números inteiros, e $n \neq 0$. Logo é fácil verificar que ℚ é um corpo.

Denotamos por ℤ o conjunto de todos os número inteiros. Logo ℤ não é um corpo, pois não satisfaz a condição (b) descrita acima. De fato, se n é um inteiro $\neq 0$, então $n^{-1} = 1/n$ não é um inteiro (exceto no caso trivial de $n = 1$ ou $n = -1$). Por exemplo, $\frac{1}{2}$ não é um número inteiro.

O fato essencial a respeito de um corpo é o de ser um conjunto de elementos que podem ser adicionados e multiplicados, de uma forma que a

Espaços Vetoriais

adição e a multiplicação satisfazem as regras primárias da aritmética, sendo possível dividir por elementos diferentes de zero. Pode-se axiomatizar ainda mais o conceito, mas isso será feito somente mais tarde, a fim de evitar discussões abstratas que, de qualquer forma, se tornarão óbvias quando o leitor tiver adquirido a maturidade matemática necessária. Levando em conta essa possível generalização, deveríamos dizer que um corpo, tal como definimos acima, é um corpo de números (complexos). No entanto, chamaremos tais corpos simplesmente corpos.

O leitor pode restringir sua atenção aos corpos de números reais e complexos para toda a álgebra linear. Entretanto, sendo necessário lidar com cada um destes corpos, somos forçados a escolher uma letra neutra K.

Sejam K e L corpos e suponha que K esteja contido em L(i.e. que K seja um subconjunto de L). Então dizemos que K é um **subcorpo** de L. Conseqüentemente, cada um dos corpos que estamos considerando é um subcorpo dos números complexos. Em particular, podemos dizer que $\mathbb{R}$ é um subcorpo de $\mathbb{C}$, e que $\mathbb{R}$ é um subcorpo de $\mathbb{R}$. Seja K um corpo. Os elementos de K serão também chamados de **números** (sem especificação) se o contexto for claro quanto ao K, ou serão denominados **escalares**.

Um **espaço vetorial V sobre o corpo K** é um conjunto de objetos que podem ser somados e multiplicados por elementos de K, de forma que a soma de dois elementos de V ainda é um elemento de V, o produto de um elemento de V por um elemento de K é um elemento de V, e são satisfeitas as seguintes propriedades:

EV 1. *Dados os elementos u, v e w de V, temos*

$$(u + v) + w = u + (v + w).$$

EV 2. *Existe um elemento de V, denotado por O, tal que*

$$O + u = u + O = u$$

para todo elemento u de V.

EV 3. *Dado um elemento w de V, existe um elemento $-u$ em V, tal que*

$$u + (-u) = O.$$

EV 4. *Para quaisquer elementos u e v de V, temos*

$$u + v = v + u.$$

EV 5. *Se c é um número, então $c(u + v) = cu + cv$.*

EV 6. *Se a e b são dois números, então $(a + b)v = av + bv$.*

EV 7. *Se a e b são dois números, então $(ab)v = a(bv)$.*

EV 8. *Para todo elemento u de V, temos $1 \cdot u = u$ (1 é aqui o número um).*

Todas essas regras são usadas, implicitamente, quando trabalhamos com vetores ou com funções, mas pretendemos ser mais sistemáticos a partir de agora, por isso fizemos uma lista delas. Propriedades adicionais que podem ser facilmente deduzidas a partir dessas estão dadas como exercícios e, daqui por diante, supõe-se que sejam conhecidas.

Exemplo 1. Seja $V = K^n$ o conjunto de n-uplas de elementos de K. Sejam

$$A = (a_1, \ldots, a_n) \quad \text{e} \quad B = (b_1, \ldots, b_n)$$

elementos de K^n. Chamamos $a_1, \ldots, a_n$ de **componentes** ou **coordenadas** de A. Definimos

$$A + B = (a_1 + b_1, \ldots, a_n + b_n).$$

Se $c \in K$, definimos

$$cA = (ca_1, \ldots, ca_n).$$

Então verifica-se facilmente que todas as propriedades **EV 1** a **EV 8** são satisfeitas. O elemento zero é a n-upla

$$O = (0, \ldots, 0)$$

com todas as suas coordenadas iguais a 0.

Dessa forma, $\mathbb{C}^n$ é um espaço vetorial sobre $\mathbb{C}$, e $\mathbb{Q}^n$ é um espaço vetorial sobre $\mathbb{Q}$. Observamos que $\mathbb{R}^n$ não é um espaço vetorial sobre $\mathbb{C}$. Assim, quando estamos trabalhando com espaços vetoriais, devemos sempre especificar o corpo sobre o qual ele é definido. Quando escrevemos K^n, fica sempre entendido que se trata de um espaço vetorial sobre K. Elementos de K^n também serão chamados de **vetores**, e também costuma-se chamar de vetores os elementos de um espaço vetorial arbitrário.

Se u e v são vetores (isso é, elementos do espaço vetorial V), então, de forma usual, $u + (-v)$ é escrito como $u - v$.

Utilizaremos 0 para indicar o número zero, e O para denotar o elemento de qualquer espaço vetorial V que satisfaça a propriedade **EV 2**. Também o chamaremos de zero, mas nunca haverá possibilidade de confusão. Devemos observar que esse elemento zero é unicamente determinado pela condição **EV 2** (cf. Exercício 5).

Note que para qualquer elemento v em V temos

$$0v = O.$$

A demonstração é fácil, a saber

$$0v + v = 0v + 1v = (0+1)v = 1v = v.$$

Ao adicionar $-v$ nos dois lados dessa igualdade, mostra-se que $0v = O$.

Outras propriedades fáceis e similares a essa serão usadas constantemente e aparecem como exercícios. Por exemplo, provar que $(-1)v = -v$.

É possível somar vários elementos de um espaço vetorial. Suponha que desejamos somar quatro elementos, por exemplo u, v, w z. Primeiro somamos dois deles quaisquer, em seguida um terceiro, e finalmente um quarto. Aplicando as regras **EV 1** e **EV 4**, vemos que a ordem das adições não influi. Essa é a mesma situação que tivemos com vetores. Por exemplo, temos

$$((u+v)+w)+z = (u+(v+w))+z$$
$$= ((v+w)+u)+z$$
$$= (v+w)+(u+z), \quad \text{etc.}$$

Portanto, costuma-se omitir os parênteses, e escrever simplesmente

$$u+v+w+z.$$

A mesma observação se aplica à soma de qualquer número n de elementos de V, e uma demonstração formal pode ser dada por indução.

Seja V um espaço vetorial, e seja W um subconjunto de V. Dizemos que W é um **subespaço** se W satisfaz as seguintes condições:

(i) Se v e w são elementos de W, a soma $v+w$ também é um elemento de W.

(ii) Se v é um elemento de W e c é um número, então cv é um elemento de W.

(iii) O elemento O de V também é um elemento de W.

Então o próprio W é um espaço vetorial. De fato, sendo as propriedades **EV 1** a **EV 8** satisfeitas para todos os elementos de V, elas são satisfeitas *a fortiori* [1] para os elementos de W.

---
[1] N.T.: *a fortiori* - com maior razão.

Espaços Vetoriais   15

Exemplo 2. Seja $V = K^n$ e seja W o conjunto dos vetores em V cuja última coordenada é igual a 0. Então W é um subespaço de V, o qual pode ser identificado com K^{n-1}.

Combinações Lineares. Seja V um espaço vetorial arbitrário, e sejam $v_1, \ldots, v_n$ elementos de V. Sejam $x_1, \ldots, x_n$ números. Uma expressão do tipo
$$x_1 v_1 + \cdots + x_n v_n$$
é denominada **combinação linear** de $v_1, \ldots, v_n$.

Seja W o conjunto de todas as cominações lineares de $v_1, \ldots, v_n$. Então W é um subespaço de V.

Demonstração. Sejam $y_1, \ldots, y_n$ números. Então
$$(x_1 v_1 + \cdots + x_n v_n) + (y_1 v_1 + \cdots + y_n v_n) = (x_1 + y_1) v_1 + \cdots + (x_n + y_n) v_n.$$
Logo a soma de dois elementos de W é novamente um elemento de W, isso é, uma combinação linear de $v_1, \ldots, v_n$. Além disso, se c é um número, então
$$c(x_1 v_1 + \cdots + x_n v_n) = c x_1 v_1 + \cdots + c x_n v_n$$
é uma combinação linear de $v_1, \ldots, v_n$, e portanto é um elemento de W. Finalmente
$$O = 0 v_1 + \cdots + 0 v_n$$
é um elemento de W. Isto prova que W é um subespaço de V.

O subespaço W do exemplo anterior é chamado de subespaço **gerado** por $v_1, \ldots, v_n$. Se $W = V$, isso é, se todo elemento de V for uma combinação linear de $v_1, \ldots, v_n$, então dizemos que $v_1, \ldots, v_n$ gerará V.

Exemplo 3. Seja $V = K^n$. Considere também A e $B \in K^n$, $A = (a_1, \ldots, a_n)$ e $B = (b_1, \ldots, b_n)$. Definimos o **produto interno** ou **produto**

escalar entre A e B, denotado por $A \cdot B$, como sendo

$$A \cdot B = a_1 b_1 + \cdots + a_n b_n.$$

É fácil verificar as seguintes propriedades:

PE 1. Vale $A \cdot B = B \cdot A$.

PE 2. Se A, B e C são três vetores, então

$$A \cdot (B + C) = A \cdot B + A \cdot C = (B + C) \cdot A.$$

PE 3. Se $x \in K$ então

$$(xA) \cdot B = x(A \cdot B) \quad \text{e} \quad A \cdot (xB) = x(A \cdot B).$$

Vamos agora à demonstração dessas propriedades. A respeito da primeira, temos

$$a_1 b_1 + \cdots + a_n b_n = b_1 a_1 + \cdots + b_n a_n,$$

porque para quaisquer dois números a e b, temos $ab = ba$. Isto prova a primeira propriedade.

Para **PE 2**, seja $C = (c_1, \ldots, c_n)$. Então

$$B + C = (b_1 + c_1, \ldots, b_n + c_n)$$

e

$$\begin{aligned} A \cdot (B + C) &= a_1(b_1 + c_1) + \ldots + a_n(b_n + c_n) \\ &= a_1 b_1 + a_1 c_1 + \ldots + a_n b_n + a_n c_n. \end{aligned}$$

Reordenando os termos, obtemos

$$a_1 b_1 + \cdots + a_n b_n + a_1 c_1 + \cdots + a_n c_n,$$

que é o resultado de $A \cdot B + A \cdot C$. Isto prova o que queríamos.

Deixamos a propriedade **PE 3** como um exercício.

Em vez de escrever $A \cdot A$ para o produto escalar de um vetor com ele mesmo, será conveniente escrever também A^2. (Este é o único caso onde se permite tal notação. Dessa forma, A^3 não tem significado.) Como exercício, verifique as seguintes identidades:

$$(A+B)^2 = A^2 + 2A \cdot B + B^2$$
$$(A-B)^2 = A^2 - 2A \cdot B + B^2$$

O produto escalar $A \cdot B$ pode muito bem ser igual a zero sem que A ou B seja o vetor zero. Por exemplo, seja $A = (1,2,3)$ e $B = (2,1,-\frac{4}{3})$. Então $A \cdot B = 0$.

Definimos dois vetores A e B como sendo **perpendiculares** (também poderemos nos referir a eles como **ortogonais**) se $A \cdot B = 0$. Seja A um vetor em K^n. Seja W o conjunto de todos os elementos B em K^n tais que $B \cdot A = 0$, isso é, B é perpendicular a A. Então W é um subespaço de K^n. Inicialmente, note que $O \cdot A = 0$, pelo fato de O pertencer a W. Em seguida, suponha que B e C sejam perpendiculares a A. Logo

$$(B+C) \cdot A = B \cdot A + C \cdot A = 0,$$

o que nos mostra ser $B + C$ também perpendicular a A. Finalmente, se x é um número, então

$$(xB) \cdot A = x(B \cdot A) = 0,$$

e portanto xB é perpendicular a A. Isto prova que W é um subespaço de K^n.

Exemplo 4. Espaço de funções . Seja S um conjunto e K um corpo. Uma **função** de S em K é uma regra (ou relação) que a cada elemento de

S associa um único elemento de K. Desta forma, se f é uma função de S em K, expressamos isso pelos símbolos

$$f\colon S \to K.$$

Também dizemos que f é uma função com **valores** em K. Seja V o conjunto de todas as funções de S em K. Se f e g são duas dessas funções, então podemos formular a soma $f + g$. É a função cujo valor em um elemento x de S é $f(x) + g(x)$. Escrevemos

$$(f + g)(x) = f(x) + g(x).$$

Se $c \in K$, então definimos cf como uma função tal que

$$(cf)(x) = cf(x).$$

Logo, o valor de cf em x é $cf(x)$. Fica portanto fácil demonstrar que V é um espaço vetorial sobre K. Deixaremos isso para o leitor. Apenas observamos que o elemento zero de V é a função nula, isso é, a função f tal que $f(x) = 0$ para todo $x \in S$. Indicamos essa função por 0.

Seja V o conjunto de todas as funções de $\mathbb{R}$ em $\mathbb{R}$. Então V é um espaço sobre $\mathbb{R}$. Seja W o subconjunto das funções contínuas. Se f e g são funções contínuas, então $f + g$ é contínua. Se c é um número real, então cf é contínua. A função zero é contínua. Dessa forma, W é um subespaço do espaço vetorial de todas as funções de $\mathbb{R}$ em $\mathbb{R}$, ou seja, W é um subespaço de V.

Seja U o conjunto de todas as funções diferenciáveis de $\mathbb{R}$ em $\mathbb{R}$. Se f e g são funções diferenciáveis, então sua soma $f + g$ também é diferenciável. Se c é um número real, então cf é diferenciável. A função zero é diferenciável. Portanto, U é um subespaço de V. De fato, U é um subespaço de V, pois todas as funções diferenciáveis são contínuas.

Espaços Vetoriais

Seja V novamente o espaço vetorial (sobre $\mathbb{R}$) de funções de $\mathbb{R}$ em $\mathbb{R}$. Considere as duas funções e^t e e^{2t}. (Formalmente, deveríamos dizer duas funções f e g, tais que $f(t) = e^t$ e $g(t) = e^{2t}$, para todo $t \in \mathbb{R}$.) Essas funções geram um subespaço do espaço de todas as funções diferenciáveis. A função $3e^t + 2e^{2t}$ é um elemento deste subespaço. Como também é a função $2e^t + \pi e^{2t}$.

Exemplo 5. Seja V um espaço vetorial e sejam U e W subespaços de V. Indicamos por $U \cap W$ a interseção de U e W, isso é, o conjunto de elementos que pertencem a U e a W. Então $U \cap W$ é um subespaço de V. Por exemplo, se U e W são dois planos, em um espaço tridimensional, passando pela origem, então sua interseção será uma linha reta passando pela origem, como mostra a Fig. 1.

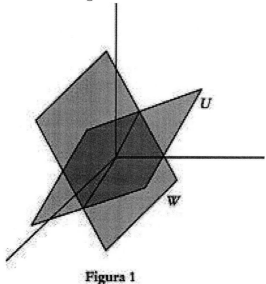

Figura 1

Exemplo 6. Sejam U e W subespaços de um espaço vetorial V. Por

$$U + W$$

denotamos o conjunto de todos os elementos $u + w$ com $u \in U$ e $w \in W$. Assim, deixamos para o leitor a tarefa de verificar que $U + W$ é um subespaço de V, o qual é gerado por U e W, e é chamado de **soma** de U e W.

I, §1. EXERCÍCIOS

1. Seja V um espaço vetorial. Fazendo uso das propriedades **EV 1** a **EV 8**, mostre que se c é um número, então $cO = O$.

2. Seja c um número $\neq 0$ e v, um elemento de V. Prove que se $cv = O$, então $v = O$.

3. No espaço vetorial das funções, que função satisfaz a condição **EV 2**?

4. Seja V um espaço vetorial e v e w, dois elementos de V. Se $v + w = 0$, mostre que $w = -v$.

5. Seja V um espaço vetorial e v e w, dois elementos de V. Se $v + w = v$, mostre que $w = O$.

6. Sejam A_1 e A_2 vetores em $\mathbb{R}^n$. Mostre que o conjunto de todos os vetores B em $\mathbb{R}^n$, tal que B seja perpendicular a A_1 e a A_2, é um subespaço.

7. Generalize o resultado contido no exercício 6 e prove, isso é: sejam $A_1, \ldots, A_r$ vetores em $\mathbb{R}^n$. Seja W o conjunto de vetores B em $\mathbb{R}^n$ tais que $B \cdot A_i = 0$ para todo $i = 1, \ldots, r$. Mostre que W é um subespaço de $\mathbb{R}^n$.

8. Mostre que os seguintes conjuntos de elementos em $\mathbb{R}^2$ formam subespaços.

    (a) O conjunto de todos os (x, y) tais que $x = y$.

    (b) O conjunto de todos os (x, y) tais que $x - y = 0$.

    (c) O conjunto de todos os (x, y) tais que $x + 4y = 0$.

9. Mostre que os seguintes conjuntos de elementos em $\mathbb{R}^3$ formam subespaços.

   (a) O conjunto de todos os (x, y, z) tais que $x + y + z = 0$.

   (b) O conjunto de todos os (x, y, z) tais que $x = y$ e $2y = z$.

   (c) O conjunto de todos os (x, y, z) tais que $x + y = 3z$.

10. Se U e W são subespaços de um espaço V, mostre que $U \cap W$ e $U + W$ são subespaços.

11. Seja K um subcorpo de um corpo L. Mostre que L é um espaço sobre K. Em particular, $\mathbb{C}$ e $\mathbb{R}$ são espaços vetoriais sobre $\mathbb{Q}$.

12. Seja K o conjunto de todos os números que podem ser escritos na forma $a + b\sqrt{2}$, onde a e b são números racionais. Mostre que K é um corpo.

13. Seja K o conjunto de todos os números que podem ser escritos na forma $a + bi$, onde a e b são números racionais. Mostre que K é um corpo.

14. Seja c um número racional > 0 e γ, um número real tal que $\gamma^2 = c$. Mostre que o conjunto de todos os números que podem ser escritos na forma $a + b\gamma$, onde a e b sejam números racionais, é um corpo.

I, §2. BASES

Seja V um espaço vetorial sobre um corpo K, e sejam $v_1, \ldots, v_n$ elementos de V. Diremos que $v_1, \ldots, v_n$ são **linearmente dependentes** sobre K se existem elementos $a_1, \ldots, a_n$ em K, não todos nulos, tais que

$$a_1 v_1 + \cdots + a_n v_n = O.$$

Se não existem tais números, então dizemos que $v_1, \ldots, v_n$ são **linearmente independentes**. Em outras palavras, vetores $v_1, \ldots, v_n$ são linearmente independentes se, e somente se, a seguinte condição for satisfeita:

Sempre que os números $a_1, \ldots, a_n$ satisfizerem

$$a_1 v_1 + \cdots + a_n v_n = O,$$

então $a_i = 0$ para todo $i = 1, \ldots, n$.

Exemplo 1. Seja $V = K^n$ e considere os vetores

$$\begin{aligned} E_1 &= (1, 0, \ldots, 0) \\ &\vdots \\ E_n &= (0, 0, \ldots, 1). \end{aligned}$$

Então $E_1, \ldots, E_n$ são linearmente independentes. De fato, sejam $a_1, \ldots, a_n$ números tais que

$$a_1 E_1 + \cdots + a_n E_n = O.$$

Como

$$a_1 E_1 + \cdots + a_n E_n = (a_1, \ldots, a_n),$$

segue que todo $a_i = 0$.

Exemplo 2. Seja V o espaço vetorial de todas as funções de uma variável t. Sejam $f_1, \ldots, f_n$ n funções. Dizer que elas são linearmente independentes significa que existem n números $a_1, \ldots, a_n$, não todos nulos, tais que

$$a_1 f_1(t) + \cdots + a_n f_n(t) = O$$

para todos os valores de t.

Espaços Vetoriais

As duas funções e^t e e^{2t} são linearmente independentes. Para provar isso, suponha que existam números a e b tais que

$$ae^t + be^{2t} = 0$$

(para todos os valores de t). Derivemos essa relação. Obtemos

$$ae^t + 2be^{2t} = 0.$$

Subtraia a primeira relação da segunda. Obtemos $be^{2t} = 0$ e, portanto, $b = 0$. Da primeira relação, segue que $ae^t = 0$ e, portanto, $a = 0$. Logo, e^t e e^{2t} são linearmente independentes.

Se os elementos $v_1, \ldots, v_n$ de V geram V e além disso são linearmente independentes, então $\{v_1, \ldots, v_n\}$ é denominado **base** de V. Dizemos também que os elementos $v_1, \ldots, v_n$ **constituem** ou **formam** uma base de V.

Os vetores $E_1, \ldots, E_n$ do Exemplo 1 formam uma base de K^n.

Seja W o espaço vetorial das funções geradas pelas duas funções e^t e e^{2t}. Então $\{e^t, e^{2t}\}$ é uma base de W.

Daremos agora uma definição para **coordenadas** de um elemento $v \in V$ com respeito a uma base. A definição depende do seguinte fato.

Teorema 2.1 *Seja V um espaço vetorial. Sejam $v_1, \ldots, v_n$ elementos de V, linearmente independentes. Sejam $x_1, \ldots, x_n$ e $y_1, \ldots, y_n$ números, e suponha que*

$$x_1 v_1 + \cdots + x_n v_n = y_1 v_1 + \cdots + y_n v_n.$$

Então $x_i = y_i$ para todo $i = 1, \ldots, n$.

Demonstração. Se na igualdade acima subtrairmos o lado direito do lado esquerdo, obtemos

$$x_1 v_1 - y_1 v_1 + \cdots + x_n v_n - y_n v_n = O.$$

Essa relação também pode ser escrita na forma

$$(x_1 - y_1)v_1 + \cdots + (x_n - y_n)v_n = O.$$

Por definição, devemos ter $x_i - y_i = 0$ para todo $i = 1, \ldots, n$, provando assim nossa afirmação.

Seja V um espaço vetorial e $\{v_1, \ldots, v_n\}$ uma base de V. Os elementos de V podem ser representados por n-uplas relativas a essa base, como segue. Se um elemento v de V é escrito como uma combinação linear

$$v = x_1 v_1 + \cdots + x_n v_n$$

então, pelo Teorema 2.1, a n-upla $(x_1, \ldots, x_n)$ é unicamente determinada por v. Chamamos $(x_1, \ldots, x_n)$ de **coordenadas** de v com respeito à nossa base e chamamos x_i a i-ésima coordenada. As coordenadas com respeito à base usual $E_1, \ldots, E_n$ de K^n são as coordenadas da n-upla X. Dizemos que a n-upla $X = (x_1, \ldots, x_n)$ é o **vetor de coordenadas** de v em relação à base $\{v_1, \ldots, v_n\}$.

Exemplo 3. Seja V o espaço vetorial das funções geradas pelas duas funções e^t e e^{2t}. Então as coordenadas da função

$$3e^t + 5e^{2t}$$

com respeito à base $\{e^t, e^{2t}\}$ são $(3, 5)$.

Exemplo 4. Mostre que os vetores $(1, 1)$ e $(-3, 2)$ são linearmente independentes.

Sejam a e b dois números tais que

$$a(1, 1) + b(-3, 2) = O.$$

Escrevendo essa equação em termos de coordenadas, encontramos

$$a - 3b = 0 \quad \text{e} \quad a + 2b = 0.$$

Este é um sistema de duas equações que resolvemos para a e b. Subtraindo a segunda da primeira, obtemos $-5b = 0$, logo $b = 0$. Substituindo em qualquer das duas equações, encontramos $a = 0$. Portanto a e b são ambos iguais a 0 e nossos vetores linearmente independentes.

Exemplo 5. Encontre as coordenadas de $(1,0)$ com respeito aos dois vetores $(1,1)$ e $(-1,2)$, que formam uma base.

Devemos encontrar números a e b tais que

$$a(1,1) + b(-1,2) = (1,0).$$

Escrevendo essa equação em termos de coordenadas, temos

$$a - b = 1 \quad \text{e} \quad a + 2b = 0.$$

Resolvendo para a e b da maneira usual, concluímos que $b = -\frac{1}{3}$ e $a = \frac{2}{3}$. Logo, as coordenadas de $(1,0)$ em relação a $(1,1)$ e $(-1,2)$ são $(\frac{2}{3}, -\frac{1}{3})$.

Exemplo 6. Mostre que os vetores $(1,1)$ e $(-1,2)$ formam uma base de $\mathbb{R}^2$.

Temos que mostrar que eles são linearmente independentes e que geram $\mathbb{R}^2$. Para provar a independência linear, suponha que a e b são números tais que

$$a(1,1) + b(-1,2) = (0,0).$$

Logo

$$a - b = 0 \quad \text{e} \quad a + 2b = 0.$$

Subtraindo a primeira equação da segunda obtemos $3b = 0$, de modo que $b = 0$. Fazendo uso da primeira equação temos $a = 0$, e assim fica provado

que nossos vetores são linearmente independentes. Em seguida, considere (a, b) um elemento arbitrário de $\mathbb{R}^2$. Devemos mostrar que existem números x e y tais que
$$x(1,1) + y(-1,2) = (a,b).$$
Em outras palavras, devemos resolver o sistema de equações
$$x - y = a,$$
$$x + 2y = b.$$
Mais uma vez, subtraindo a primeira equação da segunda, obtemos
$$3y = b - a,$$
que conduz a
$$y = \frac{b-a}{3},$$
e finalmente
$$x = y + a = \frac{b-a}{3} + a.$$
Isto prova o que queríamos. De acordo com nossas definições, (x, y) são coordenadas de (a, b) com respeito à base $\{(1,1), (-1,2)\}$.

Seja $\{v_1, \ldots, v_n\}$ um conjunto de elementos de um espaço vetorial V. Seja r um inteiro positivo $\leq n$. Diremos que $\{v_1, \ldots, v_n\}$ é um subconjunto **maximal** de elementos linearmente independentes, se $v_1, \ldots, v_r$ são linearmente independentes, e se além disso, dado qualquer v_i com $i > r$, os elementos $v_1, \ldots, v_r, v_i$ são linearmente dependentes.

O próximo teorema fornece um critério prático para decidir se um conjunto de elementos de um espaço vetorial é uma base.

Teorema 2.2 *Seja $\{v_1, \ldots, v_n\}$ o conjunto de geradores de um espaço vetorial V. Seja $\{v_1, \ldots, v_r\}$ um subconjunto maximal de elementos linearmente independentes. Então $\{v_1, \ldots, v_r\}$ é uma base de V.*

Espaços Vetoriais

Demonstração. Devemos provar que $v_1, \ldots, v_r$ geram V. Provaremos inicialmente que cada v_i (para $i > r$) é uma combinação linear de $v_1, \ldots, v_r$. Por hipótese, dado v_i, existem números $x_1, \ldots, x_r, y$, não todos nulos, tais que
$$x_1 v_1 + \cdots + x_r v_r + y v_i = O.$$
Além disso, $y \neq 0$, pois, de outra forma, teríamos uma relação de dependência linear para $v_1, \ldots, v_r$. Logo, podemos resolver para v_i, a saber
$$v_i = \frac{x_1}{-y} v_1 + \cdots + \frac{x_r}{-y} v_r,$$
mostrando assim que v_i é uma combinação linear de $v_1, \ldots, v_r$.

Em seguida, seja v um elemento de V. existem números $c_1, \ldots, c_n$ tais que
$$v = c_1 v_1 + \cdots + c_n v_n.$$
Nessa relação, podemos substituir cada v_i ($i > r$) por uma combinação linear de $v_1, \ldots, v_r$. Se fizermos isso, e depois agruparmos os termos, concluiremos que expressamos v como uma combinação linear de $v_1, \ldots, v_r$. Isto prova que $v_1, \ldots, v_r$ geram V, e assim formam uma base de V.

I, §2. EXERCÍCIOS

1. Mostre que os seguintes vetores são linearmente independentes (sobre $\mathbb{C}$ ou $\mathbb{R}$).

    (a) (1,1,1) e (0,1,-2)
    (b) (1,0) e (1,1)
    (c) (-1,1,0) e (0,1,2)
    (d) (2,-1) e (1,0)
    (e) (π,0) e (0,1)
    (f) (1,2) e (1,3)
    (g) (1,1,0), (1,1,1) e (0,1,-1)
    (h) (0,1,1), (0,2,1) e (1,5,3)

2. Expresse o dado vetor X, como uma combinação linear dos vetores A e B, e encontre as coordenadas de X em relação a A e B.

(a) $X = (1,0)$, $A = (1,1)$, $B = (0,1)$

(b) $X = (2,1)$, $A = (1,-1)$, $B = (1,1)$

(c) $X = (1,1)$, $A = (2,1)$, $B = (-1,0)$

(d) $X = (4,3)$, $A = (2,1)$, $B = (-1,0)$

3. Encontre as coordenadas de X em relação a A, B e C.

(a) $X = (1,0,0)$, $A = (1,1,1)$, $B = (-1,1,0)$, $C = (1,0,-1)$

(b) $X = (1,1,1)$, $A = (0,1,-1)$, $B = (1,1,0)$, $C = (1,0,2)$

(c) $X = (0,0,1)$, $A = (1,1,1)$, $B = (-1,1,0)$, $C = (1,0,-1)$

4. Sejam (a,b) e (c,d) dois vetores no plano. Se $ad - bc = 0$, mostre que eles são linearmente dependentes. Se $ad - bc \neq 0$, mostre que eles são linearmente independentes.

5. Considere o espaço vetorial de todas as funções reais definidas em uma variável t. Mostre que os seguintes pares de funções são linearmente independentes.

(a) 1, t (b) t, t^2 (c) t, t^4 (d) e^t, t (e) te^t, e^{2t}

(f) sen t, cos t (g) t, sen t (h) sen t, sen $2t$ (i) cos t, cos $3t$

6. Considere o espaço vetorial de funções reais definidas para $t > 0$. Mostre que os seguintes pares de funções são linearmente independentes.

(a) t, $1/t$ (b) e^t, $\log t$

7. Quais são as coordenadas da função $3 \operatorname{sen} t + 5 \cos t = f(t)$ em relação à base $\{\operatorname{sen} t, \cos t\}$?

8. Seja D a derivada d/dt. Seja $f(t)$ como no Exercício 7. Quais são as coordenadas da função $Df(t)$ em relação à base do Exercício 7?

9. Sejam $A_1, \ldots, A_n$ vetores em $\mathbb{R}^n$, e suponha que são perpendiculares entre si (isso é, perpendiculares dois a dois), e que nenhum deles é igual a O. Prove que eles são linearmente independentes.

10. Sejam v e w elementos de um espaço vetorial, e suponha que $v \neq O$. Se v e w são linearmente dependentes, mostre que existe um número a tal que $w = av$.

I, §3. DIMENSÃO DE UM ESPAÇO VETORIAL

O resultado principal dessa seção é que duas bases quaisquer de um espaço vetorial têm o mesmo número de elementos. Para provar isso, teremos primeiro um resultado intermediário.

Teorema 3.1 *Seja V um espaço vetorial sobre um corpo K e considere $\{v_1, \ldots, v_m\}$ uma base de V sobre K. Sejam $w_1, \ldots, w_n$ elementos de V, e suponha que $n > m$. Então $w_1, \ldots, w_n$ são linearmente dependentes.*

Demonstração. Suponhamos que $w_1, \ldots, w_n$ são linearmente independentes. Sendo $\{v_1, \ldots, v_m\}$ uma base, existem elementos $a_1, \ldots, a_m \in K$ tais que

$$w_1 = a_1 v_1 + \cdots + a_m v_m.$$

Por hipótese, sabemos que $w_1 \neq 0$, e portanto algum $a_i \neq 0$. Após renumerar $v_1, \ldots, v_m$, se necessário for, podemos supor sem perda de generalidade que $a_1 \neq 0$. Podemos então resolver para v_1, e chegar a

$$\begin{aligned} a_1 v_1 &= w_1 - a_2 v_2 - \cdots - a_m v_m \\ v_1 &= a_1^{-1} w_1 - a_1^{-1} a_2 v_2 - \cdots - a_1^{-1} a_m v_m. \end{aligned}$$

O subespaço de V gerado por $w_1, v_2 \ldots, v_m$ contém v_1, e portanto deve coincidir com V, pois $v_1, \ldots, v_m$ geram V. A idéia agora é continuar nesse processo passo a passo, e substituir sucessivamente $v_2, v_3, \ldots$ por $w_2, w_3, \ldots$ até que todos os elementos $v_1, \ldots, v_m$ sejam esgotados, e $w_1, \ldots, w_m$ gerem V. Suponhamos agora por indução que exista um número inteiro r, $1 \leq r < m$, tal que, após uma adequada renumeração de $v_1, \ldots, v_m$, os elementos $w_1, \ldots, w_r, v_{r+1}, \ldots, v_m$ gerem V. Existem elementos

$$b_1, \ldots, b_r, c_{r+1}, \ldots, c_m$$

em K, tais que

$$w_{r+1} = b_1 v_1 + \cdots + b_r w_r + c_{r+1} v_{r+1} + \cdots + c_m v_m.$$

Não podemos ter $c_j = 0$ para $j = r+1, \ldots, m$, pois nesse caso encontramos uma relação de dependência linear entre $w_1, \ldots, w_{r+1}$, contradizendo nossa afirmação. Após reenumerarmos $v_{r+1}, \ldots, v_m$ se necessário for podemos supor sem perda de generalidade que $c_{r+1} \neq 0$. Obtemos então

$$c_{r+1} v_{r+1} = w_{r+1} - b_1 w_1 - \cdots - b_r w_r - c_{r+2} v_{r+2} - \cdots - c_m v_m.$$

Dividindo por c_{r+1}, concluímos que v_{r+1} está no subespaço gerado por

$$w_1, \ldots, w_{r+1}, v_{r+2}, \ldots, v_m.$$

Pela nossa hipótese de indução, segue que $w_1, \ldots, w_{r+1}, v_{r+2}, \ldots, v_m$ geram V. Assim, por indução, provamos que $w_1, \ldots, w_m$ geram V. Se $n > m$, então existem elementos

$$d_1, \ldots, d_m \in K$$

tais que

$$w_n = d_1 w_1 + \cdots + d_m w_m,$$

provando assim que $w_1, \ldots, w_n$ são linearmente dependentes. Isto completa a demonstração do nosso teorema.

Espaços Vetoriais 31

Teorema 3.2 *Seja V um espaço vetorial, suponhamos que uma base tem n elementos, e que uma outra base tem m elementos. Então $m = n$.*

Demonstração. Aplicamos o Teorema 3.1 às duas bases. A aplicação desse teorema acarreta que ambas as alternativas $n > m$ e $m > n$ não são possíveis, e portanto $m = n$.

Seja V um espaço vetorial tendo uma base constituída por n elementos. Diremos que n é a **dimensão** de V, ou que V é n-dimensional. Se V é constituído apenas pelo elemento O, então V não possui base, e diremos que V tem dimensão 0.

Exemplo 1. O espaço vetorial $\mathbb{R}^n$ sobre $\mathbb{R}$ tem dimensão n, o espaço $\mathbb{C}^n$ sobre $\mathbb{C}$ tem dimensão n. De uma maneira geral, para qualquer corpo K, o espaço K^n sobre K tem dimensão n. De fato, os vetores

$$(1, 0, \ldots, 0), \quad (0, 1, 0, \ldots, 0), \quad (0, 0, 1, 0, \ldots, 0), \quad \ldots, \quad (0, 0, \ldots, 1)$$

formam uma base de K^n sobre K.

A dimensão de um espaço vetorial V sobre K será indicada por $\dim_K V$, ou simplesmente $\dim V$.

Um espaço vetorial que tenha uma base constituída por um número finito de elementos, ou o espaço vetorial zero, é chamado **espaço vetorial de dimensão finita**. Os demais espaços vetoriais são denominados **espaços vetoriais de dimensão infinita**. É possível dar um definição de uma base infinita. O leitor poderá consultar sobre isso em textos mais avançados. No restante deste livro, sempre que falarmos da dimensão de um espaço vetorial, *admitimos* que o referido espaço vetorial tem dimensão finita.

Exemplo 2. Seja um corpo K. Então K é um espaço vetorial sobre si mesmo e de dimensão 1. De fato, o elemento 1 de K constitui uma base de

K sobre K, pois qualquer elemento $x \in K$ se expressa de forma única por $x = x \cdot 1$.

Exemplo 3. Seja V um espaço vetorial. Um subespaço de dimensão 1 é chamado **linha** em V. Um subespaço de dimensão 2 é chamado **plano** em V.

Vamos dar agora os critérios que nos permitem decidir se elementos de um espaço vetorial constituem uma base.

Sejam $v_1, \ldots, v_n$ elementos linearmente independentes de um espaço vetorial V. Diremos que eles formam um **conjunto maximal de elementos linearmente independentes** de V se, dado um elemento w qualquer de V, os elementos $w, v_1, \ldots, v_n$ forem linearmente dependentes.

Teorema 3.3 *Seja V um espaço vetorial, e $v_1, \ldots, v_n$ conjunto maximal de elementos linearmente independentes de V. Então $v_1, \ldots, v_n$ são uma base de V.*

Demonstração. Devemos mostrar que $v_1, \ldots, v_n$ geram V, ou seja, que todo elemento de V pode ser escrito como uma combinação linear de $v_1, \ldots, v_n$. Seja w um elemento de V. Por hipótese, os elementos $w, v_1, \ldots, v_n$ de V devem ser linearmente dependentes, e portanto existem números $x_0, x_1, \ldots, x_n$ não-nulos tais que

$$x_0 w + x_1 v_1 + \cdots + x_n v_n = O.$$

Não podemos ter $x_0 = 0$, pois, nesse caso, obteríamos uma relação de dependência linear para $v_1, \ldots, v_n$. Portanto, podemos expressar w em termos de $v_1, \ldots, v_n$, a saber

$$w = -\frac{x_1}{x_0} v_1 - \cdots - \frac{x_n}{x_0} v_n.$$

Espaços Vetoriais 33

Isso prova que w é uma combinação linear de $v_1, \ldots, v_n$, e conseqüentemente $\{v_1, \ldots, v_n\}$ é uma base.

Teorema 3.4 *Seja V um espaço vetorial de dimensão n, e sejam $v_1, \ldots, v_n$ elementos linearmente independentes de V. Então $v_1, \ldots, v_n$ formam uma base de V.*

Demonstração. De acordo com o Teorema 3.1, $\{v_1, \ldots, v_n\}$ é um conjunto maximal de elementos linearmente independentes de V. Por conseguinte, pelo Teorema 3.3 é uma base.

Corolário 3.5 *Seja V um espaço vetorial e seja W um subespaço. Se $\dim V = \dim W$ então $V = W$.*

Demonstração. Pelo Teorema 3.4 uma base para W deverá ser também uma base para V e portanto $V = W$.

Corolário 3.6 *Seja V um espaço vetorial de dimensão n. Seja r um número inteiro positivo tal que $r < n$, e sejam $v_1, \ldots, v_r$ elementos de V linearmente independentes. Então podem-se encontrar elementos $v_{r+1}, \ldots, v_n$ tais que*

$$\{v_1, \ldots, v_n\}$$

é uma base de V.

Demonstração. Como $r < n$, sabemos que $\{v_1, \ldots, v_r\}$ não pode formar uma base de V e portanto não pode ser o conjunto maximal de elementos linearmente independentes de V. Em particular, podemos encontrar v_{r+1}

em V, tal que

$$v_1, \ldots, v_{r+1}$$

são linearmente independentes. Se $r+1 < n$, podemos repetir o argumento. A partir daí repetimos os mesmos passos (por indução) até obter n elementos linearmente independentes $\{v_1, \ldots, v_n\}$. Esses, de acordo com o Teorema 3.4, deverão formar uma base e assim nosso corolário estará provado.

Teorema 3.7 *Seja V um espaço vetorial tendo uma base formada por n elementos. Seja W um subespaço diferente daquele que só possui o elemento O. Então W tem uma base, e a dimensão de W é $\leq n$.*

Demonstração. Seja w_1 um elemento não-nulo de W. Se $\{w_1\}$ não é o conjunto maximal de elementos linearmente independentes de W, então podemos encontrar um elemento w_2 de W tal que w_1, w_2 sejam linearmente independentes. Procedendo dessa forma, acrescentando um elemento por vez, deverá existir um inteiro $m \leq n$, tal que possamos encontrar elementos $w_1, w_2, \ldots, w_m$ linearmente independentes, e que

$$\{w_1, w_2, \ldots, w_m\}$$

seja um conjunto maximal de elementos linearmente independentes de W (de acordo com o Teorema 3.1, não é possível repetir indefinidamente o processo, e portanto o número de elementos linearmente independentes obtidos é, no máximo, n). Aplicando agora o Teorema 3.3, concluímos que $\{w_1, w_2, \ldots, w_m\}$ é uma base de W.

I, §4. SOMAS E SOMAS DIRETAS

Seja V um espaço vetorial sobre o corpo K. Sejam U e W dois subespaços de V. Definimos a **soma** de U e W como sendo o subconjunto de V formado

Espaços Vetoriais

por todas as somas $u + w$, com $u \in U$ e $w \in W$. Indicamos essa soma por $U + W$. Trata-se de um subespaço de V. De fato, se $u_1, u_2 \in U$ e $w_1, w_2 \in W$, então

$$(u_1 + w_1) + (u_2 + w_2) = u_1 + u_2 + w_1 + w_2 \in U + W.$$

Se $c \in K$, então

$$c(u_1 + w_1) = cu_1 + cw_1 \in U + W.$$

Por fim, $O + O \in W$. Isto prova que $U + W$ é um subespaço.

Diremos que V é uma **soma direta** de U e W se, para todo elemento v de V, existirem elementos *únicos* $u \in U$ e $w \in W$ tais que $v = u + w$.

Teorema 4.1 *Seja V um espaço vetorial sobre um corpo K, e sejam U e W dois subespaços. Se $U + W = V$, e se $U \cap W = \{O\}$, então V é a soma direta de U e W.*

Demonstração. Dado $v \in V$, pela primeira hipótese, existem elementos $u \in U$ e $w \in W$ tais que $v = u + w$. Logo V é a soma de U e W. Para provar que a soma é direta, devemos mostrar que estes elementos u e w são determinados de modo único. Suponhamos que existam elementos $u' \in U$ e $w' \in W$, tais que $v = u' + w'$. Assim

$$u + w = u' + w'.$$

Logo

$$u - u' = w' - w.$$

Mas $u - u' \in U$ e $w' - w \in W$. Pela segunda hipótese concluímos que $u - u' = O$ e $w' - w = O$, donde $u = u'$ e $w = w'$, provando assim nosso teorema.

Quanto à notação, quando V é a soma direta dos subespaços U e W, escrevemos

$$V = U \oplus W.$$

Teorema 4.2 *Seja V um espaço vetorial de dimensão finita, sobre o corpo K. Seja W um subespaço. Então existe um subespaço U tal que V é a soma direta de W e U.*

Demonstração. Fixamos uma base em W, e fazendo uso do Corolário 3.6 estendemos essa base até obtermos uma base de V. A afirmação do nosso teorema é agora evidente. Com a notação daquele teorema, se $\{v_1, \ldots, v_r\}$ é uma base de W, então escolhemos U como sendo espaço gerado por $\{v_{r+1}, \ldots, v_n\}$.

Observamos que dado o subespaço W, geralmente existem vários subespaços U tais que V é a soma direta de W e U. (Para exemplos, veja os exercícios.) Na seção deste livro em que discutiremos ortogonalidade, usaremos a ortogonalidade para determinar um tal subespaço.

Teorema 4.3 *Se V é um espaço vetorial de dimensão finita, sobre o corpo K, e é a soma direta de U e W, então*

$$\dim V = \dim U + \dim W.$$

Demonstração. Seja $\{u_1, \ldots, u_r\}$ uma base de U e $\{w_1, \ldots, w_s\}$ uma base de W. Todo elemento de U tem uma expressão única como uma combinação linear $x_1 u_1 + \cdots + x_r u_r$, com $x_i \in K$, e todo elemento de W se expressa de modo único como uma combinação linear $y_1 w_1 + \cdots y_s w_s$, com $y_j \in K$. Logo, por definição, todo elemento de V se expressa de modo único como

Espaços Vetoriais

uma combinação linear

$$x_1 u_1 + \cdots x_r u_r + y_1 w_1 + \cdots y_s w_s,$$

provando com isso que $u_1, \ldots, u_r, w_1, \ldots, w_s$ formam uma base de V, o que demonstra nosso teorema.

Suponhamos agora que U e W são espaços vetoriais arbitrários sobre o corpo K (isso é, não são necessariamente subespaços de algum espaço vetorial). Indicamos por $U \times W$ o conjunto de todos os pares (u, w) cuja primeira componente é um elemento u de U, e cuja segunda componente é um elemento w de W. Definimos a adição de tais pares por adição de componentes, isso é, se $(u_1, w_1) \in U \times W$ e $(u_2, w_2) \in U \times W$ então

$$(u_1, w_1) + (u_2, w_2) = (u_1 + u_2, w_1 + w_2).$$

Se $c \in K$, definimos o produto $c(u_1, w_1)$ por

$$c(u_1, w_1) = (cu_1, cw_1).$$

Sem dificuldade mostra-se que $U \times W$ é um espaço vetorial, denominado de **produto direto** de U e W. Quando discutirmos as aplicações lineares, compararemos o produto direto com a soma direta.

Se n é um inteiro positivo, escrito como a soma de dois inteiros positivos, $n = r + s$, então concluímos que K^n é o produto direto $K^r \times K^s$.

Observamos que

$$\boxed{\dim(U \times W) = \dim U + \dim W.}$$

A demonstração deste fato é fácil e fica a cargo do leitor.

De uma forma natural, podemos estender o conceito de soma direta e produto direto de vários fatores. Sejam $V_1, \ldots, V_n$ subespaços de um espaço vetorial V. Dizemos que V é a **soma direta**

$$V = \bigoplus_{i=1}^{n} V_i = V_1 \oplus \cdots \oplus V_n$$

se todo elemento $v \in V$ tiver uma representação única como uma soma

$$v = v_1 + \cdots + v_n \quad \text{com} \quad v_i \in V_i.$$

Uma "representação única" significa que se

$$v = v'_1 + \cdots + v'_n \quad \text{com} \quad v'_i \in V_i,$$

então $v'_i = v_i$ para $i = 1, \ldots, n$.

Similarmente, se $W_1, \ldots, W_n$ são espaços vetoriais, então definimos o produto direto entre eles por

$$\prod_{i=1}^{n} W_i = W_1 \times \cdots \times W_n,$$

que denota o conjunto de n-uplas $(w_i, \ldots, w_n)$ com $w_i \in W_i$. A adição é definida sobre as componentes, e a multiplicação por escalar também é definida da mesma forma. Assim o produto direto é um espaço vetorial.

I, §4. EXERCÍCIOS

1. Seja $V = \mathbb{R}^2$, e W o subespaço gerado por $(2,1)$. Seja U o subespaço gerado por $(0,1)$. Mostre que V é a soma direta de W e U. Se U' é o subespaço gerado por $(1,1)$, mostre que V também é a soma direta de W e U'.

2. Seja $V = K^3$, para algum corpo K. Seja W o subespaço gerado por $(1,0,0)$, e seja U o subespaço gerado por $(1,1,0)$ e $(0,1,1)$. Mostre que V é a soma direta de W e U.

Espaços Vetoriais

3. Sejam A e B dois vetores em $\mathbb{R}^2$, e suponhamos que ambos são diferentes de O. Se não existe um número c tal que $cA = B$ mostre que A e B formam uma base de $\mathbb{R}^2$, e que $\mathbb{R}^2$ é a soma direta dos subespaços gerados por A e B, respectivamente.

4. Prove que a última afirmação da seção relativa à dimensão de $U \times W$. Se $\{u_1, \ldots, u_r\}$ é uma base de U e $\{w_1, \ldots, w_r\}$ é uma base de W, então o que é uma base de $U \times W$?

Capítulo 2

Matrizes

II, §1. ESPAÇO DAS MATRIZES

Vamos considerar uma nova classe de objetos: as matrizes. Seja um corpo K. Sejam n e m dois inteiros ≥ 1. Um arranjo de números de K

$$\begin{pmatrix} a_{11} & a_{12} & a_{13} & \cdots & a_{1n} \\ a_{21} & a_{22} & a_{23} & \cdots & a_{2n} \\ \vdots & \vdots & \vdots & & \vdots \\ a_{m1} & a_{m2} & a_{m3} & \cdots & a_{mn} \end{pmatrix}$$

é denominado uma **matriz em** K. Podemos abreviar a notação dessa matriz, escrevendo-a como (a_{ij}), $i = 1, \ldots, m$ e $j = 1, \ldots, n$. Dizemos que é uma matriz m por n, ou uma matriz $m \times n$. A matriz tem m **linhas** e n **colunas**. Por exemplo, a primeira coluna é

$$\begin{pmatrix} a_{11} \\ a_{21} \\ \vdots \\ a_{m1} \end{pmatrix}$$

e a segunda linha é $(a_{21}, a_{22}, \ldots, a_{2n})$. Denominamos o elemento a_{ij} por ij-**entrada** ou ij-**componente** da matriz. Se denotamos por A a matriz acima, então a i-ésima linha é denotada por A_i, e é definida como sendo

$$A_i = (a_{i1}, \ a_{i2}, \ldots, a_{in}).$$

A j-ésima coluna é denotada por A^j, e é definida como sendo

$$A^j = \begin{pmatrix} a_{1j} \\ a_{2j} \\ \vdots \\ a_{mj} \end{pmatrix}.$$

Exemplo 1. A matriz seguinte é uma matriz 2×3:

$$\begin{pmatrix} 1 & 1 & -2 \\ -1 & 4 & -5 \end{pmatrix}.$$

Essa matriz possui duas linhas e três colunas.

As linhas são $(1, \ 1, -2)$ e $(-1, \ 4, -5)$. As colunas são

$$\begin{pmatrix} 1 \\ -1 \end{pmatrix}, \quad \begin{pmatrix} 1 \\ 4 \end{pmatrix}, \quad \begin{pmatrix} -2 \\ -5 \end{pmatrix}.$$

Desta forma, as linhas de uma matriz podem ser vistas como n-uplas, e as colunas como m-uplas verticais. Uma m-upla vertical é também denominada um **vetor-coluna**.

Um vetor $(x_1, \ldots, x_n)$ é uma matriz $1 \times n$. Um vetor-coluna

$$\begin{pmatrix} x_1 \\ \vdots \\ x_n \end{pmatrix}$$

é uma matriz $n \times 1$.

Quando escrevemos uma matriz na forma a_{ij}, então i indica a linha e j indica a coluna. No Exemplo 1, temos, por exemplo, $a_{11} = 1$, $a_{23} = -5$.

Um elemento (a) de K pode ser visto como uma matriz 1×1.

Matrizes

Seja uma matriz a_{ij}, $i = 1, \ldots, m$ e $j = 1, \ldots, n$. Se $m = n$, então dizemos que se trata de uma matriz **quadrada**. Assim

$$\begin{pmatrix} 1 & 2 \\ -1 & 0 \end{pmatrix} \quad \text{e} \quad \begin{pmatrix} 1 & -1 & 5 \\ 2 & 1 & -1 \\ 3 & 1 & -1 \end{pmatrix}$$

são matrizes quadradas.

Temos a **matriz zero**, na qual $a_{ij} = 0$ para todo i, j. Ela tem o seguinte aspecto:

$$\begin{pmatrix} 0 & 0 & 0 & \cdots & 0 \\ 0 & 0 & 0 & \cdots & 0 \\ \vdots & \vdots & \vdots & & \vdots \\ 0 & 0 & 0 & \cdots & 0 \end{pmatrix}.$$

Nós a denotamos por O. Observamos que já conhecemos o número zero, o vetor zero e a matriz zero.

Vamos agora definir a adição de matrizes e a multiplicação de matrizes por escalares.

A adição de matrizes é definida apenas para as matrizes de um mesmo tipo. Desta forma, sejam m e n dois inteiros fixos ≥ 1. Sejam $A = (a_{ij})$ e $B = (b_{ij})$ duas matrizes $m \times n$. Definimos $A + B$ como sendo a matriz cuja entrada na i-ésima linha e j-ésima coluna é $a_{ij} + b_{ij}$. Em outras palavras, somamos matrizes de um mesmo tipo somando as entradas correspondentes.

Exemplo 2. Sejam

$$A = \begin{pmatrix} 1 & -1 & 0 \\ 2 & 3 & 4 \end{pmatrix} \quad \text{e} \quad B = \begin{pmatrix} 5 & 1 & -1 \\ 2 & 1 & -1 \end{pmatrix}.$$

Então

$$A + B = \begin{pmatrix} 6 & 0 & -1 \\ 4 & 4 & 3 \end{pmatrix}.$$

Se O é a matriz zero, então, para qualquer matriz A (do mesmo tipo, evidentemente), temos $O + A = A + O = A$. A verificação disto é trivial.

Passamos agora à definição da multiplicação de uma matriz por um número. Sejam c um número e A uma matriz, $A = (a_{ij})$. Definimos cA como sendo a matriz cuja ij-componente é ca_{ij}. Escrevemos $cA = (ca_{ij})$. Portanto, multiplicamos cada componente de A por c.

Exemplo 3. Sejam A e B matrizes como no Exemplo 2. Seja $c = 2$. Então

$$2A = \begin{pmatrix} 2 & -2 & 0 \\ 4 & 6 & 8 \end{pmatrix} \quad \text{e} \quad 2B = \begin{pmatrix} 10 & 2 & -2 \\ 4 & 2 & -2 \end{pmatrix}.$$

Temos também

$$(-1)A = -A = \begin{pmatrix} -1 & 1 & 0 \\ -2 & -3 & -4 \end{pmatrix}.$$

Para qualquer matriz A, verificamos que $A + (-1)A = 0$.

Deixamos como exercício verificar que todas as propriedades **EV 1** a **EV 8** são satisfeitas pelas regras de adição de matrizes e multiplicação de matrizes por elementos de K. O principal a observar aqui é que a adição de matrizes é definida por meio de componentes, e que para a adição de componentes, as condições correspondentes a **EV 1** a **EV 4** são satisfeitas. Essas propriedades são usuais para números. De maneira análoga, as condições **EV 5** a **EV 8** se verificam para a multiplicação de matrizes por elementos de K, pois as propriedades correspondentes para a multiplicação de elementos de K são válidas.

Vemos que as matrizes (de um dado tipo $m \times n$) com componentes em um corpo K formam um espaço vetorial sobre K, o qual denotamos por $Mat_{m \times n}(K)$.

Definiremos mais um conceito relativo às matrizes. Seja $A = (a_{ij})$ uma matriz $m \times n$. A matriz $m \times n$, $B = (b_{ij})$ tal que $b_{ji} = a_{ij}$ é denominada

Matrizes

de **transposta** de A e é indicada por A^T. Para obter a transposta de uma matriz trocamos as linhas pelas colunas e vice-versa. Se A é a matriz dada no início dessa seção, então A^t é a matriz

$$\begin{pmatrix} a_{11} & a_{21} & a_{31} & \cdots & a_{n1} \\ a_{12} & a_{22} & a_{32} & \cdots & a_{n2} \\ \vdots & \vdots & \vdots & & \vdots \\ a_{1m} & a_{2m} & a_{3m} & \cdots & a_{nm} \end{pmatrix}$$

No caso particular:

$$\text{Se} \quad A = \begin{pmatrix} 2 & 1 & 0 \\ 1 & 3 & 5 \end{pmatrix} \quad \text{então} \quad A^T = \begin{pmatrix} 2 & 1 \\ 1 & 3 \\ 0 & 5 \end{pmatrix}.$$

Se $A = (2, 1, -4)$ é um vetor-linha, então

$$A^t = \begin{pmatrix} 2 \\ 1 \\ -4 \end{pmatrix}$$

é um vetor-coluna.

Uma matriz é dita **simétrica** se for igual à sua transposta, i.e., se $A^T = A$. Uma matriz simétrica é necessariamente uma matriz quadrada. Por exemplo, a matriz

$$\begin{pmatrix} 1 & -1 & 2 \\ -1 & 0 & 3 \\ 2 & 3 & 7 \end{pmatrix}$$

é simétrica.

Seja $A = (a_{ij})$ uma matriz quadrada. Os elementos $a_{11}, \ldots, a_{nn}$ são denominados de componentes da **diagonal**. Uma matriz quadrada será denominada matriz **diagonal** se todos os seus componentes, com uma possível exceção para os componentes da diagonal, forem nulos, i.e., se $a_{ij} = 0$ se $i \neq j$. Toda matriz diagonal é uma matriz simétrica. Uma matriz diagonal é dada por:

$$\begin{pmatrix} a_1 & 0 & \cdots & 0 \\ 0 & a_2 & \cdots & 0 \\ \vdots & \vdots & & \vdots \\ 0 & 0 & \cdots & a_n \end{pmatrix}$$

Definimos a matriz $n \times n$ **unidade** como sendo a matriz que tem todos os componentes iguais a zero, exceto os componentes da diagonal, que são iguais a 1. Denotamos essa matriz unidade por I_n, ou I caso não seja necessário especificar o n. Assim:

$$\begin{pmatrix} 1 & 0 & \cdots & 0 \\ 0 & 1 & \cdots & 0 \\ \vdots & \vdots & & \vdots \\ 0 & 0 & \cdots & 1 \end{pmatrix}$$

II, §1. EXERCÍCIOS SOBRE MATRIZES

1. Sejam

$$A = \begin{pmatrix} 1 & 2 & 3 \\ -1 & 0 & 2 \end{pmatrix} \quad \text{e} \quad B = \begin{pmatrix} -1 & 5 & -2 \\ 2 & 2 & -1 \end{pmatrix}.$$

   Encontre $A + B$, $3B$, $-2B$, $A + 2B$, $2A - B$, $A - 2B$, $B - A$.

2. Sejam

$$A = \begin{pmatrix} 1 & -1 \\ 2 & 2 \end{pmatrix} \quad \text{e} \quad B = \begin{pmatrix} -1 & 1 \\ 0 & -3 \end{pmatrix}.$$

   Encontre $A + B$, $3B$, $-2B$, $A + 2B$, $A - B$, $B - A$.

3. No Exercício 1, encontre A^T e B^T.

4. No Exercício 2, encontre A^T e B^T.

5. Se A e B são matrizes $m \times n$ arbitrárias, mostre que

$$(A+B)^T = A^T + B^T.$$

6. Se c é um número, mostre que

$$(cA)^T = cA^T.$$

7. Se $A = (a_{ij})$ é uma matriz quadrada, então os elementos a_{ii} são denomi-nados elementos **diagonais**. No que diferem os elementos diagonais de A e de A^T?

8. Encontre $(A+B)^T$ e $A^T + B^T$ no Exercício 2.

9. Encontre $A + A^T$ e $B + B^T$ no Exercício 2.

10. Mostre que para qualquer matriz quadrada A, a matriz $A + A^T$ é simétrica.

11. Escreva os vetores-linha e os vetores-coluna das matrizes A e B no Exercício 1.

12. Escreva os vetores-linha e os vetores-coluna das matrizes A e B no Exercício 2.

II, §1. EXERCÍCIOS SOBRE DIMENSÃO

1. Qual é a dimensão do espaço das matrizes 2×2? Dê uma base para esse espaço.

2. Qual é a dimensão do espaço das matrizes $m \times n$? Dê uma base para esse espaço.

3. Qual é a dimensão do espaço das matrizes $n \times n$ cujas componentes, exceto possivelmente os elementos diagonais, são iguais a zero?

4. Qual é a dimensão do espaço das matrizes $n \times n$ **triangulares superiores**, i.e. matrizes do tipo:

$$\begin{pmatrix} a_{11} & a_{12} & \cdots & a_{1n} \\ 0 & a_{22} & \cdots & a_{2n} \\ \vdots & \vdots & & \vdots \\ 0 & 0 & \cdots & a_{nn} \end{pmatrix} ?$$

5. Qual é a dimensão do espaço das matrizes 2×2 simétricas (isto é, matrizes 2×2 tais que $A = A^T$)? Exiba uma base para esse espaço.

6. De um modo geral, qual é a dimensão do espaço das matrizes $n \times n$? O que é uma base para esse espaço?

7. Qual é a dimensão do espaço das matrizes $n \times n$? O que é uma base para esse espaço?

8. Seja V um subespaço do $\mathbb{R}^2$. Quais são as possíveis dimensões para V?

9. Seja V um subespaço do $\mathbb{R}^3$. Quais são as possíveis dimensões para V?

II, §2. EQUAÇÕES LINEARES

Vamos agora apresentar aplicações dos teoremas de dimensão na resolução de equações lineares.

Seja um corpo K. Seja $A = (a_{ij})$, $i = 1, \ldots, m$ e $j = 1, \ldots, n$ uma matriz em K. Sejam $b_1, \ldots, b_m$ elementos de K. Equações do tipo

(*)
$$a_{11}x_1 + \ldots + a_{1n}x_n = b_1$$
$$\ldots$$
$$a_{m1}x_1 + \ldots + a_{mn}x_n = b_m$$

são denominadas equações lineares. Diremos também que (*) é um sistema de equações lineares. Dizemos que o sistema é **homogêneo** se todos os números $b_1, \ldots, b_m$ forem iguais a 0. O número n é chamado o número de **incógnitas**, e m é chamado o número de equações. Chamamos (a_{ij}) de matriz dos **coeficientes**.

O sistema de equações

(**)
$$a_{11}x_1 + \ldots + a_{1n}x_n = 0$$
$$\ldots$$
$$a_{m1}x_1 + \ldots + a_{mn}x_n = 0$$

será denominado **sistema homogêneo** associado a (*).

O sistema (**) sempre tem solução, a saber a solução obtida escolhendo todo $x_j = 0$. Essa solução será chamada **trivial**. Uma solução $(x_1, \ldots, x_n)$ tal que algum $x_i \neq 0$ é chamada **não-trivial**.

Consideremos primeiramente o sistema homogêneo (**). Podemos reescrevê-lo da seguinte forma:

$$x_1 \begin{pmatrix} a_{11} \\ \vdots \\ a_{m1} \end{pmatrix} + \ldots + x_n \begin{pmatrix} a_{1n} \\ \vdots \\ a_{mn} \end{pmatrix} = O,$$

ou, em termos dos vetores-coluna da matriz $A = (a_{ij})$,

$$x_1 A^1 + \ldots + x_n A^n = O.$$

Uma solução não-trivial $X = (x_1, \ldots, x_n)$ do sistema (**) é portanto uma n-upla $X \neq O$ que estabelece uma relação de dependência linear entre as colunas $A^1, \ldots, A^n$. Essa forma de reescrever o sistema nos fornece portanto uma boa interpretação, e nos permite aplicar o Teorema 3.1 do Capítulo 1. Os vetores-coluna são elementos de K^m, que tem dimensão m sobre K. Conseqüentemente:

Teorema 2.1. *Seja*

$$a_{11}x_1 + \ldots + a_{1n}x_n = 0$$
$$\ldots$$
$$a_{m1}x_1 + \ldots + a_{mn}x_n = 0$$

um sistema homogêneo de m equações lineares com n incógnitas e coeficientes em um corpo K. Assumimos que $n > m$. Então o sistema tem uma solução não-trivial em K.

Demonstração. Pelo Teorema 3.1 do Capítulo 1, sabemos que os vetores $A^1, \ldots, A^n$ são necessariamente linearmente dependentes.

Para resolver de forma explícita um sistema de equações lineares, não dispomos até agora de nenhum método além do método elementar de eliminação estudado no ensino médio. Alguns aspectos computacionais da resolução de equações lineares são suficientemente discutidos no meu livro *Introdução à Álgebra Linear* e não serão repetidos aqui.

Consideremos agora o sistema original de equações (∗). Seja B o vetor-coluna

$$B = \begin{pmatrix} b_1 \\ \vdots \\ b_m \end{pmatrix}.$$

Então podemos reescrever (∗) na forma

$$x_1 \begin{pmatrix} a_{11} \\ \vdots \\ a_{m1} \end{pmatrix} + \ldots + x_n \begin{pmatrix} a_{1n} \\ \vdots \\ a_{mn} \end{pmatrix} = \begin{pmatrix} b_1 \\ \vdots \\ b_m \end{pmatrix},$$

ou abreviadamente em termos dos vetores-coluna de A,

$$x_1 A^1 + \ldots + x_n A^n = B.$$

Teorema 2.2. *Seja $m = n$ no sistema (∗) acima, e consideremos os vetores $A^1, \ldots, A^n$ linearmente independentes. Então o sistema (∗) tem uma solução em K, e essa solução é única.*

Demonstração Os vetores $A^1, \ldots, A^n$ sendo linearmente independentes formam uma base para K^n. Portanto qualquer vetor B se expressa de modo único como uma combinação linear

$$B = x_1 A^1 + \ldots + x_n A^n,$$

com $x_i \in K$; donde $X = (x_1, \ldots, x_n)$ é a única solução do sistema.

II, §2. EXERCÍCIOS

1. Seja (∗∗) um sistema de equações lineares homogêneo em um corpo K, e suponha que $m = n$. Suponha também que os vetores-coluna dos coeficientes são linearmente independentes. Mostre que a única solução é a solução trivial.

2. Seja (∗∗) um sistema de equações lineares homogêneo em um corpo K, com n incógnitas. Mostre que o conjunto de soluções $X = (x_1, \ldots, x_n)$ é um espaço vetorial sobre K.

3. Sejam $A^1, \ldots, A^n$ vetores-coluna do tipo $m \times 1$. Suponha que esses vetores tenham coeficientes em $\mathbb{R}$ e sejam linearmente independentes sobre $\mathbb{R}$. Mostre que são linearmente independentes sobre $\mathbb{C}$.

4. Seja (∗∗) um sistema de equações lineares homogêneo com coeficientes em $\mathbb{R}$. Se esse sistema tem uma solução não-trivial em $\mathbb{C}$, mostre que tem uma solução não-trivial em $\mathbb{R}$.

II, §3. MULTIPLICAÇÃO DE MATRIZES

Consideraremos matrizes sobre um corpo K. Começamos recordando o produto escalar definido no Capítulo 1. Assim, se $A = (a_1, \ldots, a_n)$ e $B = (b_1, \ldots, b_n)$ pertencem a K^n, definimos

$$A \cdot B = a_1 b_1 + \ldots + a_n b_n.$$

O resultado deste produto é um elemento de K. São válidas as propriedades básicas:

PE 1. *Para quaisquer A, B em K^n temos $A \cdot B = B \cdot A$.*

PE 2. *Se A, B, C pertencem a K^n, então*

$$A \cdot (B + C) = A \cdot B + A \cdot C = (B + C) \cdot A.$$

PE 3. *Se $x \in K$, então*

$$(xA) \cdot B = x(A \cdot B) \quad e \quad A \cdot (xB) = x(A \cdot B).$$

Se as componentes de A pertencem a $\mathbb{R}$, então

$$A^2 = a_1{}^2 + \ldots + a_n{}^2 \geq 0,$$

e se $A \neq O$, então $A^2 > 0$, pois algum $a_i^2 > 0$. No entanto devemos observar que a propriedade de positividade não é verdadeira em geral. Por exemplo, se $K = \mathbb{C}$, seja $A = (1, i)$. Então $A \neq O$, mas

$$A \cdot A = 1 + i^2 = 0.$$

Em muitos casos, essa positividade não é necessária e podemos substituí-la por uma outra, denominada **não-degeneração**, e que é a seguinte:

Se $A \in K^n$, e se $A \cdot X = 0$ para todo $X \in K^n$, então $A = O$.

A demonstração é trivial, pois devemos ter $A \cdot E_i = 0$ para cada vetor $E_i = (0, \ldots, 0, 1, 0, \ldots, 0)$ com 1 na i-ésima coordenada e 0 nas outras. Mas $A \cdot E_i = a_i$, e portanto $a_i = 0$ para todo i, logo $A = O$.

Vamos agora definir o produto de matrizes.

Seja $A = (a_{ij})$, $i = 1, \ldots, m$ e $j = 1, \ldots, n$ uma matriz $m \times n$. Seja $B = (b_{jk})$, $j = 1, \ldots, n$ e $k = 1, \ldots, s$ uma matriz $n \times s$.

$$A = \begin{pmatrix} a_{11} & \ldots & a_{1n} \\ & \ldots & \\ a_{m1} & \ldots & a_{mn} \end{pmatrix} \quad \text{e} \quad B = \begin{pmatrix} b_{11} & \ldots & b_{1s} \\ & \ldots & \\ b_{n1} & \ldots & b_{ns} \end{pmatrix}$$

Definimos o produto AB como sendo a matriz $m \times s$ cuja ik-coordenada é

$$\sum_{j=1}^{n} a_{ij} b_{jk} = a_{i1} b_{1k} + a_{i2} b_{2k} + \ldots + a_{in} b_{nk}.$$

Se $A_1, \ldots, A_m$ são vetores-linha da matriz A, e se $B^1, \ldots, B^s$ são os vetores-coluna da matriz B, então a ik-coordenada do produto AB é igual a $A_i \cdot B^k$. Portanto

$$\begin{pmatrix} A_1 \cdot B^1 & \ldots & A_1 \cdot B^s \\ \vdots & & \vdots \\ A_m \cdot B^1 & \ldots & A_m \cdot B^s \end{pmatrix}$$

Multiplicação de matrizes é portanto uma generalização do produto escalar.

Exemplo 1. Sejam

$$A = \begin{pmatrix} 2 & 1 & 5 \\ 1 & 3 & 2 \end{pmatrix}, \qquad B = \begin{pmatrix} 3 & 4 \\ -1 & 2 \\ 2 & 1 \end{pmatrix}$$

Então AB é uma 2×2 matriz, e os cálculos mostram que

$$AB = \begin{pmatrix} 2 & 1 & 5 \\ 1 & 3 & 2 \end{pmatrix} \begin{pmatrix} 3 & 4 \\ -1 & 2 \\ 2 & 1 \end{pmatrix} = \begin{pmatrix} 15 & 15 \\ 4 & 12 \end{pmatrix}$$

Exemplo 2. Seja

$$C = \begin{pmatrix} 1 & 3 \\ -1 & -1 \end{pmatrix}.$$

Sejam A e B como no Exemplo 1. Então:

$$BC = \begin{pmatrix} 3 & 4 \\ -1 & 2 \\ 2 & 1 \end{pmatrix} \begin{pmatrix} 1 & 3 \\ -1 & -1 \end{pmatrix} = \begin{pmatrix} -1 & 5 \\ -3 & -5 \\ 1 & 5 \end{pmatrix}$$

e

$$A(BC) = \begin{pmatrix} 2 & 1 & 5 \\ 1 & 3 & 2 \end{pmatrix} \begin{pmatrix} -1 & 5 \\ -3 & -5 \\ 1 & 5 \end{pmatrix} = \begin{pmatrix} 0 & 30 \\ -8 & 0 \end{pmatrix}.$$

Calcule $(AB)C$. Qual é o resultado?

Seja A uma matriz $m \times n$ e B uma matriz $n \times 1$, i.e., um vetor-coluna. Então AB é novamente um vetor-coluna. Esse produto é visto como:

$$\begin{pmatrix} a_{11} & \cdots & a_{1n} \\ \vdots & & \vdots \\ a_{m1} & \cdots & a_{mn} \end{pmatrix} \begin{pmatrix} b_1 \\ \vdots \\ b_n \end{pmatrix} = \begin{pmatrix} c_1 \\ \vdots \\ c_m \end{pmatrix},$$

onde

$$c_i = \sum_{j=1}^n a_{ij} b_j = a_{i1} b_1 + \cdots + a_{in} b_n.$$

Se $X = (x_1, \ldots, x_m)$ é um vetor-linha, i.e., uma matriz $1 \times m$, então podemos efetuar o produto XA, que é visto da seguinte forma:

$$(x_1, \ldots, x_m) \begin{pmatrix} a_{11} & \cdots & a_{1n} \\ \vdots & & \vdots \\ a_{m1} & \cdots & a_{mn} \end{pmatrix} = (y_1, \ldots, y_n),$$

onde

$$y_k = x_1 a_{1k} + \cdots + x_m a_{mk}.$$

Neste caso, XA é uma matriz $1 \times n$, isto é, um vetor-linha.

Teorema 3.1. *Sejam A, B e C matrizes. Se A e B podem ser multiplicadas, A e C podem ser multiplicadas, e B e C podem ser somadas, então A, B + C podem ser multiplicadas, e temos*

$$A(B + C) = AB + AC.$$

se x é um número, então

$$A(xB) = x(AB).$$

Demonstração. Seja A_i a j-ésima linha de A, e sejam B^k e C^k a k-ésima coluna de B e de C, respectivamente. Então $B^k + C^k$ é a k-ésima coluna de $B + C$. Por definição, a ik-componente de AB é $A_i \cdot B^k$, a ik-componente de AC é $A_i \cdot C^k$, e a ik-componente de $A(B+C)$ é $A_i \cdot (B^k + C^k)$. Sabendo que

$$A_i \cdot (B^k + C^k) = A_i \cdot B^k + A_i \cdot C^k,$$

deduzimos a primeira parte do teorema. Quanto à segunda parte, observemos que a k-ésima coluna de xB é xB^k. Como

$$A_i \cdot xB^k = x(A_i \cdot B^k),$$

então segue a segunda parte do teorema.

Teorema 3.2. *Sejam A, B e C matrizes tais que A e B podem ser multiplicadas e B e C podem multiplicadas. Então A e BC podem ser multiplicadas, AB e C podem ser multiplicadas, e vale a seguinte igualdade:*

$$(AB)C = A(BC).$$

Demonstração. Sejam $A = (a_{ij})$ uma matriz $m \times n$ e $B = (b_{jk})$ uma matriz $n \times r$. Consideremos ainda $C = (c_{kl})$ uma matriz $r \times s$. O produto AB é uma matriz $m \times r$, cuja ik-componente é dada pela soma

$$a_{i1}b_{1k} + a_{i2}b_{2k} + \cdots + a_{in}b_{nk}.$$

Abreviaremos esta soma usando a notação Σ e escrevendo

$$\sum_{j=1}^{n} a_{ij}b_{jk}.$$

Por definção, a il-componente de $(AB)C$ é igual a

$$\sum_{k=1}^{r}\left[\sum_{j=1}^{n} a_{ij}b_{jk}\right] c_{kl} = \sum_{k=1}^{r}\left[\sum_{j=1}^{n} a_{ij}b_{jk}c_{kl}\right].$$

A soma do membro direito também representa a soma de todos os termos

$$\sum a_{ij}b_{jk}c_{kl},$$

onde j e k assumem todos os valores inteiros $1 \leq j \leq n$ e $1 \leq k \leq r$, respectivamente.

Se tivéssemos começado com a jl-componente de BC e depois calculado a il-componente de $A(BC)$, teríamos encontrado a mesma soma; com isto, fica demonstrado o nosso teorema.

Seja A uma matriz $n \times n$ quadrada. Diremos que A é **invertível** ou **não-singular** se existir uma matriz $n \times n$ B tal que

$$AB = BA = I_n.$$

Uma tal matriz B fica determinada de modo único por A, pois se C é tal que $AC = CA = I_n$, então

$$B = BI_n = B(AC) = (BA)C = I_n C = C.$$

(Cf. Exercício 1). Esta matriz B será chamada de **inversa** de A e será denotada por A^{-1}. Quando estudarmos determinantes, teremos uma forma explícita de obtê-la, sempre que ela existir.

Seja A uma matriz quadrada. Então podemos formar o produto de A consigo mesma, por exemplo AA, ou produtos repetidos,

$$A \ldots A$$

m vezes. Por definição, se m é um inteiro ≥ 1, A^m é o produto $A \ldots A$, de A multiplicada por si mesma m vezes. *Definimos $A^0 = I$* (a matriz unidade do mesmo tipo de A). A regra usual de expoentes $A^{r+s} = A^r A^s$ é válida para inteiros $r, s \geq 0$.

O próximo resultado relaciona a transposta com a multiplicação de matrizes.

Teorema 3.3. *Sejam A e B matrizes que podem ser multiplicadas. Então B^t e A^t podem ser multiplicadas, e*

$$(AB)^t = B^t A^t.$$

Demonstração. Sejam $A = (a_{ij})$ e $B = (b_{jk})$. Seja $AB = C$. Então

$$c_{ik} = \sum_{j=1}^{n} a_{ij} b_{jk}.$$

Sejam $B^t = (b'_{kj})$ e $A^t = (a'_{ji})$. Então a ki-componente de $B^t A^t$ é por definição

$$\sum_{j=1}^{n} b'_{kj} a'_{ji}.$$

Como $b'_{kj} = b_{jk}$ e $a'_{ji} = a_{ij}$, vemos que essa última expressão é igual a

$$\sum_{j=1}^{n} b_{jk} a_{ij} = \sum_{j=1}^{n} a_{ij} b_{jk}.$$

Por definição, isto é a ki-componente de C^t, como queríamos mostrar.

Em termos de multiplicação de matrizes, podemos agora escrever um sistema de equações lineares na forma

$$AX = B,$$

onde A é uma matriz $m \times n$, X é um vetor-coluna de tamanho n e B é um vetor-coluna de tamanho m.

II, §3. EXERCÍCIOS

1. Seja I a matriz $n \times n$ unidade. Seja A uma matriz $n \times r$. O que vem a ser IA? Se A é uma matriz $m \times n$, o que é AI?

2. Seja O a matriz cujas coordenadas são todas nulas. Seja A uma matriz tal que exista o produto AO. O que vem a ser AO?

3. Em cada um dos casos seguintes, encontre $(AB)C$ e $A(BC)$:

   (a) $A = \begin{pmatrix} 2 & 1 \\ 3 & 1 \end{pmatrix}$, $B = \begin{pmatrix} -1 & 1 \\ 1 & 0 \end{pmatrix}$, $C = \begin{pmatrix} 1 & 4 \\ 2 & 3 \end{pmatrix}$

   (b) $A = \begin{pmatrix} 2 & 1 & -1 \\ 3 & 1 & 2 \end{pmatrix}$, $B = \begin{pmatrix} 1 & 1 \\ 2 & 0 \\ 3 & -1 \end{pmatrix}$, $C = \begin{pmatrix} 1 \\ 3 \end{pmatrix}$

   (c) $A = \begin{pmatrix} 2 & 4 & 1 \\ 3 & 0 & -1 \end{pmatrix}$, $B = \begin{pmatrix} 1 & 1 & 0 \\ 2 & 1 & -1 \\ 3 & 1 & 5 \end{pmatrix}$, $C = \begin{pmatrix} 1 & 2 \\ 3 & 1 \\ -1 & 4 \end{pmatrix}$

Matrizes

4. Considere A e B como matrizes quadradas do mesmo tipo, e suponha que $AB = BA$. Mostre que $(A+B)^2 = A^2 + 2AB + B^2$, e
$$(A+B)(A-B) = A^2 - B^2,$$
usando as propriedades de matrizes estabelecidas no Teorema 3.1.

5. Sejam
$$A = \begin{pmatrix} 1 & 2 \\ 3 & -1 \end{pmatrix}, \qquad B = \begin{pmatrix} 2 & 0 \\ 1 & 1 \end{pmatrix}.$$
Encontre AB e BA.

6. Seja
$$C = \begin{pmatrix} 7 & 0 \\ 0 & 7 \end{pmatrix}.$$
Sejam A e B as matrizes dadas no Exercício 5. Encontre CA, AC, CB e BC. Enuncie uma regra geral que inclua esse exercício como caso particular.

7. Sejam $X = (1, 0, 0)$ e
$$A = \begin{pmatrix} 3 & 1 & 5 \\ 2 & 0 & 1 \\ 1 & 1 & 7 \end{pmatrix}.$$
O que vem a ser XA?

8. Seja $X = (0, 1, 0)$, e seja A uma matriz 3×3 qualquer. Como poderíamos descrever XA? E se $X = (0, 0, 1)$? Generalize para produtos de matrizes $n \times n$ por vetores unitários.

9. Sejam A e B as matrizes dadas no exercício 3(a). Verifique por meio de cálculos que $(AB)^T = B^T A^T$. Faça o mesmo para 3(b) e 3(c). Prove que a mesma regra é válida para duas matrizes quaisquer A e B (que possam ser multiplicadas). Se A, B e C são matrizes que podem ser multiplicadas, mostre que $(ABC)^T = C^T B^T A^T$.

10. Seja M uma matriz $n \times n$ tal que $M^T = M$. Dados dois vetores-coluna no n-espaço, digamos A e B, definimos $\langle A, B \rangle$ como sendo AMB^T (identificando uma matriz 1×1 com um número). Mostre que as condições de um produto escalar são satisfeitas, com a possível exceção da condição do produto escalar ser positivo. Dê um exemplo de uma matriz M e vetores A e B tais que $\langle A, B \rangle = A^T M B$ seja negativo (tomando $n = 2$).

11. (a) Seja A a matriz
$$\begin{pmatrix} 0 & 1 & 1 \\ 0 & 0 & 1 \\ 0 & 0 & 0 \end{pmatrix}.$$
Encontre A^2 e A^3. Generalize para matrizes 4×4.

(b) Seja A a matriz
$$\begin{pmatrix} 1 & 1 & 1 \\ 0 & 1 & 1 \\ 0 & 0 & 1 \end{pmatrix}.$$
Calcule A^2, A^3 e A^4.

12. Considere nos itens a seguir o vetor-coluna X e a matriz A. Encontre AX como vetor-coluna.

(a) $X = \begin{pmatrix} 3 \\ 2 \\ 1 \end{pmatrix}$, $A = \begin{pmatrix} 1 & 0 & 1 \\ 2 & 0 & 1 \\ 2 & 0 & -1 \end{pmatrix}$

(b) $X = \begin{pmatrix} 1 \\ 1 \\ 0 \end{pmatrix}$, $A = \begin{pmatrix} 2 & 1 & 5 \\ 0 & 1 & 1 \end{pmatrix}$

(c) $X = \begin{pmatrix} x_1 \\ x_2 \\ x_3 \end{pmatrix}$, $A = \begin{pmatrix} 0 & 1 & 0 \\ 0 & 0 & 0 \end{pmatrix}$

(d) $X = \begin{pmatrix} x_1 \\ x_2 \\ x_3 \end{pmatrix}$, $A = \begin{pmatrix} 0 & 0 & 0 \\ 1 & 0 & 0 \end{pmatrix}$

Matrizes

13. Seja
$$A = \begin{pmatrix} 2 & 1 & 3 \\ 4 & 1 & 5 \end{pmatrix}.$$

    Encontre AX para cada um dos vetores-coluna X.

    (a) $X = \begin{pmatrix} 1 \\ 0 \\ 0 \end{pmatrix}$ (b) $X = \begin{pmatrix} 0 \\ 1 \\ 1 \end{pmatrix}$ (c) $X = \begin{pmatrix} 0 \\ 0 \\ 1 \end{pmatrix}$

14. Seja
$$A = \begin{pmatrix} 3 & 7 & 5 \\ 1 & -1 & 4 \\ 2 & 1 & 8 \end{pmatrix}.$$

    Encontre AX para cada vetor-coluna X dado no Exercício 13.

15. Seja
$$X = \begin{pmatrix} 0 \\ 1 \\ 0 \\ 0 \end{pmatrix} \quad \text{e} \quad A = \begin{pmatrix} a_{11} & \cdots & a_{14} \\ \vdots & \cdots & \vdots \\ a_{m1} & \cdots & a_{m4} \end{pmatrix}.$$

    O que vem a ser AX?

16. Seja X um vetor-coluna com todas as componentes iguais a zero, exceto a i-ésima componente que é igual a 1. Seja A uma matriz arbitrária, cujo tipo torne possível efetuar o produto AX. O que vem a ser AX?

17. Seja $A = (a_{ij})$, $i = 1, \ldots, n$ e $j = 1, \ldots, n$ uma matriz $m \times n$. Seja $B = (b_{jk})$, $j = 1, \ldots, n$ e $k = 1, \ldots, s$ uma matriz $n \times s$. Seja $AB = C$. Mostre que a k-ésima coluna C^k pode ser escrita como
$$C^k = b_{1k}A^1 + \cdots + b_{nk}A^n.$$

    (Isto será útil para encontrar o determinante de um produto.)

18. Seja A uma matriz quadrada.

   (a) Se $A^2 = O$ então mostre que $I - A$ é invertível.

   (b) Se $A^3 = O$ então mostre que $I - A$ é invertível.

   (c) Em geral, se $A^n = O$ para algum inteiro positivo n, então mostre que $I - A$ é invertível.

   (d) Suponha que $A^2 + 2A + I = O$. Mostre que A é invertível.

   (e) Suponha que $A^3 - A + I = O$. Mostre que A é invertível.

19. Sejam a e b números, e sejam

$$A = \begin{pmatrix} 1 & a \\ 0 & 1 \end{pmatrix} \quad \text{e} \quad B = \begin{pmatrix} 1 & b \\ 0 & 1 \end{pmatrix}$$

O que vem a ser AB? O que vem a ser A^n onde n é um inteiro positivo?

20. Mostre que a matriz A no Exercício 19 tem uma inversa. Qual é esta inversa?

21. Mostre que se A e B são matrizes $n \times n$ que têm inversas, então AB tem inversa.

22. Determine todas as matrizes 2×2 A tais que $A^2 = O$.

23. Seja $A = \begin{pmatrix} \cos\theta & -\text{sen}\,\theta \\ \text{sen}\,\theta & \cos\theta \end{pmatrix}$. Mostre que $A^2 = \begin{pmatrix} \cos 2\theta & -\text{sen}\,2\theta \\ \text{sen}\,2\theta & \cos 2\theta \end{pmatrix}$.

Por indução, determine A^n para qualquer inteiro positivo n.

24. Encontre a 2×2 matriz A tal que $A^2 = -I = \begin{pmatrix} -1 & 0 \\ 0 & -1 \end{pmatrix}$.

25. Seja A uma matriz $n \times n$. Definimos o **traço** de A como sendo a soma dos elementos da diagonal. Portanto se $A = (a_{ij})$, então

$$\text{tr}(A) = \sum_{i=1}^{n} a_{ii}.$$

Por exemplo, se
$$A = \begin{pmatrix} 1 & 2 \\ 3 & 4 \end{pmatrix},$$
então $\operatorname{tr}(A) = 1 + 4 = 5$. Se
$$A = \begin{pmatrix} 1 & -1 & 5 \\ 2 & 1 & 3 \\ 1 & -4 & 7 \end{pmatrix},$$
então $\operatorname{tr}(A) = 9$. Calcule o traço das seguintes matrizes:

(a) $\begin{pmatrix} 1 & 7 & 3 \\ -1 & 5 & 2 \\ 2 & 3 & -4 \end{pmatrix}$ (b) $\begin{pmatrix} 3 & -2 & 4 \\ 1 & 4 & 1 \\ -7 & -3 & -3 \end{pmatrix}$ (c) $\begin{pmatrix} -2 & 1 & 1 \\ 3 & 4 & 4 \\ -5 & 2 & 6 \end{pmatrix}$

26. Sejam A e B as matrizes indicadas a seguir. Mostre que
$$\operatorname{tr}(AB) = \operatorname{tr}(BA).$$

(a) $A = \begin{pmatrix} 1 & -1 & 1 \\ 2 & 4 & 1 \\ 3 & 0 & 1 \end{pmatrix}, B = \begin{pmatrix} 3 & 1 & 2 \\ 1 & 1 & 0 \\ -1 & 2 & 1 \end{pmatrix}$

(b) $A = \begin{pmatrix} 1 & 7 & 3 \\ -1 & 5 & 2 \\ 2 & 3 & -4 \end{pmatrix}, B = \begin{pmatrix} 3 & -2 & 4 \\ 1 & 4 & 1 \\ -7 & -3 & 2 \end{pmatrix}$

27. Prove que se A e B são matrizes $n \times n$ quadradas quaisquer, então
$$\operatorname{tr}(AB) = \operatorname{tr}(BA).$$

28. Para qualquer matriz quadrada A, mostre que $\operatorname{tr}(A) = \operatorname{tr}(A^T)$.

29. Seja
$$A = \begin{pmatrix} 1 & 0 & 0 \\ 0 & 2 & 0 \\ 0 & 0 & 3 \end{pmatrix}.$$
Encontre A^2, A^3 e A^4.

30. Seja A uma matriz diagonal, com elementos diagonais $a_1, \ldots, a_n$. O que vem a ser A^2, A^3 e A^k, para qual inteiro positivo k?

31. Seja
$$A = \begin{pmatrix} 0 & 1 & 6 \\ 0 & 0 & 4 \\ 0 & 0 & 0 \end{pmatrix}.$$
Encontre A^3.

32. Seja A uma matriz $n \times n$ invertível. Mostre que
$$(A^{-1})^T = (A^T)^{-1}.$$
Portanto, podemos escrever $A^{T^{-1}}$ sem receio de confusão.

33. Seja A uma matriz complexa, $A = (a_{ij})$, e seja $\bar{A} = (\bar{a}_{ij})$, onde a barra denota o conjugado complexo. Mostre que
$$(\bar{A})^T = \overline{A^T}.$$
Com isto, escrevemos simplesmente $\bar{A}^T$.

34. Seja A a matriz diagonal:
$$A = \begin{pmatrix} a_1 & 0 & \cdots & 0 \\ 0 & a_2 & \cdots & 0 \\ \vdots & \vdots & & \vdots \\ 0 & 0 & \cdots & a_n \end{pmatrix}.$$
Se $a_i \neq 0$ para todo i, mostre que A é invertível. Qual é a sua inversa?

35. Seja A uma **matriz triangular estritamente superior**, isto é, uma matriz quadrada (a_{ij}) cujas componentes abaixo e sobre a diagonal são

iguais a 0. Podemos expressar esse fato escrevendo $a_{ij} = 0$ se $i \geq j$:

$$A = \begin{pmatrix} 0 & a_{12} & a_{13} & \cdots & a_{1n} \\ 0 & 0 & a_{23} & \cdots & a_{2n} \\ \vdots & \vdots & \vdots & & \vdots \\ \vdots & \vdots & \vdots & & a_{n-1,n} \\ 0 & 0 & 0 & \cdots & 0 \end{pmatrix}.$$

Prove que $A^n = O$. (Se você preferir, faça apenas para os casos em que $n = 2$, 3 e 4. O caso geral pode ser feito por indução.)

36. Seja A uma matriz triangular cujas componentes sobre a diagonal são iguais a 1:

$$A = \begin{pmatrix} 1 & a_{12} & \cdots & & a_{1n} \\ 0 & 1 & \cdots & & a_{2n} \\ \vdots & \vdots & & & \vdots \\ 0 & 0 & \cdots & 1 & a_{n-1,n} \\ 0 & 0 & \cdots & 0 & 1 \end{pmatrix}.$$

Seja $N = A - I_n$. Mostre que $N^{n+1} = O$. Observe que $A = I + N$. Mostre que A é invertível, e que sua inversa é

$$(I + N)^{-1} = I - N + N^2 - \cdots + (-1)^n N^n.$$

37. Se N é uma matriz quadrada tal que $N^{r+1} = O$ para algum inteiro positivo r, então mostre que $I - N$ é invertível e que sua inversa é dada por $I + N + \cdots + N^r$.

38. Seja A uma matriz triangular

$$A = \begin{pmatrix} a_{11} & a_{12} & \cdots & a_{1n} \\ 0 & a_{22} & \cdots & a_{2n} \\ \vdots & \vdots & & \vdots \\ 0 & 0 & \cdots & a_{nn} \end{pmatrix}.$$

Suponha que todos os elementos da diagonal são diferentes de 0 e considere
$$B = \begin{pmatrix} a_{11}^{-1} & 0 & \cdots & 0 \\ 0 & a_{22}^{-1} & \cdots & 0 \\ \vdots & \vdots & & \vdots \\ 0 & 0 & \cdots & a_{nn}^{-1} \end{pmatrix}.$$
Mostre que BA e AB são matrizes triangulares com componentes iguais a 1 sobre a diagonal.

39. Uma matriz quadrada A é dita **nilpotente** se $A^r = O$ para algum inteiro $r \geq 1$. Sejam A e B matrizes nilpotentes de um mesmo tipo, e assuma que $AB = BA$. Mostre que AB e $A + B$ são nilpotentes.

Capítulo 3

Aplicações Lineares

Inicialmente vamos definir o conceito geral de uma aplicação, que generaliza o conceito de uma função. Dentre as aplicações, as mais importantes são as aplicações lineares. Uma boa parte da Matemática é dedicada à redução de questões relativas a aplicações árbitrárias para questões que envolvam aplicações lineares. De qualquer forma, as aplicações são interessantes em si mesmas e muitas delas são lineares. Por outro lado, freqüentemente é possível aproximar uma aplicação arbitrária por uma linear, cujo estudo é mais simples do que o estudo da aplicação original. Isto é feito no cálculo de diversas variáveis.

III, §1. APLICAÇÕES

Sejam S e S' dois conjuntos. Uma **aplicação** de S em S' é uma regra que a cada elemento de S se associa um elemento de S'. Em vez de dizer que F é uma aplicação de S em S', freqüentemente escreveremos os símbolos $F: S \to S'$.

Uma função é um tipo especial de aplicação; a saber, é uma aplicação de um conjunto sobre o conjunto de números, isto é, sobre $\mathbb{R}$, $\mathbb{C}$, ou sobre um corpo K. Estenderemos às aplicações parte da terminologia usada para funções. Por exemplo, se $T : S \to S'$ é uma aplicação e se u é um elemento de S, então denotamos por $T(u)$, ou Tu, o elemento de S' associado a u por meio de T. Chamamos $T(u)$ de **valor** de T em u, ou também de **imagem** de u por T. Os símbolos $T(u)$ são lidos " T de u ". O conjunto de todos os elementos $T(u)$, quando u percorre todo o conjunto S, é chamado **imagem** (ou conjunto-imagem) de T. Se W é um subconjunto de S, então o conjunto dos elementos $T(w)$, onde w percorre todo o conjunto W, é chamado **imagem** de W por T e é denotado por $T(W)$.

Seja $F : S \to S'$ uma aplicação do conjunto S sobre o conjunto S'. Se x é um elemento de S, freqüentemente escrevemos

$$x \mapsto F(x)$$

com uma seta especial $\mapsto$, para indicar a imagem de x sob F. Dessa forma, por exemplo, falaríamos da aplicação F, dada por $F(x) = x^2$, como a aplicação $x \mapsto x^2$.

Exemplo 1. Sejam S e S' ambos iguais a $\mathbb{R}$. Seja $f : \mathbb{R} \to \mathbb{R}$ a função $f(x) = x^2$ (isto é, a função cujo valor num número x é x^2). Então f é uma aplicação de $\mathbb{R}$ em $\mathbb{R}$. Sua imagem é o conjunto dos números ≥ 0.

Exemplo 2. Sejam os conjuntos S e S' tais que: S é o conjunto de números ≥ 0 e $S' = \mathbb{R}$. Seja $g : S \to S'$ a função tal que $g(x) = x^{1/2}$. Logo g é uma função de S em $\mathbb{R}$.

Exemplo 3. Seja S o conjunto das funções que possuem derivadas de todas as ordens no intervalo $0 < t < 1$, e seja $S' = S$. Então a aplicação derivada $D = d/dt$ é uma aplicação de S em S. Com efeito, nossa regra D associa a função $df/dt = Df$ à função f. De acordo com nossa terminologia, Df é o valor da aplicação D em f.

Aplicações Lineares 69

Exemplo 4. Seja S o conjunto das funções contínuas no intervalo $[0, 1]$ e seja S' o conjunto das funções diferenciáveis no mesmo intervalo. Definiremos uma função $\mathcal{I} : S \to S'$ dando seu valor numa função qualquer de S. A saber, definimos $\mathcal{I}f$ (ou $\mathcal{I}(f)$) como sendo a função cujo valor em x é

$$(\mathcal{I}f)(x) = \int_0^x f(t)\,dt.$$

Então $\mathcal{I}(f)$ é uma função diferenciável.

Exemplo 5. Seja S o conjunto $\mathbb{R}^3$, isto é, o conjunto das 3-uplas. Seja $A = (2, 3, -1)$. Se $L : \mathbb{R}^3 \to \mathbb{R}$ é a aplicação cujo valor num vetor $X = (x, y, z)$ é $A \cdot X$; então $L(X) = A \cdot X$. Se $X = (1, 1, -1)$, então o valor de L em X é 6.

Da mesma forma que é feito para funções, descreveremos uma aplicação dando seus valores. Assim sendo, no Exemplo 5, no lugar de descrever a aplicação L por meio de uma frase, diríamos também: Seja $L : \mathbb{R}^3 \to \mathbb{R}$ a aplicação $L(X) = A \cdot X$. Isto é de certo modo incorreto, mas é mais conciso, e não costuma dar margem à confusão. De forma mais correta, podemos escrever $X \mapsto L(X)$ ou $X \mapsto A \cdot X$ com uma seta especial $\mapsto$ para indicar o efeito da aplicação L no elemento X.

Exemplo 6. Seja $F : \mathbb{R}^2 \to \mathbb{R}^2$ a aplicação dada por

$$F(x, y) = (2x, 2y).$$

Descreva a imagem sob F dos pontos pertencentes ao círculo $x^2 + y^2 = 1$.

Seja (x, y) um ponto no círculo de raio 1.

Seja $u = 2x$ e $v = 2y$. Então u e v verificam a relação

$$(u/2)^2 + (v/2)^2 = 1$$

ou, em outras palavras,

$$\frac{u^2}{4} + \frac{v^2}{4} = 1.$$

Donde (u, v) é um ponto no círculo de raio 2. Logo a imagem sob F do círculo de raio 1 é um subconjunto do círculo de raio 2. Reciprocamente, dado um ponto (u, v) tal que

$$u^2 + v^2 = 4,$$

sejam $x = u/2$ e $y = v/2$. Então o ponto (x, y) satisfaz a equação $x^2+y^2 = 1$, e é, portanto, um ponto do círculo de raio 1. Além disso, $F(x, y) = (u, v)$. Logo, todo ponto no círculo de raio 2 é a imagem de algum ponto no círculo de raio 1. Diante disto, concluímos que a imagem do círculo de raio 1 sob F é precisamente o círculo de raio 2.

Observação. De maneira geral, sejam S e S' dois conjuntos. Para provar que $S = S'$, freqüentemente demonstramos que S é um subconjunto de S' e que S' é um subconjunto de S. Isto foi o que fizemos na discussão anterior.

Exemplo 7. Sejam S um conjunto e V um espaço vetorial sobre o corpo K. Sejam F e G duas aplicações de S em V. Podemos definir sua soma $F+G$ como sendo a aplicação cujo valor num elemento t de S é $F(t)+G(t)$. Podemos também definir o produto de F por um elemento c de K como sendo a aplicação cujo valor num elemento t de S é $cF(t)$. É fácil verificar que as condições **EV 1** a **EV 8** são satisfeitas.

Exemplo 8. Sejam S um conjunto e $F : S \to K^n$ uma aplicação. Para cada elemento de t de S, o valor de F em t é um vetor $F(t)$. As coordenadas de $F(t)$ dependem de t. Por conseguinte, existem funções $f_1, \ldots, f_n$ de S em K tais que

$$F(t) = (f_1(t), \ldots, f_n(t)).$$

Aplicações Lineares

Essas funções são denominadas **funções coordenadas** de F. Por exemplo, se $K = \mathbb{R}$ e se S é um intervalo de números reais, que indicamos por J, então a aplicação

$$F : J \to \mathbb{R}^n$$

é também chamada de uma **curva** (paramétrica) no n-espaço.

Seja S novamente um conjunto arbitrário, e sejam $F, G : S \to K^n$ duas aplicações de S em K^n. Sejam $f_1, \ldots, f_n$ as funções coordenadas de F, e $g_1, \ldots, g_n$ as funções coordenadas de G. Então $G(t) = (g_1(t), \ldots, g_n(t))$ para todo $t \in S$. Além disso,

$$(F + G)(t) = F(t) + G(t) = (f_1(t) + g_1(t), \ldots, f_n(t) + g_n(t)),$$

e para todo $c \in K$,

$$(cF)(t) = cF(t) = (cf_1(t), \ldots, cf_n(t)).$$

Em particular, vemos que as funções coordenadas de $F + G$ são

$$f_1 + g_1, \ldots, f_n + g_n.$$

Exemplo 9. Podemos definir uma aplicação $F : \mathbb{R} \to \mathbb{R}^3$ por meio da associação

$$t \mapsto (2t, 10^t, t^3).$$

Assim $F(t) = (2t, 10^t, t^3)$, e $F(2) = (4, 100, 8)$. As funções coordenadas de F são as funções f_1, f_2 e f_3 tais que

$$f_1(t) = 2t, \qquad f_2(t) = 10^t \quad \text{e} \quad f_3(t) = t^3.$$

Sejam U, V e W conjuntos. Sejam $F : U \to V$ e $G : V \to W$ aplicações. Então podemos formar a aplicação composta de U em W, indicada por $G \circ F$. É a aplicação definida pela relação

$$(G \circ F)(t) = G(F(t)),$$

para todo $t \in U$. Se $f : \mathbb{R} \to \mathbb{R}$ é uma função e $g : \mathbb{R} \to \mathbb{R}$ também, então $g \circ f$ é a função composta. A proposição seguinte é uma propriedade importante das aplicações.

Sejam U, V, W e S conjuntos. Sejam

$$F : U \to V, \qquad G : V \to W, \qquad e \qquad H : W \to S$$

aplicações. Então
$$H \circ (G \circ F) = (H \circ G) \circ F.$$

Demonstração. Aqui, mais uma vez, a demonstração é muito simples. Por definição, vale para todo elemento u de U:

$$(H \circ (G \circ F))(u) = H((G \circ F)(u)) = H(G(F(u))).$$

por definição, isto significa que

$$H \circ (G \circ F) = (H \circ G) \circ F.$$

Introduziremos o conceito de aplicação inversa mas, antes disto, devemos mencionar duas propriedades especiais que uma aplicação pode ter. Seja

$$f : S \to S'$$

uma aplicação. Dizemos que f é **injetiva** (ou injetora) se, sempre que $x, y \in S$ e $x \neq y$, então $f(x) \neq f(y)$. Em outras palavras, f é injetiva quando assume valores distintos, para distintos elementos em S. Colocando de outra forma, podemos dizer que f é injetiva se, e somente se, dados $x, y \in S$,

$$f(x) = f(y) \qquad \text{implica} \qquad x = y.$$

Exemplo 10. A função

$$f : \mathbb{R} \to \mathbb{R}$$

tal que $f(x) = x^2$ não é injetiva, pois $f(-1) = f(1) = 1$. A função $x \mapsto \operatorname{sen} x$ também não é injetiva, pois $\operatorname{sen} x = \operatorname{sen}(x + 2\pi)$. No entanto, a aplicação $f : \mathbb{R} \to \mathbb{R}$ tal que $f(x) = x + 1$ é injetiva, pois se $x + 1 = y + 1$, então $x = y$.

Novamente, seja $f : S \to S'$ uma aplicação. Diremos que f é **sobrejetiva** (ou sobrejetora) se a imagem de f coincidir com S'.

A aplicação

$$f : \mathbb{R} \to \mathbb{R}$$

tal que $f(x) = x^2$ não é sobrejetiva, pois sua imagem consiste em todos os números ≥ 0, e essa imagem não coincide com o conjunto $\mathbb{R}$. Por outro lado, a aplicação de $\mathbb{R}$ em $\mathbb{R}$ dada por $x \mapsto x^3$ é sobrejetiva, pois dado um número y, existe um número x tal que $y = x^3$ (a raiz cúbica de y). Logo, todo número está na imagem da nossa aplicação.

Uma aplicação que seja injetiva e sobrejetiva é definida como **bijetiva** (ou bijetora).

Seja $\mathbb{R}^+$ o conjunto de números reais ≥ 0. Por convenção, fazemos distinção entre as aplicações

$$\mathbb{R} \to \mathbb{R} \quad \text{e} \quad \mathbb{R}^+ \to \mathbb{R}^+$$

dadas pela mesma fórmula $x \mapsto x^2$. Essa distinção se justifica, pois se olhamos a relação $x \mapsto x^2$ como uma aplicação de $\mathbb{R} \to \mathbb{R}$, então ela não é sobrejetiva e nem injetiva. Por outro lado, se essa fórmula define uma aplicação de $\mathbb{R}^+ \to \mathbb{R}^+$, então temos uma aplicação que é injetiva e sobrejetiva de $\mathbb{R}^+$ em si mesmo, já que todo número positivo tem uma raiz quadrada positiva, e essa raiz quadrada é única.

Em geral, ao lidar com uma aplicação $f : S \to S'$, devemos, portanto, sempre especificar os conjuntos S e S', para podermos dizer que f é injetiva, ou sobrejetiva, ou ambos. Para ter uma notação exata, deveríamos escrever

$$f_{S,S'}$$

ou algum outro símbolo que especificasse S e S' na notação, mas isso acaba se tornando deselegante, e preferimos usar o contexto para deixar clara a nossa intenção.

Se S é um conjunto qualquer, a **aplicação identidade** I_S é definida como sendo a aplicação tal que $I_S(x) = x$ para todo $x \in S$. Observamos que a aplicação é injetiva e sobrejetiva. Se não precisamos explicitar a referência a S (por estar clara no contexto), então escrevemos I no lugar de I_S. Dessa forma, temos $I(x) = x$ para todo $x \in S$. Ocasionalmente indicamos I_S por id$_S$ ou simplesmente por id.

Finalmente, definimos as aplicações inversas. Seja $F : S \to S'$ uma aplicação de um conjunto em outro. Dizemos que F tem uma **inversa** se existe uma aplicação $G : S' \to S$ tal que

$$G \circ F = I_S \quad \text{e} \quad F \circ G = I_{S'}.$$

Assim estamos indicando que as aplicações compostas $G \circ F$ e $F \circ G$ são as aplicações-identidade de S e S', respectivamente.

Exemplo 11. Seja $S = S'$ o conjunto de números reais ≥ 0. Seja

$$f : S \to S'$$

a aplicação tal que $f(x) = x^2$. Logo F tem uma aplicação inversa, a saber, a aplicação $g : S \to S$ tal que $g(x) = \sqrt{x}$.

Exemplo 12. Sejam $\mathbb{R}_{>0}$ o conjunto de números > 0 e $f : \mathbb{R} \to \mathbb{R}_{>0}$ a aplicação definida por $f(x) = e^x$. Então f tem uma inversa, que é a função logaritmo.

Exemplo 13. Este exemplo é particularmente importante em aplicações geométricas. Seja V um espaço vetorial, e seja u um elemento fixo de V. Consideremos

$$T_u : V \to V$$

a aplicação tal que $T_u(v) = v + u$. Chamamos T_u a **translação** por u. Se S é um subconjunto qualquer de V, então $T_u(S)$ é chamada de **translação de S por u**, e consiste em todos os vetores $v + u$, com $v \in S$. Em geral, indicamos essa translação por $S + u$. Na figura a seguir, desenhamos um conjunto S e sua translação por um vetor u.

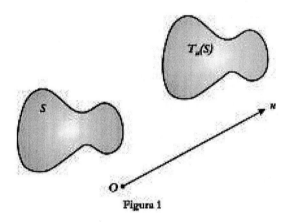

Figura 1

Como exercícios, deixamos a cargo do leitor as demonstrações das duas afirmações a seguir:

Se u_1, u_2 são elementos de V, então $T_{u_1+u_2} = T_{u_1} \circ T_{u_2}$.

Se u é um elemento de V, então $T_u : V \to V$ tem uma única aplicação inversa, a qual é simplesmente a aplicação T_{-u}.

Em seguida temos:

Se

$$f : S \to S'$$

é uma aplicação que tem uma aplicação inversa g, então f é injetiva e sobrejetiva, isto é, f é bijetiva.

Demonstração. Consideremos $x, y \in S$. Seja $g : S' \to S$ a aplicação inversa de f. Se $f(x) = f(y)$, então devemos ter

$$x = g(f(x)) = g(f(y)) = y,$$

e portanto, f é injetiva. Para provar que f é sobrejetiva, considere $z \in S'$. Então

$$f(g(z)) = z$$

pela definição de aplicação inversa, e portanto $z = f(x)$, onde $x = g(z)$. Isto prova que f é sobrejetiva.

A recíproca da afirmação que acabamos de provar também é verdadeira, a saber:

Seja $f : S \to S'$ uma aplicação bijetiva. Então f tem uma aplicacão inversa.

Demonstração. Dado $z \in S'$, como f é sobrejetiva, existe $x \in S$ tal que $f(x) = z$. Como f é injetiva, o elemento x é determinado, de forma única, por z, e podemos portanto definir

$$g(z) = x\,.$$

Pela definição de g encontramos $f(g(z)) = z$ e $g(f(x)) = x$, de forma que g é uma aplicação inversa de f.

Aplicações Lineares 77

Logo, podemos dizer que uma aplicação $f : S \to S'$ tem uma aplicação inversa se, e somente se, f for bijetiva

III, §1. EXERCÍCIOS

1. No exemplo 3, dê Df como função de x quando f é a função:

    (a) $f(x) = \operatorname{sen} x$ (b) $f(x) = e^x$ (c) $f(x) = \log x$

2. Prove a proposição do Exemplo 13 sobre as translações.

3. No Exemplo 5, dê o valor de $L(X)$ quando X for o vetor:

    (a) $(1, 2, -3)$ (b) $(-1, 5, 0)$ (c) $(2, 1, 1)$

4. Seja $F : \mathbb{R} \to \mathbb{R}^2$ a aplicação tal que $F(t) = (e^t, t)$. O que vem a ser $F(1)$, $F(0)$, $F(-1)$?

5. Seja $G : \mathbb{R} \to \mathbb{R}^2$ a aplicação tal que $G(t) = (t, 2t)$. Seja F como no Exercício 4. O que vem a ser $(F+G)(1)$, $(F+G)(2)$, $(F+G)(0)$?

6. Seja F como no Exercício 4. O que vem a ser $(2F)(0)$, $(\pi F)(1)$?

7. Seja $A = (1, 1, -1, 3)$. Seja $F : \mathbb{R}^4 \to \mathbb{R}$ a aplicação tal que, qualquer que seja o vetor $X = (x_1, x_2, x_3, x_4)$, teremos $F(X) = X \cdot A + 2$. Qual o valor de $F(X)$ quando (a) $X = (1, 1, 0, -1)$ e (b) $X = (2, 3, -1, 1)$?

Nos exercícios 8 a 12, tenha como referência o Exemplo 6. Em cada caso, para provar que a imagem é igual a um certo conjunto S, deve-se provar que a imagem está contida em S e também que todo elemento de S está na imagem.

8. Seja $F : \mathbb{R}^2 \to \mathbb{R}^2$ a aplicação definida por $F(x, y) = (2x, 3y)$. Descreva a imagem dos pontos que pertencem ao círculo $x^2 + y^2 = 1$.

9. Seja $F : \mathbb{R}^2 \to \mathbb{R}^2$ a aplicação definida por $F(x,y) = (xy, y)$. Descreva a imagem por F da reta $x = 2$.

10. Seja F a aplicação definida por $F(x,y) = (e^x \cos y, e^x \operatorname{sen} y)$. Descreva a imagem por F da reta $x = 1$. Descreva de uma maneira mais geral a imagem por F de uma reta $x = c$, onde c é uma constante.

11. Seja F a aplicação definida por $F(t,u) = (\cos t, \operatorname{sen} t, u)$. Descreva geometricamente a imagem do plano (t,u) por F.

12. Seja F a aplicação definida por $F(x,y) = (x/3, x/4)$. Qual é a imagem por F da elipse
$$\frac{x^2}{9} + \frac{y^2}{16} = 1\,?$$

III, §2. APLICAÇÕES LINEARES

Sejam V e V' dois espaços vetoriais sobre o corpo K. Uma **aplicação linear**
$$F : V \to V'$$
é uma aplicação que satisfaz as duas seguintes propriedades:

AL 1. *Para quaisquer elementos u e v em V, temos*
$$F(u+v) = F(u) + F(v).$$

AL 2. *Para todo c em K e v em V, temos*
$$F(cv) = cF(v).$$

Caso desejemos especificar o corpo K, também dizemos que F é K-**linear**. Como normalmente lidamos com um corpo fixo K, omitimos o prefixo K e dizemos simplesmente que F é **linear**.

Aplicações Lineares

Exemplo 1. Seja V um espaço vetorial n-dimensional sobre K, e seja $\{v_1, \ldots, v_n\}$ uma base de V. Definimos uma aplicação

$$F : V \to K^n$$

associando a cada elemento $v \in V$ o vetor X de suas coordenadas relativo à base. Portanto, se

$$v = x_1 v_1 + \cdots + x_n v_n,$$

com $x_i \in K$, então

$$F(v) = (x_1, \ldots, x_n).$$

Afirmamos que F é uma aplicação linear. Se

$$w = y_1 v_1 + \cdots + y_n v_n,$$

com vetor das coordenadas $Y = (y_1, \ldots, y_n)$, então

$$v + w = (x_1 + y_1)v_1 + \cdots + (x_n + y_n)v_n,$$

donde $F(v + w) = X + Y = F(v) + F(w)$. Se $c \in K$, então

$$cv = cx_1 v_1 + \cdots + cx_n v_n,$$

e portanto $F(cv) = cX = cF(v)$. Isto prova que F é linear.

Exemplo 2. Seja $V = \mathbb{R}^3$ o espaço vetorial (sobre $\mathbb{R}$) dos vetores em espaço tridimensional. Seja $V' = \mathbb{R}^2$ o espaço vetorial dos vetores em espaço bidimensional. Podemos definir uma aplicação

$$F : \mathbb{R}^3 \to \mathbb{R}^2$$

pela projeção, a saber $F(x, y, z) = (x, y)$. Deixamos para o leitor checar se as condições **AL 1** e **AL 2** estão satisfeitas. Em geral, se r e n forem números inteiros positivos, e $r < n$, teremos uma aplicação do tipo projeção

$$F : K^n \to K^r$$

definida pela regra
$$F(x_1, \ldots, x_n) = (x_1, \ldots, x_r)$$
Verifica-se facilmente que essa aplicação é linear.

Exemplo 3. Seja $A = (1, 2, -1)$. Sejam $V = \mathbb{R}^3$ e $V' = \mathbb{R}$. Podemos definir uma aplicação $L = L_A : \mathbb{R}^3 \to \mathbb{R}$ pela associação $X \mapsto X \cdot A$, isto é,
$$L(X) = X \cdot A$$
para qualquer vetor X no espaço tridimensional. O fato de L ser linear sintetiza duas propriedades conhecidas do produto escalar, a saber, para quaisquer vetores X e Y em $\mathbb{R}^3$ teremos
$$(X + Y) \cdot A = X \cdot A + Y \cdot A$$
$$(cX) \cdot A = c(X \cdot A).$$
Em geral, sendo K um corpo e A um vetor fixo em K^n, temos uma aplicação linear (ou seja, uma aplicação K-linear)
$$L_A : K^n \to K$$
tal que $L_A(X) = X \cdot A$ para todo $X \in K^n$. Podemos generalizar isso até mesmo para as matrizes. Seja A uma matriz $m \times n$ em um corpo K. Obtemos uma aplicação linear
$$L_A : K^n \to K^m$$
tal que
$$L_A(X) = AX$$
para todo vetor coluna X em K^n. Mais uma vez, a linearidade decorre de propriedades da multiplicação de matrizes. Se $A = (a_{ij})$, então AX toma a seguinte forma:
$$AX = \begin{pmatrix} a_{11} & \cdots & a_{1n} \\ & \cdots & \\ a_{m1} & \cdots & a_{mn} \end{pmatrix} \begin{pmatrix} x_1 \\ \vdots \\ x_n \end{pmatrix}.$$

Aplicações Lineares

Este tipo de multiplicação será encontrado com freqüência no restante do livro.

Exemplo 4. Seja V um espaço vetorial qualquer. A aplicação que a um elemento u qualquer de V associa o próprio elemento u é de forma óbvia uma aplicação linear, que chamamos de aplicação **identidade**. Ela é indicada por id ou simplesmente I. Logo $\text{id}(u) = u$.

Exemplo 5. Sejam V e V' dois espaços vetoriais quaisquer sobre o corpo K. A aplicação que associa o elemento O de V' a qualquer elemento u de V é denominada a aplicação **zero**, é obviamente linear e também é indicada por O.

Como um exercício (Exercício 2), prove que:

Se $L : V \to W$ é uma aplicação linear, então $L(O) = O$.

Em particular, se $F : V \to W$ é uma aplicação e $F(O) \neq O$, então F não é linear.

Exemplo 6. O espaço das aplicações lineares. Sejam V e V' dois espaços vetoriais quaisquer sobre o corpo K. Consideramos o conjunto de todas as aplicações lineares de V em V' e indicamos esse conjunto por $\mathcal{L}(V, V')$, ou simplesmente $\mathcal{L}$ se a referência a V e V' for clara. Vamos definir a adição de aplicações lineares e sua multiplicação por escalares, de tal maneira que $\mathcal{L}$ passe a ser um espaço vetorial.

Sejam $T : V \to V'$ e $F : V \to V'$ duas aplicações lineares. Definimos sua **soma** $T + F$ como sendo a aplicação cujo valor num elemento u de V é $T(u) + F(u)$. Dessa forma, podemos escrever

$$(T + F)(u) = T(u) + F(u).$$

A aplicação $T + F$ é uma aplicação linear. De fato, é fácil verificar que as duas condições que definem uma aplicação linear são satisfeitas. Para elementos quaisquer u e v de V, temos

$$\begin{aligned}(T+F)(u+v) &= T(u+v) + F(u+v) \\ &= T(u) + T(v) + F(u) + F(v) \\ &= T(u) + F(u) + T(v) + F(v) \\ &= (T+F)(u) + (T+F)(v).\end{aligned}$$

Além disso, se $c \in K$, então

$$\begin{aligned}(T+F)(cu) &= T(cu) + F(cu) \\ &= cT(u) + cF(u) \\ &= c[T(u) + F(u)] \\ &= c[(T+F)(u)].\end{aligned}$$

Portanto, $T + F$ é uma aplicação linear.

Se $a \in K$, e $T : V \to V'$ é uma aplicação linear, definimos uma aplicação aT de V em V' dando seu valor num elemento u de V do seguinte modo, $(aT)(u) = aT(u)$. Então é fácil verificar que aT é uma aplicação linear. Deixamos isso como exercício.

Acabamos de definir as operações de adição e multiplicação por escalares no nosso conjunto $\mathcal{L}$. Além disso, se $T : V \to V'$ é uma aplicação linear, isto é, um elemento de $\mathcal{L}$, então podemos definir $-T$ como sendo $(-1)T$, isto é, o produto do número -1 por T. Finalmente, temos a **aplicação zero**, que a cada elemento de V associa o elemento O de V'. Então $\mathcal{L}$ é um espaço vetorial. Em outras palavras, o conjunto das aplicações de V em V' é, por sua vez, um espaço vetorial. É fácil verificar que as regras **EV1** a **EV8** para um espaço vetorial são satisfeitas; fica a cargo do leitor fazer esta verificação.

Exemplo 7. Seja $V = V'$ o espaço vetorial das funções reais de uma variável real e que possuem derivadas de todas as ordens. Seja D a aplicação

Aplicações Lineares

derivada. Logo, $D : V \to V$ é uma aplicação linear. Isto é apenas um resumo das propriedades conhecidas da derivada, a saber:

$$D(f + g) = Df + Dg, \quad \text{e} \quad D(cf) = cDf$$

para quaisquer funções deriváveis f e g, e uma constante c. Se f é um elemento de V e I a aplicação identidade, então

$$(D + I)f = Df + f.$$

Sendo assim, quando f for a função dada por $f(x) = e^x$, então $(D+I)f$ será a função cujo valor em x é $e^x + e^x = 2e^x$. Se $f(x) = \text{sen}\, x$, então $((D+I)f)(x) = \cos x + \text{sen}\, x$.

Seja $T : V \to V'$ uma aplicação linear. Sejam u, v e w três elementos de V. Então

$$T(u + v + w) = T(u) + T(v) + T(w).$$

Isto pode ser verificado por etapas, a partir da definição de aplicações lineares. Pois,

$$T(u + v + w) = T(u + v) + T(w) = T(u) + T(v) + T(w).$$

De maneira semelhante, dada uma soma de mais de três elementos, verifica-se uma propriedade análoga. Por exemplo, sejam $u_1, \ldots, u_n$ elementos de V. Então

$$T(u_1 + \cdots + u_n) = T(u_1) + \cdots + T(u_n).$$

A soma do lado direito da igualdade pode ser efetuada numa ordem qualquer. Uma demonstração formal pode ser feita facilmente por indução, e nós a omitimos.

Se $a_1, \ldots, a_n$ são números, então

$$T(a_1 u_1 + \cdots + a_n u_n) = a_1 T(u_1) + \cdots + a_n T(u_n).$$

Demonstramos isto para o caso de três elementos.

$$\begin{aligned} T(a_1 u + a_2 v + a_3 w) &= T(a_1 u) + T(a_2 v) + T(a_3 w) \\ &= a_1 T(u) + a_2 T(v) + a_3 T(w). \end{aligned}$$

O teorema que segue nos mostrará como fica determinada uma aplicação linear quando sabemos seu valor nos elementos de uma base.

Teorema 2.1. *Sejam V e W dois espaços sobre o corpo K. Seja $v_1, \ldots, v_n$ uma base de V, e sejam $w_1, \ldots, w_n$ elementos arbitrários de W. Então existe uma única aplicação linear $T : V \to W$ tal que $T(v_1) = w_1, \ldots, T(v_n) = w_n$. Se $x_1, \ldots, x_n$ são escalares, então*

$$T(x_1 v_1 + \cdots + x_n v_n) = x_1 w_1 + \cdots + x_n w_n.$$

Demonstração. Vamos provar que existe uma aplicação linear T satisfazendo as condições exigidas. Seja v um elemento de V e sejam $x_1, \ldots, x_n$ os números determinados de modo único tais que $v = x_1 v_1 + \cdots + x_n v_n$. Façamos

$$T(v) = x_1 w_1 + \cdots + x_n w_n.$$

Dessa forma, definimos uma aplicação T de V em W e afirmamos que T é linear. Se v' é um elemento de V e $v' = y_1 v_1 + \cdots + y_n v_n$, então

$$v + v' = (x_1 + y_1) v_1 + \cdots + (x_n + y_n) v_n.$$

Por definição, obtemos

$$\begin{aligned} T(v + v') &= (x_1 + y_1) w_1 + \cdots + (x_n + y_n) w_n \\ &= x_1 w_1 + y_1 w_1 + \cdots + x_n w_n + y_n w_n \\ &= T(v) + T(v'). \end{aligned}$$

Seja c um número. Então $cv = cx_1 v_1 + \cdots + cx_n v_n$ e conseqüentemente,

$$T(cv) = cx_1 w_1 + \cdots + cx_n w_n = cT(v).$$

Com isto, provamos que T é linear e, portanto, que existe uma aplicação linear, como afirma o teorema.

Uma tal aplicação é única, pois qualquer que seja o elemento $x_1 v_1 + \cdots + x_n v_n$ de V, toda aplicação linear $F : V \to W$ tal que $F(v_i) = w_i$ ($i = 1, \ldots, n$) necessariamente também satisfaz

$$F(x_1 v_1 + \cdots + x_n v_n) = x_1 F(v_1) + \cdots + x_n F(v_n)$$
$$= x_1 w_1 + \cdots + x_n w_n.$$

Isto conclui a demonstração.

III, §2. EXERCÍCIOS

1. Determine quais das seguintes aplicações F são lineares:

    (a) $F : \mathbb{R}^3 \to \mathbb{R}^2$ definida por $F(x, y, z) = (x, z)$

    (b) $F : \mathbb{R}^4 \to \mathbb{R}^4$ definida por $F(X) = -X$

    (c) $F : \mathbb{R}^3 \to \mathbb{R}^3$ definida por $F(X) = X + (0, -1, 0)$

    (d) $F : \mathbb{R}^2 \to \mathbb{R}^2$ definida por $F(x, y) = (2x + y, y)$

    (e) $F : \mathbb{R}^3 \to \mathbb{R}^2$ definida por $F(x, y) = (2x, y - x)$

    (f) $F : \mathbb{R}^2 \to \mathbb{R}^2$ definida por $F(x, y) = (y, x)$

    (g) $F : \mathbb{R}^2 \to \mathbb{R}$ definida por $F(x, y) = xy$

    (h) Seja U um subconjunto aberto de $\mathbb{R}^3$ e seja V o espaço vetorial das funções diferenciáveis sobre U. Seja V' o espaço vetorial de campos de vetores sobre U. Então grad : $V \to V'$ é uma aplicação. Ela é linear? (Para este item (h) estamos assumindo que o leitor tenha conhecimentos de Cálculo Avançado.)

2. Seja $T : V \to W$ uma aplicação linear de um espaço vetorial em um outro. Mostre que $T(O) = O$.

3. Seja $T : V \to W$ uma aplicação linear como no exercício anterior. Sejam u e v elementos de V e seja $Tu = w$. Se $Tv = O$, mostre que $T(u + v)$ é também igual a w.

4. Seja $T : V \to W$ uma aplicação linear. Seja U o subconjunto dos elementos $u \in V$ tais que $T(u) = O$. Considere $w \in W$ e suponha que exista algum elemento $v_0 \in V$ tal que $T(v_0) = w$. Mostre que o conjunto dos elementos $v \in V$ que satisfazem $T(v) = w$ é precisamente $v_0 + U$.

5. Seja $T : V \to W$ uma aplicação linear. Seja um elemento v de V. Mostre que $T(-v) = -T(v)$.

6. Sejam V um espaço vetorial sobre $\mathbb{R}$ e duas aplicações lineares $f : V \to \mathbb{R}$ e $g : V \to \mathbb{R}$. Considere $F : V \to \mathbb{R}^2$ a aplicação definida por $F(v) = (f(v), g(v))$ e mostre que F é linear. Generalize.

7. Sejam dois espaços vetorias V e W sobre K e seja $F : V \to W$ uma aplicação linear. Seja U o subconjunto de V formado pelos elementos v tais que $F(v) = O$. Prove que U é um subespaço de V.

8. Quais das aplicações nos Exercícios 4, 7, 8, 9, do §1 são lineares?

9. Seja V um espaço vetorial sobre $\mathbb{R}$ e sejam v e w elementos de V. A **reta que passa por v e é paralela a** w é definida pelo conjunto de todos os elementos $v + tw$ com $t \in \mathbb{R}$.

O **segmento de reta** entre v e $v+w$ é definido pelo conjunto de todos os elementos
$$v + tw \quad \text{com} \quad 0 \leq t \leq 1.$$

Seja $L : V \to U$ uma aplicação linear. Mostre que a imagem por L de um segmento de reta em V é um segmento de reta em U. Quais são os pontos extremos do segmento?

Mostre que a imagem por L de uma reta é sempre uma reta ou um ponto.

Seja V um espaço vetorial sobre $\mathbb{R}$ e sejam v_1 e v_2 dois elementos linearmente independentes de V. O conjunto dos elementos de V que podem ser escritos sob a forma $t_1v_1 + t_2v_2$, com t_1 e t_2 satisfazendo

$$0 \leq t_1 \leq 1 \quad \text{e} \quad 0 \leq t_2 \leq 1,$$

recebe o nome de **paralelogramo** gerado por v_1 e v_2.

10. Sejam V e W dois espaços vetoriais sobre $\mathbb{R}$ e seja $F : V \to W$ uma aplicação linear. Sejam v_1 e v_2 elementos linearmente independentes de V e suponhamos que $F(v_1)$ e $F(v_2)$ sejam linearmente independentes. Mostre que a imagem por F do paralelogramo gerado por v_1 e v_2 é o paralelogramo gerado por $F(v_1)$ e $F(v_2)$.

11. Seja F uma aplicação linear de $\mathbb{R}^2$ em $\mathbb{R}^2$, tal que

$$F(E_1) = (1,1) \quad \text{e} \quad F(E_2) = (-1,2).$$

Seja S o quadrado de vértices $(0,0)$, $(1,0)$, $(1,1)$ e $(0,1)$. Mostre que a imagem desse quadrado, por F, é um paralelogramo.

12. Sejam A e B dois vetores não-nulos do plano, tais que não exista nenhuma constante $c \neq 0$ tal que $B = cA$. Seja T uma aplicação linear no plano, tal que $T(E_1) = A$ e $T(E_2) = B$. Dê a imagem por T do retângulo de vértices $(0,1)$, $(3,0)$, $(0,0)$ e $(3,1)$.

13. Sejam A e B dois vetores não-nulos do plano, tais que não exista nenhuma constante $c \neq 0$ tal que $B = cA$. Descreva geometricamente o conjunto dos pontos $tA + uB$ para valores de t e u que verificam $0 \leq t \leq 5$ e $0 \leq u \leq 2$.

14. Seja $T_u : V \to V$ a translação por um vetor u. Para quais vetores u é T_u uma aplicação linear? Prove isto.

15. Sejam V e W dois espaços vetoriais sobre K e uma aplicação linear $F : V \to W$. Sejam $w_1, \ldots, w_n$ elementos linearmente independentes de W e sejam $v_1, \ldots, v_n$ elementos de V tais que $F(v_i) = w_i$ para $i, \ldots, n$. Mostre que $v_1, \ldots, v_n$ são linearmente independentes.

16. Sejam V um espaço vetorial sobre $\mathbb{R}$ e uma aplicação $F : V \to \mathbb{R}$. Seja W o subconjunto de V formado de todos os elementos v tais que $F(v) = O$. Suponhamos que $W \neq V$ e seja v_0 um elemento de V que não está em W. Mostre que todo elemento de V pode ser escrito como uma soma $w + cv_0$, para algum w em W e algum escalar c.

17. No Exercício 16, mostre que W é um subespaço de V. Seja $\{v_1, \ldots, v_n\}$ uma base de W. Mostre que $\{v_0, v_1, \ldots, v_n\}$ é uma base de V.

18. Seja $L : \mathbb{R}^2 \to \mathbb{R}^2$ uma aplicação linear que nos vetores indicados tem o seguinte efeito:

    (a) $L(3,1) = (1,2)$ e $L(-1,0) = (1,1)$

    (b) $L(4,1) = (1,1)$ e $L(1,1) = (3,-2)$

    (c) $L(1,1) = (2,1)$ e $L(-1,1) = (6,3)$.

    Em cada caso determine $L(1,0)$.

19. Seja L como nos itens (a), (b) e (c) do Exercício 18. Encontre $L(0,1)$.

III, §3. NÚCLEO E IMAGEM DE UMA APLICAÇÃO LINEAR

Sejam V e W espaços vetoriais sobre K e seja $F : V \to W$ uma aplicação linear. Definimos como **núcleo** de F o conjunto de elementos $v \in V$ tais que $F(v) = O$.

Aplicações Lineares

Indicamos o núcleo de F por $\operatorname{Nuc} F$.

Exemplo 1. Seja $L : \mathbb{R}^3 \to \mathbb{R}$ a aplicação tal que

$$L(x,y,z) = 3x - 2y + z.$$

Dessa forma, se $A = (3, -2, 1)$, então podemos escrever

$$L(X) = X \cdot A = A \cdot X.$$

Logo o núcleo de L é o conjunto de soluções da equação

$$3x - 2y + z = 0.$$

De forma natural, isto se generaliza para um espaço de dimensão n. Se A é um vetor arbitrário em $\mathbb{R}^n$, podemos definir a aplicação linear

$$L_A : \mathbb{R}^n \to \mathbb{R}$$

tal que $L_A(X) = A \cdot X$. O núcleo de L pode ser interpretado como o conjunto de todos os X que são perpendiculares a A.

Exemplo 2. Seja $P : \mathbb{R}^3 \to \mathbb{R}^2$ a projeção, tal que

$$P(x,y,z) = (x,y).$$

Então P é uma aplicação linear cujo núcleo é o conjunto de vetores em $\mathbb{R}^3$ que possuem as duas primeiras coordenadas iguais a 0, isto é, todos os vetores

$$(0, 0, z)$$

com uma componente z arbitrária.

Provaremos agora que o núcleo de uma aplicação linear $F : V \to W$ é um subespaço de V. Como $F(O) = O$, vemos que O está no núcleo. Considere

v e w no núcleo de F. Então $F(v+w) = F(v) + F(w) = O + O = O$, e portanto $v+w$ está no núcleo. Se c é um número, então $F(cv) = cF(v) = O$, isto é, cv também está no núcleo. Dessa forma, o núcleo de uma aplicação linear é um subespaço.

O núcleo de uma aplicação linear é útil para se determinar quando uma aplicação linear é injetiva. A saber, seja $F : V \to W$ uma aplicação linear. Considere-se que as duas afirmações seguintes são equivalentes.

1. *O núcleo de F é igual a $\{O\}$.*

2. *Se v e w são elementos de V tais que $F(v)=F(w)$, então $v = w$. Em outras palavras, F é injetiva.*

Para provar nossa afirmação suponha primeiro que $\operatorname{Ker} F = \{O\}$ e que v e w são tais que $F(v) = F(w)$. Então

$$F(v - w) = F(v) - F(w) = O.$$

Por hipótese, $v - w = O$ e, portanto, $v = w$.

De forma recíproca, suponha que F é injetiva. Se v é tal que

$$F(v) = F(O) = O,$$

concluímos que $v = O$.

O núcleo de F é também útil para determinar o conjunto de todos os elementos de V cuja imagem pela F está em W. Deixamos para o leitor, por meio do Exercício 4, verificar isto.

Teorema 3.1. *Seja $F : V \to W$ uma aplicação linear cujo núcleo é $\{O\}$. Se $v_1, \ldots, v_n$ são elementos linearmente independentes de V, então $F(v_1), \ldots, F(v_n)$ são elementos linearmente independentes de W.*

Demonstração. Sejam $x_1, \ldots, x_n$ números tais que

$$x_1 F(v_1) + \cdots + x_n F(v_n) = O.$$

Por linearidade, chegamos a

$$F(x_1 v_1 + \cdots + x_n v_n) = O.$$

Portanto $x_1 v_1 + \cdots + x_n v_n = O$. Como $v_1, \ldots, v_n$ são elementos linearmente independentes, segue que $x_i = 0$ para $i = 1, \ldots, n$. Isto prova nosso teorema.

Seja $F : V \to W$ uma aplicação linear. A **imagem** de F é o conjunto de elementos w em W, para os quais existe pelo menos um elemento v em V tal que $F(v) = w$.

A imagem de F é um subespaço de W.

Para provar isto, devemos primeiro observar que $F(O) = O$, e portanto O está na imagem de F. Em seguida, suponha que w_1 e w_2 estejam na imagem de F. Então existem elementos v_1 e v_2 de V tais que $F(v_1) = w_1$ e $F(v_2) = w_2$. Portanto,

$$F(v_1 + v_2) = F(v_1) + F(v_2) = w_1 + w_2,$$

provando assim que $w_1 + w_2$ está na imagem. Se c é um número, então

$$F(cv_1) = cF(v_1) = cw_1.$$

Logo cw_1 está na imagem. Isto prova que a imagem é um subespaço de W.

Indicamos a imagem de F por $\operatorname{Im} F$.

O próximo teorema relaciona as dimensões do núcleo e da imagem de uma aplicação linear com a dimensão do espaço onde a aplicação está definida.

Teorema 3.2. *Sejam V um espaço vetorial e $L : V \to W$ uma aplicação linear de V em outro espaço W. Sejam n a dimensão de V, q a dimensão do núcleo de L e s a dimensão da imagem de L. Então $n = q + s$. Em outras palavras,*

$$\dim V = \dim \operatorname{Nuc} L + \dim \operatorname{Im} L.$$

Demonstração. Se a imagem de L consiste apenas em O, então nossa afirmação torna-se trivial. Devemos portanto supor que $s > 0$. Seja $\{w_1, \ldots, w_s\}$ uma base da imagem de L. Seja $v_1, \ldots, v_s$ elementos de V tais que $L(v_i) = w_i$ para $i = 1, \ldots, s$. Suponha que o núcleo de L não é $\{O\}$ e assuma que $\{u_1, \ldots, u_q\}$ é uma base do núcleo. Se o núcleo for $\{O\}$ fica entendido que todas as referências a $\{u_1, \ldots, u_q\}$ serão omitidas no que segue. Afirmamos que $\{v_1, \ldots, v_s, u_1, \ldots, u_q\}$ é uma base de V. Isto será suficiente para provar nossa afirmação. Seja v um elemento qualquer de V, então existem escalares $x_1, \ldots, x_s$ tais que

$$L(v) = x_1 w_1 + \cdots + x_s w_s,$$

pois $\{w_1, \ldots, w_s\}$ é uma base da imagem de L. Por linearidade,

$$L(v) = L(x_1 v_1 + \cdots + x_s v_s),$$

e novamente por linearidade, subtraindo o membro direito do membro esquerdo, resulta que

$$L(v - x_1 v_1 - \cdots - x_s v_s) = O.$$

Logo $v - x_1 v_1 - \cdots - x_s v_s$ pertence ao núcleo de L e existem escalares $y_1, \ldots, y_q$ tais que

$$v - x_1 v_1 - \cdots - x_s v_s = y_1 u_1 + \cdots + y_q u_q.$$

Logo

$$v = x_1 v_1 + \cdots + x_s v_s + y_1 u_1 + \cdots + y_q u_q.$$

é uma combinação linear de $v_1, \ldots, v_s, u_1, \ldots, u_q$. Isto prova que estes $s+q$ elementos de V geram V.

Mostraremos agora que eles são linearmente independentes e que, dessa forma, constituem uma base. Suponha que exista uma relação linear

$$x_1 v_1 + \cdots + x_s v_s + y_1 u_1 + \cdots + y_q u_q = O.$$

Aplicando L a essa relação e usando o fato de que $L(u_j) = O$ para $j = 1, \ldots, q$, obtemos

$$x_1 L(v_1) + \cdots + x_s L(v_s) = O.$$

Mas $L(v_1), \cdots, L(v_s) = O$ não é nada mais que $w_1, \ldots, w_s$, que já supomos linearmente independentes. Portanto, $x_i = 0$ para $i = 1, \ldots, s$ e dessa forma

$$y_1 u_1 + \cdots + y_q u_q = O.$$

Mas $u_1, \cdots, u_q$ constitui uma base do núcleo de L e, em particular, são linearmente independentes. Portanto, todos $y_j = 0$ para $j = 1, \ldots, q$. Isto conclui a demonstração do nosso teorema.

Exemplo 1 (Cont.). A aplicação linear $L : \mathbb{R}^3 \to \mathbb{R}$ do Exemplo 1 é dada pela fórmula

$$L(x, y, z) = 3x - 2y + z.$$

Seu núcleo consiste em todas as soluções da equação

$$3x - 2y + z = 0.$$

Sua imagem é um subespaço de $\mathbb{R}$, não é $\{0\}$, e portanto é o conjunto $\mathbb{R}$. Assim sua imagem tem dimensão 1. Logo seu núcleo tem dimensão 2.

Exemplo 2 (Cont.). A projeção $P : \mathbb{R}^3 \to \mathbb{R}^2$ do Exemplo 2 é obviamente sobrejetiva e seu núcleo tem dimensão 1.

No Capítulo V, §3 investigaremos de forma geral a dimensão do espaço de soluções de um sistema de equações lineares homogêneas.

Teorema 3.3. *Seja* $L : V \to W$ *uma aplicação linear e suponha que*

$$\dim V = \dim W.$$

Se $\operatorname{Nuc} L = \{O\}$, *ou se* $\operatorname{Im} L = W$, *então* L *é bijetiva.*

Demonstração. Suponha $\operatorname{Ker} L = \{O\}$. Pela fórmula do Teorema 3.2 concluímos que $\dim \operatorname{Im} L = \dim W$. Pelo Corolário 3.5 do Capítulo 1 conclui-se que L é sobrejetiva. Porém L também é injetiva, pois $\operatorname{Ker} L = \{O\}$. Dessa forma, L é bijetiva como já foi mostrado. A prova de que $\operatorname{Im} L = W$ implica L ser bijetiva é similar e fica a cargo do leitor.

III, §3. EXERCÍCIOS

1. Sejam A e B dois vetores de $\mathbb{R}^2$ formando uma base de $\mathbb{R}^2$. Seja $F : \mathbb{R}^2 \to \mathbb{R}^n$ uma aplicação linear. Mostre que
   - ou $F(A)$ e $F(B)$ são linearmente independentes,
   - ou a imagem de F tem dimensão 1,
   - ou a imagem de F é $\{O\}$.

2. Sejam A um vetor não-nulos em $\mathbb{R}^2$, e $F : \mathbb{R}^2 \to W$ uma aplicação linear tal que $F(A) = O$. Mostre que a imagem de F é uma reta ou $\{O\}$.

3. Determine a dimensão do subespaço de $\mathbb{R}^4$ que consiste em todos os $X \in \mathbb{R}^4$ tais que

$$x_1 + 2x_2 = 0 \quad \text{e} \quad x_3 - 15x_4 = 0.$$

4. Seja uma aplicação linear $F: V \to W$. Seja w um elemento de W. Seja v_0 um elemento de V tal que $L(v_0) = w$. Mostre que qualquer solução da equação $L(X) = w$ é do tipo $v_0 + u$, em que u é um elemento do núcleo de L.

5. Seja V o espaço vetorial das funções que têm derivadas de todas as ordens e seja $D: V \to V$ a aplicação derivada. Qual é o núcleo de D?

6. Seja D^2 a aplicação derivada segunda (isto é, D aplicada duas vezes). Qual é o núcleo de D^2? De maneira geral, qual é o núcleo de D^n (derivada n-ésima)?

7. Seja V o espaço vetorial dado no Exercício 5. Seja W o subespaço de V formado por funções f tais que

$$f'' + 4f = 0 \quad \text{e} \quad f(\pi) = 0.$$

Determine a dimensão de W.

8. Seja V o espaço vetorial das funções infinitamente diferenciáveis. Expressamos as funções como sendo funções de uma variável t e seja $D = d/dt$. Considere os números $a_1, \ldots, a_n$ e g um elemento de V. Descreva como o problema para encontrar a solução da equação diferencial

$$a_m \frac{d^m f}{dt^m} + a_{m-1} \frac{d^{m-1} f}{dt^{m-1}} + \cdots + a_0 f = g$$

pode ser interpretado como sendo um caso particular da situação abstrata descrita no Exercício 4.

9. Sejam V e D como no exercício 8 e $D: V \to V$ a aplicação derivada.

    (a) Seja $L = D - I$, onde I denota a aplicação identidade de V. Qual é o núcleo de L?

(b) Considere a mesma questão para $L = D - aI$, em que a é um número.

10. (a) Qual é a dimensão do subespaço de K^n constituído por vetores $A = (a_1, \ldots, a_n)$ tais que $a_1 + \cdots + a_n = 0$?

(b) Qual é a dimensão do subespaço do espaço das matrizes $n \times n$ (a_{ij}) tais que

$$a_{11} + \cdots + a_{nn} = \sum_{i=1}^{n} a_{ii} = 0\,?$$

[Para resolver a parte (b), olhe o próximo exercício.]

11. Seja $A = (a_{ij})$ uma matriz $n \times n$. Definimos o **traço** de A como sendo a soma dos elementos da diagonal, isto é

$$\operatorname{tr}(A) = \sum_{i=1}^{n} a_{ii}.$$

(a) Mostre que o traço é uma aplicação linear do espaço das matrizes $n \times n$ em K.

(b) Se A e B são matrizes $n \times n$, mostre que $\operatorname{tr}(AB) = \operatorname{tr}(BA)$.

(c) Se B é invertível, mostre que $\operatorname{tr}(B^{-1}AB) = \operatorname{tr}(A)$.

(d) Se A e B são matrizes $n \times n$, mostre que a associação

$$(A, B) \mapsto \operatorname{tr}(AB) = \langle A, \rangle B$$

satisfaz as três condições de um produto escalar. (Para ver a definição geral, recorra ao Capítulo V.)

(e) Prove que não existem matrizes A e B tais que

$$AB - BA = I_n.$$

12. Seja S o conjunto das matrizes $n \times n$ simétricas. Mostre que S é um espaço vetorial. Qual a dimensão de S? Exiba uma base para S, quando $n = 2$ e quando $n = 3$.

13. Seja A uma matriz $n \times n$ simétrica. Mostre que
$$\operatorname{tr}(AA) \geq 0,$$
e se $A \neq O$, então $\operatorname{tr}(AA) > 0$.

14. Uma matriz A $n \times n$ é chamada **anti-simétrica** se $A^T = -A$. Mostre que toda matriz A $n \times n$ pode ser escrita como uma soma
$$A = B + C,$$
onde B é simétrica e C anti-simétrica. [*Sugestão* : Considere $B = (A + A^T)/2$.]. Mostre que se $A = B_1 + C_1$, onde B_1 é simétrica e C_1 é anti-simétrica, então $B = B_1$ e $C = C_1$.

15. Seja M o espaço de todas as matrizes $n \times n$. Considere
$$P : M \to M$$
a aplicação tal que
$$P(A) = \frac{A + A^T}{2}.$$

(a) Mostre que P é linear.

(b) Mostre que o núcleo de P é o espaço das matrizes anti-simétricas.

(c) Qual é a dimensão do núcleo de P?

16. Seja M o espaço de todas as matrizes $n \times n$. Considere
$$F : M \to M$$
a aplicação tal que
$$F(A) = \frac{A - A^T}{2}.$$

(a) Mostre que F é linear.

(b) Descreva o núcleo de F e determine sua dimensão.

17. (a) Sejam U e W espaços vetoriais. Consideramos $U \times W$ o conjunto de todos os pares (u, w) com $u \in U$ e $w \in W$. Se (u_1, w_1) e (u_2, w_2) são elementos desse conjunto, definimos a soma deles por
$$(u_1, w_1) + (u_2, w_2) = (u_1 + u_2, w_1 + w_2).$$
Se c é um número, definimos $c(u, w) = (cu, cw)$. Mostre que $U \times W$ é um espaço vetorial com essas definições. Qual é o elemento zero?

(b) Se U tem dimensão n e W tem dimensão m, qual é a dimensão de $U \times W$? Construa uma base de $U \times W$ a partir de uma base de U e de uma base para W.

(c) Se U é um subespaço de um espaço vetorial V, mostre que o subconjunto de $V \times V$ formado por todos os elementos (u, u) com $u \in U$ é um subespaço.

18. (Para ser feito com a ajuda do Exercício 17.) Sejam U e W subespaços de um espaço vetorial V. Mostre que

$$\boxed{\dim U + \dim W = \dim(U + W) + \dim(U \cap W).}$$

[Sugestão: Mostre que a aplicação
$$L : U \times W \to V$$
dada por
$$L(u, w) = u - w$$
é uma aplicação linear. Qual é a imagem de L? Qual é o núcleo de L?]

III, §4. COMPOSIÇÃO E INVERSAS DE APLICAÇÕES LINEARES

No §1 mencionamos o fato de podermos compor aplicações arbitrárias. Podemos dizer mais alguma coisa no caso das aplicações lineares.

Teorema 4.1. *Sejam U, V e W espaços vetoriais sobre um corpo K. Sejam*

$$F : U \to V \quad e \quad G : V \to W$$

aplicações lineares. Então a aplicação composta $G \circ F$ também é uma aplicação linear.

Demonstração. Provar esse resultado é muito fácil. Sejam u e v elementos de U. Como F é linear, temos $F(u+v) = F(u) + F(v)$. Assim

$$(G \circ F)(u+v) = G(F(u+v)) = G(F(u) + F(v)).$$

Como G é linear, obtemos

$$G(F(u) + F(v)) = G(F(u)) + G(F(v)).$$

Portanto,

$$(G \circ F)(u+v) = (G \circ F)(u) + (G \circ F)(v).$$

Em seguida, consideramos um número c. Então

$$\begin{aligned}(G \circ F)(cu) &= G(F(cu)) \\ &= G(cF(u)) \quad \text{(pois F é linear)} \\ &= cG(F(u)) \quad \text{(pois G é linear)}.\end{aligned}$$

Isto prova que $G \circ F$ é uma aplicação linear.

O próximo teorema afirma que algumas das regras da aritmética a respeito do produto e da soma de números também se aplicam à composição e soma de aplicações lineares.

Teorema 4.2. *Sejam U, V e W espaços vetoriais sobre um corpo K. Sejam*
$$F : U \to V$$
uma aplicação linear e sejam G e H duas aplicações lineares de V em W. Então
$$(G + H) \circ F = G \circ F + H \circ F.$$
Se c é um número, então
$$(cG) \circ F = c(G \circ F).$$
Se $T : V \to V$ é uma aplicação linear de U em V, então
$$G \circ (F + T) = G \circ F + G \circ T.$$

As demonstrações são todas simples. Provaremos apenas a primeira afirmação e deixaremos as outras como exercícios.

Seja u um elemento de U. Temos:

$$((G + H) \circ F)(u) = (G + H)(F(u)) = G(F(u)) + H(F(u))$$
$$= (G \circ F)(u) + (H \circ F)(u).$$

Por definição, tem-se $(G + H) \circ F = G \circ F + H \circ F$.

Pode ocorrer que $U = V = W$. Sejam $F : U \to U$ e $G : U \to U$ duas aplicações lineares. Podemos então formar $F \circ G$ e $G \circ F$. Nem sempre é verdade que essas duas aplicações compostas sejam iguais. Como exemplo, seja $U = \mathbb{R}^3$. Seja F a aplicação linear dada por

$$F(x,y,z) = (x,y,0)$$

e seja G a aplicação linear dada por

$$G(x,y,z) = (x,z,0).$$

Nestas condições

$$(G \circ F)(x,y,z) = (x,0,0),$$

mas

$$(F \circ G)(x,y,z) = (x,z,0).$$

Seja $F : V \to V$ uma aplicação linear de um espaço vetorial nele próprio. F é, algumas vezes, chamado de **operador**. Então podemos formar a composta $F \circ F$, que é novamente uma aplicação linear de V nele próprio. De maneira análoga, podemos formar a composta

$$F \circ F \cdots \circ F$$

de F com ela própria n vezes, para qualquer inteiro $n \geq 1$. Indicaremos essa composta por F^n. Se $n = 0$, definimos $F^0 = I$ (aplicação identidade). Vale a regra

$$F^{r+s} = F^r \circ F^s$$

para números inteiros r, $s \geq 0$.

Teorema 4.3. *Considere uma aplicação linear $F : U \to V$ e suponha que essa aplicação tem uma aplicação inversa $G : V \to U$. Então G é uma aplicação linear.*

Demonstração. Sejam v_1 e v_2 elementos de V. Devemos primeiro mostrar que

$$G(v_1 + v_2) = G(v_1) + G(v_2).$$

Sejam $u_1 = G(v_1)$ e $u_2 = G(v_2)$. Por definição, isto nos diz que

$$F(u_1) = v_1 \quad \text{e} \quad F(u_2) = v_2.$$

Como F é linear, obtemos

$$F(u_1 + u_2) = F(u_1) + F(u_2) = v_1 + v_2.$$

Pela definição de aplicação inversa, isto significa que $G(v_1 + v_2) = u_1 + u_2$, provando assim o que queríamos. Deixamos a demonstração de que $G(cv) = cG(v)$ como um exercício (Exercício 3).

Corolário 4.4. *Seja $F : U \to V$ uma aplicação linear sobrejetiva e cujo núcleo é $\{O\}$. Então F tem uma aplicação inversa também linear.*

Demonstração. No §3 vimos que se o núcleo de F é $\{O\}$, então F é injetiva. Logo, temos que F é injetiva e sobrejetiva e assim existe uma aplicação inversa, que é linear de acordo com o Teorema 4.3.

Exemplo 1. Seja $F : \mathbb{R}^2 \to \mathbb{R}^2$ a aplicação linear tal que

$$F(x, y) = (3x - y, 4x + 2y).$$

Queremos mostrar que F tem uma inversa. Observe primeiramente que o núcleo de F é $\{O\}$, pois se

$$3x - y = 0,$$
$$4x + 2y = 0,$$

então podemos encontrar x e y pela forma usual: multiplique a primeira equação por 2 e a adicione à segunda. Encontramos $10x = 0$, de onde se conclui $x = 0$, e assim $y = 0$ pois $y = 3x$. Portanto F é injetiva, pois seu núcleo é $\{O\}$. Pelo Teorema 3.2 conclui-se que a imagem de F tem dimensão

… Aplicações Lineares

2. Mas a imagem de F é um subespaço de $\mathbb{R}^2$, que também tem dimensão 2, e assim essa imagem é todo o $\mathbb{R}^2$, ou seja, F é sobrejetiva. Logo, F tem uma inversa, e pelo Teorema 4.3 essa inversa é uma aplicação linear.

Uma aplicação linear $F : U \to V$ que tem uma inversa $G : V \to U$ (também dizemos **invertível**) é chamada **isomorfismo**.

Exemplo 2. Sejam V um espaço vetorial de dimensão n e $\{v_1, \ldots, v_n\}$ uma base para V. Considere a aplicação

$$L : R^n \to V$$

tal que

$$L(x_1, \ldots, x_n) = x_1 v_1 + \cdots + x_n v_n.$$

Então L é um isomorfismo.

Demonstração. O núcleo de L é $\{O\}$, pois se

$$x_1 v_1 + \cdots + x_n v_n = O,$$

então todo $x_i = 0$ (pelo fato de $v_1, \ldots, v_n$ serem linearmente independentes). A imagem de L é todo o V, pois $v_1, \ldots, v_n$ geram V. Pelo Corolário 4.4, concluímos que L é um isomorfismo.

Observação sobre a notação. Sejam

$$F : V \to V \quad \text{e} \quad G : V \to V$$

aplicações lineares de um espaço vetorial nele mesmo. Ocasionalmente, e até mesmo freqüentemente, escrevemos

$$FG \quad \text{no lugar de} \quad F \circ G.$$

Em outras palavras, omitimos o pequeno círculo ∘ entre F e G. Dessa forma, a propriedade distributiva se assemelha à de números.

$$F(G + H) = FG + FH.$$

Devemos observar que F e G podem não comutar, e neste caso

$$FG \neq GF.$$

Se F e G comutam, então podemos lidar com a aritmética das aplicações lineares da mesma forma que lidamos com a aritmética dos números.

As potências I, F, F^2, F^3,... comutam entre si.

III, §4. EXERCÍCIOS

1. Seja $L : \mathbb{R}^2 \to \mathbb{R}^2$ uma aplicação linear tal que $L \neq O$ e $L^2 = L \circ L = O$. Mostre que existe uma base $\{A, B\}$ de $\mathbb{R}^2$ tal que

$$L(A) = B \quad \text{e} \quad L(B) = O.$$

2. Considere $\dim V > \dim W$. Suponha que $L : V \to W$ é uma aplicação linear e mostre que o núcleo de L não é $\{O\}$.

3. Complete a demonstração do Teorema 4.3.

4. Seja $\dim V = \dim W$. Suponha que $L : V \to W$ é uma aplicação linear cujo núcleo é $\{O\}$ e mostre que L tem uma aplicação linear inversa.

5. Sejam F e G duas aplicações lineares invertíveis de um espaço vetorial V nele próprio. Mostre que

$$(F \circ G)^{-1} = G^{-1} \circ F^{-1}.$$

6. Seja $L : \mathbb{R}^2 \to \mathbb{R}^2$ uma aplicação linear definida por

$$L(x, y) = (x + y, x - y).$$

Mostre que L é invertível.

Aplicações Lineares

7. Seja $L : \mathbb{R}^2 \to \mathbb{R}^2$ uma aplicação linear definida por

$$L(x,y) = (2x + y, 3x - 5y).$$

Mostre que L é invertível.

8. Sejam $L : \mathbb{R}^3 \to \mathbb{R}^3$ as aplicações lineares a seguir. Mostre que L é invertível em cada caso.

   (a) $L(x,y,z) = (x - y, x + z, x + y + 2z)$

   (b) $L(x,y,z) = (2x - y + z, x + y, 3x + y + z)$

9. (a) Seja $L : V \to V$ uma aplicação linear tal que $L^2 = O$. Mostre que $I - L$ é invertível. (I é a aplicação identidade sobre V.)

   (b) Seja $L : V \to V$ uma aplicação linear tal que $L^2 + 2L + I = O$. Mostre que L é invertível.

   (c) Seja $L : V \to V$ uma aplicação linear tal que $L^3 = O$. Mostre que $I - L$ é invertível.

10. Seja V um espaço vetorial. Seja $P : V \to V$ uma aplicação linear tal que $P^2 = P$. Mostre que

    $$V = \operatorname{Nuc} P + \operatorname{Im} P \quad \text{e} \quad \operatorname{Nuc} P \cap \operatorname{Im} P = \{O\},$$

    em outras palavras, V é soma direta de $\operatorname{Ker} P$ e $\operatorname{Im} P$. [*Sugestão*: para mostrar que V é a soma, escrevemos um elemento de V na forma $v = v - Pv + Pv$.]

11. Seja V um espaço vetorial e considere que P e Q são aplicações lineares de V nele próprio. Assuma que elas satisfazem as seguintes condições:

    (a) $P + Q = I$ (aplicação identidade).

    (b) $PQ = QP = O$.

(c) $P^2 = P$ e $Q^2 = Q$.

Mostre que V é a soma direta de $\operatorname{Nuc} P$ e $\operatorname{Im} Q$.

12. Usando as notações do Exercício 11, mostre que a imagem de P é igual ao núcleo de Q. [Prove as seguintes proposições:

    A imagem de P está contida no núcleo de Q.
    O núcleo de Q está contido na imagem de P.]

13. Seja $T : V \to V$ uma aplicação linear tal que $T^2 = I$. Sejam

$$P = \frac{1}{2}(I + T) \quad \text{e} \quad Q = \frac{1}{2}(I - T).$$

Prove:

$$P + Q = I; \quad P^2 = P; \quad Q^2 = Q; \quad PQ = QP = O.$$

14. Sejam $F : V \to W$ e $G : W \to U$ isomorfismos de espaços vetoriais sobre um corpo K. Mostre que $G \circ F$ é invertível, e que

$$(G \circ F)^{-1} = F^{-1} \circ G^{-1}.$$

15. Sejam $F : V \to W$ e $G : W \to U$ isomorfismos de espaços vetoriais sobre um corpo K. Mostre que $G \circ F : V \to U$ é um isomorfismo.

16. Sejam V e W dois espaços vetoriais sobre K de dimensão n. Mostre que V e W são isomorfos.

17. Considere A uma aplicação linear de um espaço vetorial nele próprio e assuma que

$$A^2 - A + I = O$$

(onde I é a aplicação identidade). Mostre que A^{-1} existe e é igual a $I - A$. Generalize esse resultado (cf. Exercício 37 do Capítulo 2,§3).

18. Sejam A e B duas aplicações lineares de um espaço vetorial nele próprio. Assuma que $AB = BA$. Mostre que

$$(A+B)^2 = A^2 + 2AB + B^2$$

e

$$(A+B)(A-B) = A^2 - B^2.$$

19. Sejam A e B duas aplicações lineares de um espaço vetorial nele pópio. Se o núcleo de A é $\{O\}$ e o núcleo de B é $\{O\}$, mostre que o núcleo de AB também é $\{O\}$.

20. De maneira mais geral, sejam $A : V \to W$ e $B : W \to U$ duas aplicações lineares. Suponha que o núcleo de A é $\{O\}$ e que o núcleo de B é $\{O\}$. Mostre que o núcleo de BA é $\{O\}$.

21. Sejam $A : V \to W$ e $B : W \to U$ aplicações lineares. Considere que A e B são sobrejetivas. Mostre que BA é sobrejetiva.

III, §5. APLICAÇÕES GEOMÉTRICAS

Sejam V um espaço vetorial, v e u elementos de V. Definimos o **segmento de reta** entre v e $v + u$ como sendo o conjunto de todos os pontos

$$v + tu, \quad 0 \leq t \leq 1.$$

Esse segmento está ilustrado na seguinte figura.

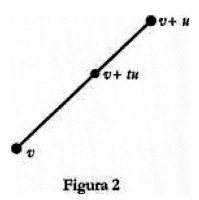

Figura 2

Por exemplo, se $t = \frac{1}{2}$, então $v + \frac{1}{2}u$ é o ponto médio entre v e $v+u$. Da mesma forma, se $t = \frac{1}{3}$, então $v + \frac{1}{3}u$ é o ponto que se encontra a um terço da distância entre v e $v + u$ (Fig. 3).

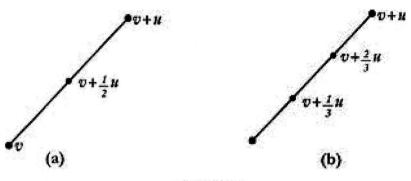

Figura 3

Aplicações Lineares

Se v e w são elementos de V, consideramos $u = w - v$. Então, o segmento de reta entre v e w é o conjunto de todos os pontos $v + tu$, ou
$$v + t(w - v), \qquad 0 \leq t \leq 1.$$

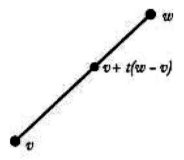

Figura 4

Observe que podemos reescrever a expressão para esses pontos na forma
$$(1 - t)v + tw, \qquad 0 \leq t \leq 1, \qquad (1)$$
e considerando $s = 1 - t$, $t = 1 - s$, também podemos escrevê-la como
$$sv + (1 - s)w, \qquad 0 \leq s \leq 1.$$
Finalmente, podemos escrever os pontos de nosso segmento de reta na forma
$$t_1 v + t_2 w \qquad (2)$$
com $t_1, t_2 \geq 0$ e $t_1 + t_2 = 1$. De fato, admitindo $t = t_2$, vemos que todo ponto que pode ser escrito na forma (2) também satisfaz (1). Reciprocamente, sendo $t_1 = 1 - t$ e $t_2 = t$, notamos que todo ponto na forma (1) pode ser escrito na forma (2).

Sejam $L : V \to V'$ uma aplicação linear e S o segmento de reta em V entre dois pontos v e w. Logo, a imagem $L(S)$ desse segmento de reta é o segmento de reta em V' entre os pontos $L(v)$ e $L(w)$. Isto é fácil de ver a partir da equação (2), pois

$$L(t_1 v + t_2 w) = t_1 L(v) + t_2 L(w)$$

Devemos agora generalizar essa discussão para figuras de dimensões mais altas.

Sejam v e w elementos linearmente independentes do espaço vetorial V. Definimos o **paralelogramo gerado** por v e w como o conjunto de todos os pontos

$$t_1 v + t_2 w, \quad 0 \le t_i \le 1 \quad \text{para} \quad i = 1, 2.$$

Esta definição está claramente justificada, já que $t_1 v$ é um ponto do segmento entre O e v (Fig. 5), e $t_2 w$ é um ponto do segmento entre O e w. Para todos os valores de t_1 e t_2 ordenados de forma independente entre 0 e 1, os elementos $t_1 v + t_2 w$ descrevem geometricamente o conjunto de pontos do paralelogramo.

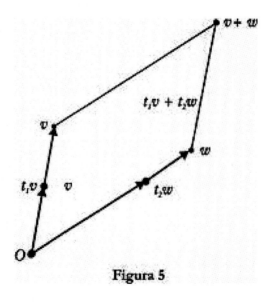

Figura 5

Aplicações Lineares

No final do §1 definimos a aplicação **translação**. Obtemos o paralelogramo mais geral (Fig. 6) quando aplicamos uma translação ao paralelogramo descrito acima. Logo, se u é um elemento de V, a translação por u do paralelogramo por v e w consiste em todos os pontos

$$u + t_1 v + t_2 w, \quad 0 \le t_i \le 1 \quad \text{para} \quad i = 1, 2.$$

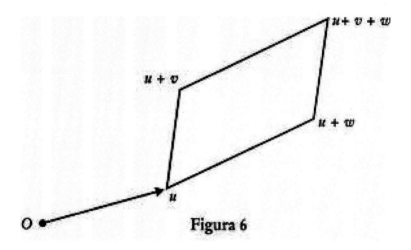

Figura 6

Assim como foi feito para os segmentos de reta, observamos que se $L: V \to V'$ é uma aplicação linear, então a imagem por L de um paralelogramo é um paralelogramo (se não for um paralelogramo degenerado), pois a imagem é o conjunto de pontos

$$L(u + t_1 v + t_2 w) = L(u) + t_1 L(v) + t_2 L(w),$$

com

$$0 \le t_i \le 1 \quad \text{para} \quad i = 1, 2.$$

Vamos agora descrever os triângulos. Começamos com os triângulos localizados na origem. Novamente, consideramos v e w linearmente independentes. Definimos o **triângulo gerado** por O, v e w como o conjunto de todos os pontos

$$t_1 v + t_2 w, \qquad 0 \leq t_i \quad \text{e} \quad t_1 + t_2 \leq 1. \qquad (3)$$

Devemos nos convencer de que esta é uma definição racional. Para isto, vamos mostrar que o triângulo definido acima coincide com o conjunto de pontos de todos os segmentos de reta entre v e todos os pontos do segmento entre O e w. De fato, a partir da Fig. 7, esta segunda descrição de um triângulo coincide com nossa intuição geométrica.

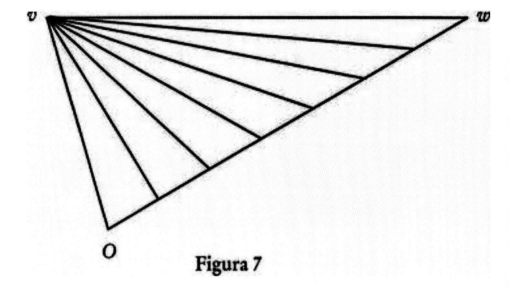

Figura 7

Indicamos o segmento de reta entre O e w por $\overline{Ow}$. Um ponto em $\overline{Ow}$

Aplicações Lineares 113

pode então ser escrito como tw com $0 \le t \le 1$. O conjunto dos pontos entre v e tw é o conjunto de pontos

$$sv + (1-s)tw, \qquad 0 \le s \le 1. \tag{4}$$

Seja $t_1 = s$ e $t_2 = (1-s)t$. Então

$$t_1 + t_2 = s + (1-s)t \le s + (1-s) \le 1.$$

Portanto, todos os pontos que satisfazem (4) também satisfazem (3). Reciprocamente, suponha que é dado um ponto $t_1 v + t_2 w$ satisfazendo (3), de modo que

$$t_1 + t_2 \le 1.$$

Então $t_2 \le 1 - t_1$. Se $t_1 = 1$, então $t_2 = 0$ e está mostrado. Se $t_1 < 1$, então tomamos

$$s = t_1, \qquad t = t_2/(1 - t_1).$$

Assim,

$$t_1 v + t_2 w = t_1 v + (1 - t_1) \frac{t_2}{(1 - t_1)} w = sv + (1-s)tw,$$

mostrando assim que todo ponto que está satisfazendo (3) também satisfaz (4). Isto justifica nossa definição de triângulo.

Como no caso dos paralelogramos, um triângulo arbitrário é obtido pela translação aplicada no triângulo localizado na origem. De fato, temos a seguinte descrição de triângulo.

Sejam v_1, v_2 e v_3 elementos de V tais que $v_1 - v_3$ e $v_2 - v_3$ sejam linearmente independentes. Se $v = v_1 - v_3$, $w = v_2 - v_3$ e S é o conjunto dos pontos

$$t_1 v_1 + t_2 v_2 + t_3 v_3, \qquad 0 \le t_i \quad \text{para} \quad i = 1,2,3, \quad t_1 + t_2 + t_3 = 1, \tag{5}$$

então S é a translação por v_3 do triângulo gerado por O, v e w. (Cf. Fig. 8.)

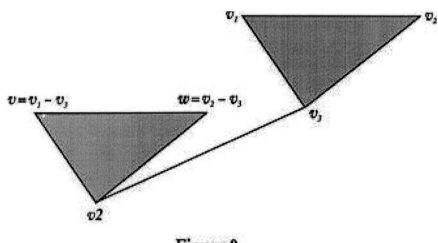

Figura 8

Demonstração. Seja $P = t_1 v_1 + t_2 v_2 + t_3 v_3$ um ponto satisfazendo (5). Então

$$\begin{aligned} P &= t_1(v_1 - v_3) + t_2(v_2 - v_3) + t_1 v_3 + t_2 v_3 + t_3 v_3 \\ &= t_1 v + t_2 w + v_3, \end{aligned}$$

e $t_1 + t_2 \leq 1$. Portanto, nosso ponto P é uma translação por v_3 de um ponto satisfazendo (3). De maneira recíproca, dado um ponto satisfazendo (3), que transladamos por v_3, fazendo $t_3 = 1 - t_2 - t_1$ e assim podemos reverter os passos que acabamos de usar. Dessa forma, vemos que

$$t_1 v + t_2 w + v_3 = t_1 v_1 + t_2 v_2 + t_3 v_3.$$

Aplicações Lineares

Isto prova o que queríamos.

Em verdade, a descrição mais útil de um triângulo está em (5), pois os vértices v_1, v_2 e v_3 ocupam uma posição simétrica na definição.

Uma das vantagens em dar a definição de triângulo como fizemos é o fato de essa definição tornar mais fácil de se ver o que acontece ao triângulo sob uma aplicação linear. Sejam $L : V \to W$ uma aplicação linear, e v e w elementos linearmente independentes de V. Suponha que $L(v)$ e $L(w)$ também são elementos linearmente independentes. Seja S o triângulo gerado por O, v e w. Logo a imagem de S por L, a saber $L(S)$, é o triângulo gerado por O, $L(v)$ e $L(w)$. De fato, este é o conjunto de todos os pontos

$$L(t_1 v + t_2 w) = t_1 L(v) + t_2 L(w)$$

com

$$0 \leq t_i \qquad \text{e} \qquad t_1 + t_2 \leq 1.$$

De maneira análoga, consideremos o triângulo S gerado por v_1, v_2 e v_3. Então a imagem de S por L é o triângulo gerado por $L(v_1)$, $L(v_2)$ e $L(v_3)$ (se estes não estiverem em linha reta) pois ela é o conjunto de pontos

$$L(t_1 v_1 + t_2 v_2 + t_3 v_3) = t_1 L(v_1) + t_2 L(v_2) + t_3 L(v_3)$$

com $0 \leq t_i$ e $t_1 + t_2 + t_3 = 1$.

As condições colocadas em (5) são agora generalizadas para o proveitoso conceito de conjunto convexo.

Seja S um subconjunto de um espaço vetorial V. Dizemos que S é **convexo** se dados os pontos P e Q em S, o segmento de reta entre P e Q estiver contido em S. Na Fig.9, o conjunto à esquerda é convexo. O conjunto à direita não é convexo, pois o segmento de reta entre P e Q não está inteiramente contido em S.

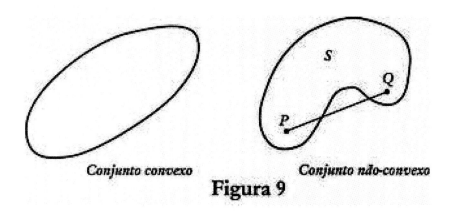

Figura 9

Teorema 5.1. *Sejam* $P_1, \ldots, P_n$ *elementos de um espaço vetorial* V. *Seja* S *o conjunto de todas as combinações lineares*

$$t_1 P_1 + \cdots + t_n P_n$$

com $0 \leq t_i$ *e* $t_1 + \cdots + t_n = 1$. *Então* S *é convexo.*

Demonstração. Seja

$$P = t_1 P_1 + \cdots + t_n P_n$$

e

$$Q = s_1 P_1 + \cdots + s_n P_n$$

com $0 \leq t_i$, $0 \leq s_i$ e

$$t_1 + \cdots + t_n = 1,$$
$$s_1 + \cdots + s_n = 1.$$

Aplicações Lineares

Seja $0 \leq t \leq 1$. Então:

$$(1-t)P + tQ$$
$$= (1-t)t_1 P_1 + \cdots + (1-t)t_n P_n + ts_1 P_1 + \cdots + ts_n P_n$$
$$= [(1-t)t_1 + ts_1]P_1 + \cdots + [(1-t)t_n + ts_n]P_n$$

Temos $0 \leq (1-t)t_i + ts_i$ para todo i, e

$$(1-t)t_1 + ts_1 + \cdots + (1-t)t_n + ts_n$$
$$= (1-t)(t_1 + \cdots + t_n) + t(s_1 + \cdots + s_n)$$
$$= (1-t) + t$$
$$= 1.$$

Isto prova nosso teorema.

A partir do Teorema 5.1 e da definição analítica que demos para um triângulo, vemos que ele é convexo. O conjunto convexo do Teorema 5.1 é portanto uma generalização natural de um triângulo (Fig.10).

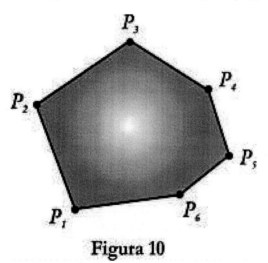

Figura 10

Chamamos o conjunto convexo do Teorema 5.1 de conjunto convexo **gerado** por $P_1, \ldots, P_n$. Embora não precisemos do resultado a seguir, ele mostra que esse conjunto convexo é o menor conjunto convexo contendo todos os pontos $P_1, \ldots, P_n$.

Teorema 5.2. *Sejam* $P_1, \ldots, P_n$ *pontos de um espaço vetorial* V. *Então qualquer conjunto convexo* S' *que contenha* $P_1, \ldots, P_n$ *também contém todas as combinações lineares*

$$t_1 P_1 + \cdots + t_n P_n$$

com $0 \leq t_i$ *para todo* i *e* $t_1 + \cdots + t_n = 1$.

Demonstração. Provamos isto por indução. Se $n = 1$, então $t_1 = 1$, e nossa proposição é óbvia. Admita o teorema provado para algum inteiro $n - 1 \geq 1$. Com essa hipótese, provaremos o resultado para n. Sejam $t_1, \ldots, t_n$ números satisfazendo as condições do teorema. Se $t_n = 1$, então nossa afirmação é trivial, pois

$$t_1 = \cdots = t_{n-1} = 0.$$

Suponha que $t_n \neq 1$. Assim, a combinação linear $t_1 P_1 + \cdots + t_n P_n$ é igual a

$$(1 - t_n)\left(\frac{t_1}{1 - t_n} P_1 + \cdots + \frac{t_{n-1}}{1 - t_n} P_{n-1}\right) + t_n P_n.$$

Seja

$$s_i = \frac{t_n}{1 - t_n} \quad \text{for} \quad i = 1, \ldots, n - 1.$$

Assim $s_i \geq 0$ e $s_1 + \cdots + s_{n-1} = 1$, de forma que, por indução, concluímos que o ponto

$$Q = s_1 P_1 + \cdots + s_{n-1} P_{n-1}$$

está em S'. Logo, de acordo com a definição de um conjunto convexo,

$$(1 - t_n)Q + t_n P_n = t_1 P_1 + \cdots + t_n P_n$$

está em S', como foi mostrado.

Exemplo. Seja V um espaço vetorial, e seja $L : V \to \mathbb{R}$ uma aplicação linear. Afirmamos que o conjunto S de todos os elementos v em V tais que $L(v) < 0$ é convexo.

Aplicações Lineares

Demonstração. Suponhamos que $L(v) < 0$, $L(w) < 0$ e $0 < t < 1$. Então

$$L(tv + (1-t)w) = tL(v) + (1-t)L(w).$$

Logo $tL(v) < 0$, $(1-t)L(w) < 0$ e $tL(v) + (1-t)L(w) < 0$. Daí $tv + (1-t)w$ está em S. Se $t = 0$ ou $t = 1$, então $tv + (1-t)w$ é igual a v ou w e desta forma também está em S. Isto prova nossa proposição.

Para uma generalização deste exemplo, veja o Exercício 6.

Para teoremas que se aprofundam mais sobre os conjuntos convexos, veja o último capítulo.

III, §5. EXERCÍCIOS

1. Mostre que a imagem por uma aplicação linear de um conjunto convexo é um conjunto convexo.

2. Sejam S_1 e S_2 dois conjuntos convexos em V. Mostre que a interseção $S_1 \cap S_2$ é um conjunto convexo.

3. Seja $L : \mathbb{R}^n \to \mathbb{R}$ uma aplicação linear. Seja S o conjunto de todos os pontos A em $\mathbb{R}^n$ tais que $L(A) \geq 0$. Mostre que S é um conjunto convexo.

4. Sejam $L : \mathbb{R}^n \to \mathbb{R}$ uma aplicação linear e c um escalar. Mostre que o conjunto S é constituído por todos os pontos A em $\mathbb{R}^n$ tais que $L(A) > c$ é convexo.

5. Sejam A um vetor não-nulos em $\mathbb{R}^n$ e c um escalar. Mostre que o conjunto de todos os pontos X tais que $X \cdot A \geq c$ é convexo.

6. Sejam $L : V \to W$ uma aplicação linear. Suponha que S' é um conjunto convexo em W e que S é o conjunto de todos os elementos P em

V tais que $L(P)$ está em S'. Mostre que S é convexo.

Observação. Se você se sentiu inseguro com a notação nos Exercícios 3, 4 e 5, então mostre por que esses exercícios são casos particulares do Exercício 6, o qual apresenta a proposição geral que está por trás deles. O conjunto S no Exercício 6 é chamado de **imagem inversa** de S' pela aplicação L.

7. Mostre que um paralelogramo é convexo.

8. Sejam S um conjunto convexo e u um elemento de V. Seja $T_u : V \to V$ a translação por u. Mostre que a imagem $T_u(S)$ é um conjunto convexo.

9. Sejam S um conjunto convexo de um espaço vetorial V e c um escalar. Indique por cS o conjunto de todos os elementos cv com v em S. Mostre que cS é convexo.

10. Sejam u e w elementos linearmente independentes de um espaço vetorial V e $F : V \to W$ uma aplicação linear. Suponha que $F(v)$ e $F(w)$ são linearmente dependentes. Mostre que a imagem por F de um paralelogramo gerado por v e w é sempre um ponto ou um segmento de reta.

Capítulo 4

Aplicações Lineares e Matrizes

IV, §1. APLICAÇÃO LINEAR ASSOCIADA A UMA MATRIZ

Seja
$$A = \begin{pmatrix} a_{11} & \cdots & a_{1n} \\ \vdots & & \vdots \\ a_{m1} & \cdots & a_{mn} \end{pmatrix}$$
uma $m \times n$ matriz. Podemos então associar com A a aplicação
$$L_A : K^n \to K^m$$
definindo
$$L_A(X) = AX$$
para todo vetor coluna X em K^n. Dessa forma, L_A é definida pela associação $X \mapsto AX$, em que AX é o produto de matrizes. A aplicação L_A é linear e sua definição está justificada pelo Teorema 3.1, Capítulo 2, que apresenta propriedades relativas à multiplicação de matrizes. De fato, temos
$$A(X+Y) = AX + AY \quad \text{e} \quad A(cX) = cAX$$

para todos os vetores X e Y em K^n, e todos os números c. Chamamos L_A de aplicação linear **associada** à matriz A.

Exemplo. Se

$$A = \begin{pmatrix} 2 & 1 \\ -1 & 5 \end{pmatrix} \quad \text{e} \quad X = \begin{pmatrix} 3 \\ 7 \end{pmatrix},$$

então

$$L_A(X) = \begin{pmatrix} 2 & 1 \\ -1 & 5 \end{pmatrix} \begin{pmatrix} 3 \\ 7 \end{pmatrix} = \begin{pmatrix} 6+7 \\ -3+35 \end{pmatrix} = \begin{pmatrix} 13 \\ 32 \end{pmatrix}.$$

Teorema 1.1. *Se A e B são $m \times n$ matrizes e se $L_A = L_B$, então $A = B$. Em outras palavras, se as matrizes A e B originam a mesma aplicação linear, então elas são iguais.*

Demonstração. Por definição temos $A_i \cdot X = B_i \cdot X$ para todo i, se A_i é a i-ésima linha de A e B_i é a i-ésima linha de B. Assim, $(A_i - B_i) \cdot X = 0$ para todo i e para todo X. Logo $A_i - B_i = O$, e $A_i = B_i$ para todo i. Portanto $A = B$.

Podemos agora dá uma nova interpretação para um sistema homogêneo de equações lineares em termos de uma aplicação linear associada a uma matriz. De fato, esse sistema pode ser escrito como

$$AX = O,$$

e portanto vemos que *o conjunto de soluções é o núcleo da aplicação linear* L_A.

Aplicações Lineares e Matrizes

IV, §1. EXERCÍCIOS

1. Em cada item, encontre o vetor $L_A(X)$.

(a) $A = \begin{pmatrix} 2 & 1 \\ 1 & 0 \end{pmatrix}$, $X = \begin{pmatrix} 3 \\ -1 \end{pmatrix}$ (b) $A = \begin{pmatrix} 1 & 0 \\ 0 & 0 \end{pmatrix}$, $X = \begin{pmatrix} 5 \\ 1 \end{pmatrix}$,

(c) $A = \begin{pmatrix} 1 & 1 \\ 0 & 1 \end{pmatrix}$, $X = \begin{pmatrix} 4 \\ 1 \end{pmatrix}$ (d) $A = \begin{pmatrix} 0 & 0 \\ 0 & 1 \end{pmatrix}$, $X = \begin{pmatrix} 7 \\ -1 \end{pmatrix}$,

IV, §2. MATRIZ ASSOCIADA A UMA APLICAÇÃO LINEAR

Inicialmente consideramos um caso especial.

Seja

$$L : K^n \to K$$

uma aplicação linear. Existe um único vetor A em K^n tal que $L = L_A$, isto é, tal que para todo X temos

$$L(X) = A \cdot X.$$

Sejam $E_1, \ldots, E_n$ os vetores unitários em K^n, isto é, n-uplas com 1 na n-ésima posição e zero nas demais. Se $X = x_1 E_1 + \cdots + x_n E_n$ é um elemento arbitrário de K^n, então

$$\begin{aligned} L(X) &= L(x_1 E_1 + \cdots + x_n E_n) \\ &= x_1 L(E_1) + \cdots + x_n L(E_n) \end{aligned}$$

Se agora indicamos por

$$a_i = L(E_i),$$

então

$$L(X) = x_1 a_1 + \cdots + x_n a_n = X \cdot A.$$

Isto prova o que queríamos. Essa expressão também nos mostra como determinar de um modo explícito o vetor A tal que $L = L_A$. A saber, as componentes de A são precisamente os valores $L(E_1), \ldots, L(E_n)$, nos quais E_i ($i = 1, \ldots, n$) são os vetores unitários de K^n.

Agora vamos generalizar esse fato para a aplicação linear arbitrária sobre K^m, não só sobre K.

Teorema 2.1. *Seja $L: K^n \to K^m$ uma aplicação linear. Então existe uma única matriz A tal que $L = L_A$.*

Demonstração. De modo usual, sejam $E^1, \ldots, E^n$ os vetores-coluna unitários em K^n, e $e^1, \ldots, e^m$ os vetores-coluna unitários em K^m. Assim, podemos escrever um vetor arbitrário X em K^n como uma combinação linear

$$X = x_1 E^1 + \cdots + x_n E^n = \begin{pmatrix} x_1 \\ \vdots \\ x_n \end{pmatrix},$$

onde x_j é a j-ésima componente de X. Vimos $E^1, \ldots, E^n$ como vetores coluna. Por linearidade, encontramos

$$L(X) = x_1 L(E^1) + \cdots + x_n L(E^n).$$

Além disso, podemos escrever cada $L(E^j)$ em termos de $e^1, \ldots, e^m$. Em

Aplicações Lineares e Matrizes

outras palavras, existem números a_{ij} tais que

$$L(E^1) = a_{11}e^1 + \cdots + a_{m1}e^m$$
$$\vdots \qquad \vdots \qquad \vdots$$
$$L(E^n) = a_{1n}e^1 + \cdots + a_{mn}e^m$$

ou em termos de vetores–coluna,

(*) $$L(E^1) = \begin{pmatrix} a_{11} \\ \vdots \\ a_{m1} \end{pmatrix}, \ldots, L(E^n) = \begin{pmatrix} a_{1n} \\ \vdots \\ a_{mn} \end{pmatrix}.$$

Portanto

$$L(X) = x_1(a_{11}e^1 + \cdots + a_{m1}e^m) + \cdots + x_n(a_{1n}e^1 + \cdots + a_{mn}e^m)$$
$$= (a_{11}x_1 + \cdots + a_{1n}x_n)e^1 + \cdots + (a_{m1}x_1 + \cdots + a_{mn}x_n)e^m.$$

Conseqüentemente, se $A = a_{ij}$, então concluímos que

$$L(X) = AX.$$

Ao escrever esta expressão por extenso, lê-se

$$\begin{pmatrix} a_{11} & \cdots & a_{1n} \\ \vdots & & \vdots \\ a_{m1} & \cdots & a_{mn} \end{pmatrix} \begin{pmatrix} x_1 \\ \vdots \\ x_n \end{pmatrix} = \begin{pmatrix} a_{11}x_1+ & \cdots & +a_{1n}x_n \\ & \vdots & \\ a_{m1}x_1+ & \cdots & +a_{mn}x_n \end{pmatrix}$$

Assim $L = L_A$ é o operador linear associado à matriz A. Também chamamos A de **matriz associada ao operador linear** L. Pelo Teorema 1.1, sabemos que essa matriz é única.

Exemplo 1. Seja $F : \mathbb{R}^3 \to \mathbb{R}^2$, o operador projeção, em outras palavras, o operador definido por $F(x_1, x_2, x_3) = (x_1, x_2)$. Então a matriz associada à F é

$$\begin{pmatrix} 1 & 0 & 0 \\ 0 & 1 & 0 \end{pmatrix}.$$

Exemplo 2. Seja $I : \mathbb{R}^n \to \mathbb{R}^n$, o operador identidade. Então a matriz associada à I é a matriz

$$\begin{pmatrix} 1 & 0 & 0 & \cdots & 0 \\ 0 & 1 & 0 & \cdots & 0 \\ \vdots & \vdots & \vdots & & \vdots \\ 0 & 0 & 0 & \cdots & 1 \end{pmatrix}$$

tendo as componentes da diagonal iguais a 1, e 0 nas demais posições.

Exemplo 3. De acordo com o Teorema 2.1 do Capítulo 3, existe um único operador linear $L : \mathbb{R}^4 \to \mathbb{R}^2$ tal que

$$L(E^1) = \begin{pmatrix} 2 \\ 1 \end{pmatrix}, \quad L(E^2) = \begin{pmatrix} 3 \\ -1 \end{pmatrix}, \quad L(E^3) = \begin{pmatrix} -5 \\ 4 \end{pmatrix}, \quad L(E^4) = \begin{pmatrix} 1 \\ 7 \end{pmatrix}.$$

De acordo com as relações que se encontram em (∗), vemos que a matriz associada ao operador L é a matriz

$$\begin{pmatrix} 2 & 3 & -5 & 1 \\ 1 & -1 & 4 & 7 \end{pmatrix}$$

Exemplo 4 (Rotações). Podemos definir uma **rotação** em termos de matrizes. De fato, chamamos um operador linear $L : \mathbb{R}^2 \to \mathbb{R}^2$ de uma **rotação**, se ele está associado à matriz que pode ser escrita na forma

$$R(\theta) = \begin{pmatrix} \cos\theta & -\operatorname{sen}\theta \\ \operatorname{sen}\theta & \cos\theta \end{pmatrix}$$

Aplicações Lineares e Matrizes 127

A interpretação geométrica para essa definição provém da Fig. 1.

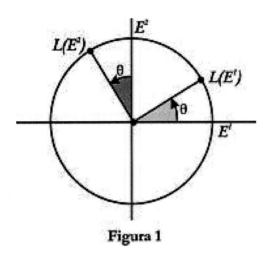

Figura 1

A partir de (∗), vemos que

$$L(E^1) = (\cos\theta)E^1 + (\operatorname{sen}\theta)E^2,$$
$$L(E^2) = (-\operatorname{sen}\theta)E^1 + (\cos\theta)E^2.$$

Dessa forma, nossa definição corresponde precisamente à figura. Quando a matriz da rotação é como a matriz acima, dizemos que a rotação é de uma ângulo θ. Por exemplo, a matriz associada a uma rotação de um ângulo $\pi/2$ é

$$R(\frac{\pi}{2}) = \begin{pmatrix} 0 & -1 \\ 1 & 0 \end{pmatrix}.$$

Para concluir, observamos que as operações sobre as matrizes correspondem às operações sobre os operadores lineares associados. Por exemplo, se A e B são matrizes $m \times n$, então

$$L_{A+B} = L_A + L_B,$$

e se c é um número, então

$$L_{cA} = cL_A.$$

Isto é fácil de ver, pois

$$(A+B)X = AX + BX \quad \text{e} \quad A(cX) = cAX$$

Temos conclusões similares para composição de operadores. De fato, sejam

$$F: K^n \to K^m \quad \text{e} \quad G: K^m \to K^s$$

operadores lineares, e sejam A e B as matrizes associadas à F e G, respectivamente. Então, para todo vetor X em K^n temos

$$(G \circ F)(X) = G(F(X)) = B(AX) = (BA)X.$$

Portanto, o produto BA é a matriz associada à composição de operadores lineares $G \circ F$.

Teorema 2.2. *Sejam A uma matriz $n \times n$, e $A^1, \ldots, A^n$ suas colunas. Então A é invertível se, e somente se $A^1, \ldots, A^n$ forem linearmente independentes.*

Demonstração. Suponhamos que $A^1, \ldots, A^n$ sejam linearmente independentes. Então $\{A^1, \ldots, A^n\}$ é uma base de K^n, e assim os vetores unitários $E^1, \ldots, E^n$ podem ser escritos como combinação linear de $A^1, \ldots, A^n$. Isto significa, pelo Teorema 2.1 do Capítulo 3, que existe uma matriz B tal que

$$BA^j = E^j \quad \text{para} \quad j = 1, \ldots, n.$$

Isto equivale a dizer que $BA = I$. Logo, A é invertível. Reciprocamente, suponhamos que A é invertível. O operador linear L_A é tal que

$$L_A(X) = AX = x_1 A^1 + \cdots + x_n A^n.$$

Aplicações Lineares e Matrizes

Desde que A seja invertível, devemos ter $\text{Nuc}\, L_A = O$, pois se $AX = O$, então $A^{-1}AX = X = O$. Logo $A^1, \ldots, A^n$ são linearmente independentes. Isto prova o teorema.

IV, §2. EXERCÍCIOS

1. Encontre a matriz associada a cada uma das aplicações lineares seguintes. Para simplificar a tipografia, os vetores estão escritos horizontalmente com o sinal de transposta.

   (a) $F : \mathbb{R}^4 \to \mathbb{R}^2$ dado por $F((x_1, x_2, x_3, x_4)^T) = (x_1, x_2)^T$ (a projeção)

   (b) A projeção de $\mathbb{R}^4$ em $\mathbb{R}^3$

   (c) $F : \mathbb{R}^2 \to \mathbb{R}^2$ dado por $F((x, y)^T) = (3x, 3y)^T$

   (d) $F : \mathbb{R}^n \to \mathbb{R}^n$ dado por $F(X) = 7X$

   (e) $F : \mathbb{R}^n \to \mathbb{R}^n$ dado por $F(X) = -X$

   (f) $F : \mathbb{R}^4 \to \mathbb{R}^4$ dado por $F((x_1, x_2, x_3, x_4)^T) = (x_1, x_2, 0, 0)^T$

2. Encontre a matriz $R(\theta)$ associada à aplicação rotação para cada um dos seguintes valores de θ.

   (a) $\pi/2$ (b) $\pi/4$ (c) π (d) $-\pi$ (e) $-\pi/3$
   (f) $\pi/6$ (g) $5\pi/4$

3. De maneira geral, seja $\theta > 0$. Qual é a matriz associada à rotação de um ângulo igual a $-\theta$ (isto é, a rotação de um ângulo θ, no sentido horário)?

4. Seja um ponto $X = (1, 2)^T$ do plano. Seja F a rotação feita por meio de um ângulo de $\pi/4$. Quais são as coordenadas de $F(X)$ relativas à base usual $\{E^1, E^2\}$?

5. Resolva, com o mesmo enunciado do item anterior, quando $X = (-1, 3)^T$, e F é a rotação feita por meio do ângulo de $\pi/2$.

6. Seja $F : \mathbb{R}^n \to \mathbb{R}^n$ uma aplicação linear invertível. Mostre que se A é a matriz associada à F, então A^{-1} é a matriz associada à inversa de F.

7. Seja F uma rotação efetuada por meio de um ângulo θ. Mostre que, para qualquer vetor X em $\mathbb{R}^3$, temos $\|X\| = \|F(X)\|$ (isto é, F preserva normas), onde $\|(a, b)\| = \sqrt{a^2 + b^2}$.

8. Sejam c um número e $L : \mathbb{R}^n \to \mathbb{R}^n$ a aplicação linear tal que $L(X) = cX$. Qual é a matriz associada a essa aplicação linear?

9. Seja F_θ a rotação de um ângulo θ. Se θ e φ são números, determine a matriz da aplicação linear $F_\theta \circ F_\varphi$ e mostre que ela é a matriz de $F_{\theta+\varphi}$.

10. Seja F_θ a rotação de um ângulo θ. Mostre que F_θ é invertível e determine a matriz associada à F_θ^{-1}.

IV, §3. BASES, MATRIZES E APLICAÇÕES LINEARES

Nas duas primeiras seções consideramos a relação existente entre as matrizes e as aplicações lineares de K^n em K^m. Consideremos agora dois arbitrários espaços vetorias V e W sobre K, ambos com dimensão finita. Sejam

$$\mathcal{B} = \{v_1, \ldots, v_n\} \quad \text{e} \quad \mathcal{B}' = \{w_1, \ldots, w_n\}$$

bases de V e W, respectivamente. Dessa forma, sabemos que os elementos de V e de W têm os vetores das coordenadas com respeito a essas bases. Em outras palavras, se $v \in V$, então podemos expressar v, de maneira única, como uma combinação linear

$$v = x_1 v_1 + \cdots + x_n v_n, \quad x_i \in K.$$

Logo, V é isomorfo a K^n sob a aplicação

$$(x_1, \ldots, x_n) \mapsto x_1 v_1 + \cdots + x_n v_n.$$

Da mesma forma para W. Se $F : V \to W$ é uma aplicação linear, então, usando o isomorfismo anterior, podemos interpretar F como uma aplicação linear de K^n em K^m, e por conseguinte associar uma matriz à F, que depende de nossas bases escolhidas e é indicada por

$$M_{\mathcal{B}'}^{\mathcal{B}}(F).$$

Essa matriz é a única matriz A que satisfaz a seguinte propriedade:

Se X é o vetor coluna das coordenadas de um elemento v de V, com respeito à base B, então AX é o vetor-coluna das coordenadas de $F(v)$, com respeito à base B'.

Para dar ênfase e mostrar que o vetor das coordenadas X depende de v e da base $\mathcal{B}$, usamos

$$X_{\mathcal{B}}(v)$$

para denotar esse vetor coordenada. Assim, a propriedade acima pode ser apresentada numa fórmula.

Teorema 3.1. *Sejam V e W espaços vetoriais sobre K, e*

$$F : V \to W$$

uma aplicação linear. Sejam $\mathcal{B}$ e $\mathcal{B}'$ bases de V e W, respectivamente. Se $v \in V$ então

$$X_{\mathcal{B}'}(F(v)) = M_{\mathcal{B}'}^{\mathcal{B}}(F) X_{\mathcal{B}}(v).$$

Corolário 3.2. *Seja V um espaço vetorial, e sejam $\mathcal{B}$ e $\mathcal{B}'$ duas bases de V. Então*

$$X_{\mathcal{B}'}(v) = M_{\mathcal{B}'}^{\mathcal{B}}(\mathrm{id})X_{\mathcal{B}}(v).$$

O corolário exprime de modo conciso como as coordenadas de um vetor mudam quando há mudança de base no espaço vetorial.

Se $A = M_{\mathcal{B}'}^{\mathcal{B}}(F)$ e X é o vetor das coordenadas de v com respeito à base $\mathcal{B}$, então por definição,

$$F(v) = (A_1 \cdot X)w_1 + \cdots + (A_m \cdot X)w_m.$$

Essa matriz A é determinada pela ação de F nos elementos da base, como veremos a seguir.

Seja

$$(*) \quad \begin{aligned} F(v_1) &= a_{11}x_1 + \ldots + a_{m1}x_n \\ &\vdots \qquad\qquad \vdots \qquad\qquad \vdots \\ F(v_n) &= a_{1n}x_1 + \ldots + a_{mn}x_n. \end{aligned}$$

Então A surge como a *transposta* da matriz

$$\begin{pmatrix} a_{11} & a_{21} & \cdots & a_{m1} \\ a_{12} & a_{22} & \cdots & a_{m2} \\ \vdots & \vdots & \cdots & \vdots \\ a_{1n} & a_{2n} & \cdots & a_{mn} \end{pmatrix}.$$

De fato, temos

$$F(v) = F(x_1v_1 + \cdots + x_nv_n) = x_1F(v_1) + \cdots + x_nF(v_n).$$

Utilizando $(*)$ para substituir $F(v_1), \ldots, F(v_n)$ na expressão, resulta que

$$F(v) = x_1(a_{11}w_1 + \cdots + a_{m1}w_m) + \cdots + x_n(a_{1n}w_1 + \cdots + a_{mn}w_m).$$

Grupando os coeficientes de $w_1 \ldots w_m$, podemos reescrever a expressão na forma

$$(a_{11}x_1 + \cdots + a_{1n}x_n)w_1 + \cdots + (a_{m1}x_1 + \cdots + a_{mn}x_n)w_m$$
$$= (A_1 \cdot X)w_1 + \cdots + (A_m \cdot X)w_m.$$

Isto prova a nossa afirmação.

Exemplo 1. Suponha $\dim V = 2$ e $\dim W = 3$. Seja F a aplicação linear dada por

$$F(v_1) = 3w_1 - w_2 + 17w_3,$$
$$F(v_2) = w_1 + w_2 - w_3.$$

Então a matriz associada a F é a matriz

$$\begin{pmatrix} 3 & 1 \\ -1 & 1 \\ 17 & -1 \end{pmatrix}$$

que é a transposta de

$$\begin{pmatrix} 3 & -1 & 17 \\ 1 & 1 & -1 \end{pmatrix}.$$

Exemplo 2. Seja id: $V \to V$ a aplicação identidade. Então para toda base $\mathcal{B}$ de V temos

$$M_{\mathcal{B}}^{\mathcal{B}}(\text{id}) = I,$$

onde I é a $n \times n$ matriz unidade (se $\dim V = n$). A demonstração desse fato é imediata.

Aviso. Suponha $V = W$, mas que estamos operando com duas bases diferentes $\mathcal{B}$ e $\mathcal{B}'$ de V. Então a matriz associada à aplicação identidade de V sobre ele próprio, em relação a essas duas bases diferentes, *não* será a matriz unidade!

Exemplo 3. Sejam duas bases $\mathcal{B} = \{v_1, \ldots, v_n\}$ e $\mathcal{B}' = \{w_1, \ldots, w_n\}$ de um mesmo espaço vetorial V. Existe uma matriz $A = (a_{ij})$ tal que

$$\begin{aligned} w_1 &= a_{11}v_1 + \ldots + a_{1n}v_n, \\ &\vdots \qquad \vdots \qquad \ldots \qquad \vdots \\ w_n &= a_{n1}v_1 + \ldots + a_{nn}v_n. \end{aligned}$$

Além disso, para cada $i = 1, \ldots, n$, vemos que $w_i = \operatorname{id} w_i$. Então, por definição,

$$M_{\mathcal{B}}^{\mathcal{B}'}(\operatorname{id}) = A^T.$$

Por outro lado, existe uma única aplicação linear $F : V \to V$ tal que

$$F(v_1) = w_1, \ \ldots, \ F(v_n) = w_n.$$

Novamente pela definição temos

$$M_{\mathcal{B}}^{\mathcal{B}}(F) = A^T.$$

Teorema 3.3. *Sejam V e W dois espaços vetoriais. Considere $\mathcal{B}$ uma base de V, e $\mathcal{B}'$ uma base de W. Sejam f e g duas aplicações lineares de V em W. Se consideramos $M = M_{\mathcal{B}'}^{\mathcal{B}}$, então*

$$M(f + g) = M(f) + M(g).$$

Se c é um número, então

$$M(cf) = cM(f).$$

A correspondência

$$f \mapsto M_{\mathcal{B}}^{\mathcal{B}'}(f)$$

é um isomorfismo entre o espaço das aplicações lineares $\mathcal{L}(V, W)$ e o espaço das matrizes $m \times n$ (se $\dim V = n$ e $\dim W = m$).

Demonstração. A primeira das fórmulas apresentadas, mostrando que $f \mapsto M(f)$ é linear, é decorrente da definição da matriz associada a f. A correspondência $f \mapsto M(f)$ é injetiva, pois $M(f) = M(g)$ implica que $f = g$, e é sobrejetiva porque toda aplicação linear é representada por uma matriz. Portanto, $f \mapsto M(f)$ é um isomorfismo como foi afirmado.

Passamos agora das propriedades aditivas da matriz associada a uma aplicação linear às propriedades multiplicativas.

Sejam os conjuntos U, V e W. Se $F : U \to V$ e $G : V \to W$ são aplicações, então podemos formar uma aplicação composta de U em W como já foi exposto anteriormente, isto é, $G \circ F$.

Teorema 3.4. *Sejam V, W e U três espaços vetoriais. Sejam $\mathcal{B}$, $\mathcal{B}'$ e $\mathcal{B}''$ as bases de V, W e U, respectivamente. Se*

$$F : V \to W \qquad e \qquad G : W \to U$$

são aplicações lineares, então

$$M_{\mathcal{B}''}^{\mathcal{B}'}(G) M_{\mathcal{B}'}^{\mathcal{B}}(F) = M_{\mathcal{B}''}^{\mathcal{B}}(G \circ F).$$

(Observação. Em relação à nossa escolha de bases, o teorema afirma que a composição de aplicações lineares corresponde à multiplicação de matrizes).

Demonstração. Seja A a matriz associada a F, em relação às bases $\mathcal{B}$ e $\mathcal{B}'$, e seja B a matriz associada a G, em relação às bases $\mathcal{B}'$ e $\mathcal{B}''$. Seja v um elemento de V, e seja X o vetor (coluna) de suas coordenadas em relação a $\mathcal{B}$. Então o vetor das coordenadas de $F(v)$ relativo a $\mathcal{B}'$ é AX. Por definição, o vetor coordenada de $G(F(v))$ relativo a $\mathcal{B}'$ é $B(AX)$, que, pelo §2, é igual a $(BA)X$. Mas $G(F(v)) = (G \circ F)(v)$. Logo, o vetor das coordenadas de $(G \circ F)(v)$ com respeito à base $\mathcal{B}''$ é $(BA)X$. Por definição, isto significa que BA é a matriz associada a $(G \circ F)$, e assim fica demonstrado nosso teorema.

Observação. Em muitas aplicações, lidamos com aplicações lineares de um espaço vetorial V nele próprio. Se escolhemos uma base $\mathcal{B}$ para V e consideramos uma aplicação linear $F: V \to V$, então a matriz

$$M_{\mathcal{B}}^{\mathcal{B}}(F)$$

é usualmente chamada de **matriz associada a F em relação a $\mathcal{B}$**(em vez de " matriz com respeito a $\mathcal{B}$ e $\mathcal{B}$ "). A partir da definição vemos que

$$M_{\mathcal{B}}^{\mathcal{B}}(\mathrm{id}) = \mathrm{I},$$

onde I é a matriz unidade. Como conseqüência direta do Teorema 3.2, resulta o seguinte.

Corolário 3.5. *Sejam V um espaço vetorial e $\mathcal{B}$ e $\mathcal{B}'$ duas bases de V. Então:*

$$M_{\mathcal{B}'}^{\mathcal{B}}(\mathrm{id}) M_{\mathcal{B}}^{\mathcal{B}'}(\mathrm{id}) = \mathrm{I} = M_{\mathcal{B}}^{\mathcal{B}'}(\mathrm{id}) M_{\mathcal{B}'}^{\mathcal{B}}(\mathrm{id}).$$

Em particular, $M_{\mathcal{B}'}^{\mathcal{B}}(\mathrm{id})$ é invertível.

Demonstração. Basta tomar no Teorema 3.4 $V = W = U$, $F = G = \mathrm{id}$ e $\mathcal{B}'' = \mathcal{B}$. Assim o corolário fica demonstrado.

A fórmula geral do Teorema 3.2 nos permitirá dizer com precisão que alteração sofre a matriz de uma aplicação linear quando alteramos as bases.

Teorema 3.6. *Seja $F: V \to V$ uma aplicação linear, e sejam $\mathcal{B}$ e $\mathcal{B}'$ duas bases de V. Então existe uma matriz invertível N tal que*

$$M_{\mathcal{B}'}^{\mathcal{B}'}(F) = N^{-1} M_{\mathcal{B}}^{\mathcal{B}}(F) N.$$

Na verdade, podemos considerar

$$N = M_{\mathcal{B}}^{\mathcal{B}'}(\mathrm{id}).$$

Demonstração. Aplicando o Teorema 3.2 duas vezes, resulta que

$$M_{\mathcal{B}'}^{\mathcal{B}'}(F) = M_{\mathcal{B}'}^{\mathcal{B}}(\text{id}) M_{\mathcal{B}}^{\mathcal{B}}(F) M_{\mathcal{B}}^{\mathcal{B}'}(\text{id}).$$

A partir do Corolário 3.5 o teorema fica demonstrado.

Seja V um espaço vetorial de dimensão finita sobre K e $F: V \to V$ uma aplicação linear. Dizemos que uma base $\mathcal{B}$ de V **diagonaliza** F se a matriz associada a F em relação a $\mathcal{B}$ for uma matriz diagonal. Se existir uma tal base que diagonalize F, então dizemos que F é **diagonalizável**. Nem sempre é verdade que uma aplicação linear é diagonalizável. Posteriormente, veremos as condições suficientes para que ela o seja. Se A é uma matriz $n \times n$ em K, dizemos que A pode ser **diagonalizada** (em K) se a aplicação linear sobre K^n, representada por A, puder ser diagonalizada. Pelo Teorema 3.6, deduzimos o seguinte:

Teorema 3.7. Seja V um espaço vetorial de dimensão finita sobre K. Seja $F: V \to V$ uma aplicação linear, e seja M sua matriz associada em relação a uma base $\mathcal{B}$. Então F (ou M) pode ser diagonalizada (em K) se, e somente se, existir uma matriz invertível N em K tal que $N^{-1}MN$ seja uma matriz diagonal.

Devido à sua importância, a aplicação $M \mapsto N^{-1}MN$ recebe um nome especial. Duas matrizes M e M' são **semelhantes** (num corpo K) se existe uma matriz invertível N em K tal que $M' = N^{-1}MN$.

IV, §3. EXERCÍCIOS

1. Determine $M_{\mathcal{B}'}^{\mathcal{B}}(\text{id})$ em cada um dos casos seguintes. O espaço vetorial em cada caso é o $\mathbb{R}^3$.

(a) $\mathcal{B} = \{(1,1,0), (-1,1,1), (0,1,2)\}$
$\mathcal{B}' = \{(2,1,1), (0,0,1), (-1,1,1)\}$

(b) $\mathcal{B} = \{(3,2,1), (0,-2,5), (1,1,2)\}$
$\mathcal{B}' = \{(1,1,0), (-1,2,4), (2,-1,1)\}$

2. Considere a aplicação linear $L : V \to V$ e $\mathcal{B} = \{v_1, \ldots, v_n\}$ uma base de V. Admita que existem escalares $c_1, \ldots, c_n$ tais que $L(v_i) = c_i v_i$ para $i = 1, \ldots, n$. Qual é a matriz $M_{\mathcal{B}}^{\mathcal{B}}(L)$?

3. Para cada número real θ, considere a aplicação linear $F_\theta : \mathbb{R}^2 \to \mathbb{R}^2$ representada pela matriz

$$R(\theta) = \begin{pmatrix} \cos\theta & -\sen\theta \\ \sen\theta & \cos\theta \end{pmatrix}.$$

Mostre que se θ, θ' são números reais, então $F_\theta F_{\theta'} = F_{\theta+\theta'}$. (Utilize a fórmula da soma para seno e cosseno.) Mostre também que $F_\theta^{-1} = F_{-\theta}$.

4. Considere o caso geral com $\theta > 0$. Qual é a matriz associada à aplicação identidade e à rotação de bases por um ângulo $-\theta$ (ou seja, uma rotação anti-horária por θ)?

5. Sejam $X = (1,2)^T$ um ponto do plano e F uma rotação de um ângulo $\pi/4$. Quais são as coordenadas de $F(X)$ em relação à base usual $\{E^1, E^2\}$.

6. Repita o exercício anterior para $X = (-1,3)^T$ e F uma rotação de um ângulo $\pi/2$.

7. Considere o caso geral, em que F é uma rotação de um ângulo θ. Seja (x, y) um ponto do plano no sistema usual de coordenadas. Sejam (x', y') as coordenadas desse ponto no sistema obtido pela rotação. Expresse x' e y' em termos de x, y e θ.

Aplicações Lineares e Matrizes

8. Em cada um dos casos seguintes, seja $D = d/dt$ a aplicação derivada. A seguir apresentamos um conjunto $\mathcal{B}$ de funções linearmente independentes. Essas funções geram um espaço vetorial V, e D é uma aplicação linear de V nele próprio. Encontre a matriz de D em relação às bases $\mathcal{B}$ e $\mathcal{B}$.

   (a) $\{e^t, e^{2t}\}$

   (b) $\{1, t\}$

   (c) $\{e^t, te^t\}$

   (d) $\{1, t, t^2\}$

   (e) $\{1, t, e^t, e^{2t}, te^{2t}\}$

   (f) $\{\operatorname{sen} t, \cos t\}$

9. (a) Seja N uma matriz quadrada. Dizemos que N é **nilpotente** se existe um inteiro positivo r tal que $N^r = 0$. Prove que se N é nilpotente, então $I - N$ é invertível.

   (b) Enuncie e prove uma proposição análoga para aplicações lineares de um espaço vetorial nele próprio.

10. Seja P_n o espaço vetorial dos polinômios de grau $\leq n$. Então a derivada $D: P_n \to P_n$ é uma aplicação linear de P_n nele próprio. Seja I a aplicação identidade. Prove que as seguintes aplicações lineares são invertíveis:

    (a) $I - D^2$.

    (b) $D^m - I$ para qualquer inteiro positivo m.

    (c) $D^m - cI$ para qualquer número $c \neq 0$.

11. Seja A a matriz $n \times n$ dada por

$$A = \begin{pmatrix} 0 & 1 & 0 & \cdots & & 0 \\ 0 & 0 & 1 & \cdots & & 0 \\ \vdots & \vdots & \ddots & \ddots & & \vdots \\ 0 & 0 & 0 & \cdots & 0 & 1 \\ 0 & 0 & 0 & \cdots & & 0 \end{pmatrix},$$

que é triangular superior, com zeros na diagonal principal, com elementos da diagonal acima desta iguais a 1, e zeros nas outras componentes como está mostrado.

(a) Como o leitor descreveria a imagem de L_A sobre a base usual de vetores $\{E^1, \ldots, E^n\}$ de K^n?

(b) Mostre que $A^n = O$ e $A^{n-1} \neq O$ usando a imagem das potências de A sobre os vetores da base.

Capítulo 5

Produtos Escalares e Ortogonalidade

V, §1. PRODUTOS ESCALARES

Seja V um espaço vetorial sobre um corpo K. Um **produto escalar** sobre V é uma regra que a cada par v, w de elementos de V associa um escalar, denotado por $\langle v, w \rangle$ ou também por $v \cdot w$, verificando as seguintes propriedades:

PE 1. Temos $\langle v, w \rangle = \langle w, v \rangle$ para todo v, $w \in V$.

PE 2. Se u, v, w são elementos de V, então
$$\langle u, v + w \rangle = \langle u, v \rangle + \langle u, w \rangle.$$

PE 3. Se $x \in K$, então
$$\langle xu, v \rangle = x \langle u, v \rangle \quad \text{e} \quad \langle u, xv \rangle = x \langle u, v \rangle.$$

Dizemos que o produto escalar é **não-degenerado** se, além das propriedades acima, ele também verificar a condição:

Se v é um elemento de V, e $\langle v, w \rangle = 0$ para todo $w \in V$, então $v = O$.

Exemplo 1. Seja $V = K^n$. Então a aplicação

$$(X, Y) \mapsto X \cdot Y,$$

que a elementos $X, Y \in K^n$ associa seu produto escalar usual, definido no Capítulo I, é um produto escalar no sentido da definição acima.

Exemplo 2. Seja V o espaço das funções reais contínuas no intervalo $[0, 1]$. Se $f, g \in V$, definimos

$$\langle f, g \rangle = \int_0^1 f(t)g(t)\, dt.$$

As propriedades básicas da integral mostram que isto é um produto escalar.

Em ambos os exemplos, o produto escalar é não-degenerado. Anteriormente, fizemos a mesma observação para o produto usual de vetores em K^n. No segundo exemplo, isto é facilmente deduzido a partir das propriedades básicas da integral.

No Cálculo, estudamos o segundo exemplo, que dá origem à teoria das séries de Fourier. Aqui discutimos apenas as propriedades gerais dos produtos escalares e suas aplicações aos espaços euclidianos. A notação $\langle\,,\,\rangle$ é usada devido ao fato de, nos espaços vetoriais de funções, haver a possibilidade de se confundir $f \cdot g$ com o produto simples entre as funções f e g.

Seja V um espaço vetorial munido de um produto escalar. Como de costume, por definição dizemos que os elementos v e w de V são **ortogonais** ou **perpendiculares** e escrevemos $v \perp w$, se $\langle v, w \rangle = 0$. Se S é um subconjunto de V, denotamos por $S^\perp$ o conjunto de todos os elementos $w \in V$ perpendiculares a todos os elementos de S, isto é $\langle w, v \rangle = 0$ para todo $v \in S$. Assim, usando **PE 1** e **PE 2**, verifica-se imediatamente que $S^\perp$ é um subespaço de V, denominado o **espaço ortogonal** a S. Se w é ortogonal a S, escrevemos também $w \perp S$. Seja U o subespaço de V gerado

Produtos Escalares e Ortogonalidade

pelos elementos de S. Se w é perpendicular a S, e se $v_1, v_2 \in S$, então

$$\langle w, v_1 + v_2 \rangle = \langle w, v_1 \rangle + \langle w, v_2 \rangle = 0.$$

Se c é um escalar, então

$$\langle w, cv_1 \rangle = c\langle w, v_1 \rangle.$$

Logo, w é perpendicular a combinações lineares dos elementos de S; portanto, w é perpendicular a U.

Exemplo 3. Seja (a_{ij}) uma matriz $m \times n$ em K, e denotemos por $A_1, \ldots, A_m$ seus vetores linha. Seja $X = (x_1, \ldots, x_n)^T$ um vetor de K^n. O sistema de equações lineares homogêneas

(∗∗)
$$a_{11}x_1 + \ldots + a_{1n}x_n = 0$$
$$\ldots$$
$$a_{m1}x_1 + \ldots + a_{mn}x_n = 0$$

pode ser escrito de maneira abreviada, a saber

$$A_1 \cdot X = 0, \ldots, A_m \cdot X = 0.$$

O conjunto de soluções X desse sistema homogêneo é um espaço vetorial sobre K. De fato, seja W o espaço gerado por $A_1, \ldots, A_m$. Seja U o espaço formado por todos os vetores de K^n perpendiculares a $A_1, \ldots, A_m$. Então U é precisamente o espaço vetorial das soluções de (∗∗). Os vetores $A_1, \ldots, A_m$ podem não ser linearmente independentes. Notamos que $\dim W \leq m$, e chamamos

$$\dim U = \dim W^\perp$$

a **dimensão do espaço das soluções do sistema de equações lineares**. Posteriormente, discutiremos essa dimensão mais detalhadamente.

Seja V novamente um espaço vetorial sobre o corpo K, munido de um produto escalar.

Seja $\{v_1, \ldots, v_n\}$ uma base de V. Diremos que $\{v_1, \ldots, v_n\}$ é uma **base ortogonal** se $\langle v_i, v_j \rangle = 0$ para todo $i \neq j$. Mais a frente vamos mostrar que se V for um espaço vetorial de dimensão finita, com um produto escalar, então existirá sempre uma base ortogonal. Contudo, vamos primeiro examinar casos especiais importantes com respeito aos números reais e complexos.

O produto positivo definido - caso real

Seja V um espaço vetorial sobre $\mathbb{R}$, com um produto escalar. Diremos que esse produto escalar é **positivo definido** se $\langle v, v \rangle \geq 0$ para todo $v \in V$, e $\langle v, \rangle v > 0$ se $v \neq O$. O produto escalar usual para vetores em $\mathbb{R}^n$ é positivo definido, e o mesmo acontece com o produto do Exemplo 2 acima.

Seja V um espaço vetorial sobre $\mathbb{R}$, com um produto escalar positivo definido, indicado por $\langle \, , \, \rangle$. Seja W um subespaço. Então W está munido de um produto escalar, que é definido pela mesma regra que define o produto escalar em V. Em outras palavras, se w, w' são elementos de W, podemos formar seu produto $\langle w, w' \rangle$. Esse produto escalar sobre W é, de forma natural, positivo definido.

Por exemplo, se W é o subespaço de $\mathbb{R}^3$ gerado pelos dois vetores $(1, 2, 2$ e $(\pi, -1, 0)$, então W é por sua vez um espaço vetorial, e podemos considerar o produto escalar usual de vetores pertencentes a W para definir um produto escalar positivo definido sobre W. Freqüentemente, precisamos lidar com tais subespaços, e é um dos motivos pelos quais desenvolvemos nossa teoria sobre espaços arbitrários (de dimensão finita) sobre $\mathbb{R}$ munidos de um dado produto escalar positivo definido, em vez de nos limitar ao $\mathbb{R}^n$ munido do produto escalar usual. Um outro motivo é que queremos que nossa teoria englobe situações como aquela descrita no Exemplo 2 do §1.

Definimos a **norma** de um elemento $v \in V$ por

$$\|v\| = \sqrt{\langle v, v \rangle}.$$

Produtos Escalares e Ortogonalidade

Se c é um número real qualquer, então vale

$$\|cv\| = |c|\,\|v\|,$$

pois

$$\|cv\| = \sqrt{\langle cv, cv\rangle} = \sqrt{c^2 \langle v, v\rangle} = |c|\,\|v\|.$$

A **distância** entre dois elementos v e w de V é definida e indicada por

$$\operatorname{dist}(v, w) = \|v - w\|.$$

Essa definição provém do teorema de Pitágoras. Por exemplo, suponhamos $V = \mathbb{R}^3$ munido do produto escalar usual. Se $X = (x, y, z) \in V$, então

$$\|X\| = \sqrt{x^2 + y^2 + z^2}.$$

Isto coincide precisamente com a nossa definição de distância da origem O ao ponto $A \equiv (x, y, z)$, fazendo uso do teorema de Pitágoras.

Podemos também justificar nossa definição de perpendicularidade. Novamente, a intuição proveniente da geometria plana e a figura que vemos a seguir, nos dizem que v é perpendicular a w se, e somente se

$$\|v - w\| = \|v + w\|.$$

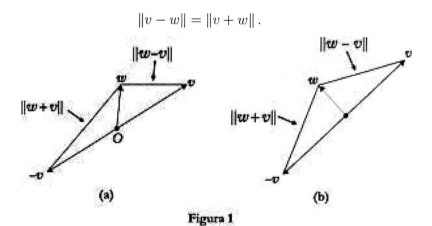

Figura 1

Pela álgebra temos:

$$\begin{aligned}
\|v-w\| = \|v+w\| &\Leftrightarrow \|v-w\|^2 = \|v+w\|^2 \\
&\Leftrightarrow (v-w)^2 = (v+w)^2 \\
&\Leftrightarrow v^2 - 2v \cdot w + w^2 = v^2 + 2v \cdot w + w^2 \\
&\Leftrightarrow 4\, v \cdot w = 0 \\
&\Leftrightarrow v \cdot w = 0\,.
\end{aligned}$$

Essa é a justificativa desejada.

O leitor provavelmente já estudou, em um curso anterior a este, o produto escalar de n-uplas. Propriedades básicas que foram provadas utilizando-se as coordenadas, podem agora ser provadas para o nosso produto escalar mais geral. Colocaremos em prática tais demonstraçõese veremos outros exemplos conforme formos avançando.

Dizemos que um elemento $v \in V$ é um **vetor unitário** se $\|v\| = 1$. Se $v \in V$ e $v \neq O$, então $v/\|v\|$ é um vetor unitário.

As duas identidades a seguir provêm diretamente da definição de distância.

O teorema de Pitágoras. Se v, w são perpendiculares, então

$$\|v+w\|^2 = \|v\|^2 + \|w\|^2\,.$$

A lei do paralelogramo. Para v e w vale

$$\|v+w\|^2 + \|v-w\|^2 = 2\|v\|^2 + 2\|w\|^2.$$

As demonstrações são triviais. Faremos a primeira, deixando a segunda como um exercício. Para a primeira, temos

$$\begin{aligned}
\|v+w\|^2 = \langle v+w, v+w \rangle &= \langle v,v \rangle + 2\langle v,w \rangle + \langle w,w \rangle \\
&= \|v\|^2 + \|w\|^2 \qquad \text{pois } v \perp w\,.
\end{aligned}$$

Isto demonstra o teorema de Pitágoras.

Seja w um elemento de V tal que $\|w\| \neq 0$. Para qualquer v em V, existe um único número c tal que $v - cw$ é perpendicular a w. De fato, para $v - cw$ ser perpendicular a w devemos ter

$$\langle v - cw, w \rangle = 0,$$

e portanto $\langle v, w \rangle - \langle cw, w \rangle = 0$ e $\langle v, w \rangle = c \langle w, w \rangle$. Logo

$$c = \frac{\langle v, w \rangle}{\langle w, w \rangle}.$$

Reciprocamente, considere c com esse valor e mostre que $v - cw$ é perpendicular a w. Chamamos c de **componente de v em relação a w**. Chamamos cw de **projeção de v sobre w**.

Como no caso do n-espaço, definimos a projeção de v sobre w como sendo o vetor cw, devido a nossa figura usual:

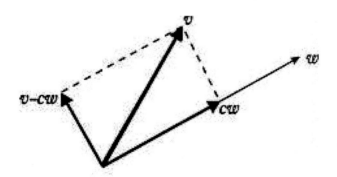

Figura 2

Em particular, se w é um vetor unitário, então a componente de v com respeito a w é dada por

$$c = \langle v, w \rangle.$$

Exemplo 4. Seja $V = \mathbb{R}^n$, munido do produto escalar usual. Se E_i é o i-ésimo vetor unitário, e $X = (x_1, \ldots, x_n)$, então a componente de X com respeito a E_i é dada por

$$X \cdot E_i = x_i,$$

isto é, a i-ésima coordenada de X.

Exemplo 5. Seja V o espaço das funções reais contínuas sobre o intervalo $[-\pi, \pi]$. Seja f uma função dada por $f(x) = \operatorname{sen} kx$, onde k é um número inteiro > 0. Então

$$\|f\| = \sqrt{\langle f, f \rangle} = \left(\int_{-\pi}^{\pi} \operatorname{sen}^2 kx \, dx \right)^{1/2}$$
$$= \sqrt{\pi}.$$

Neste exemplo, onde lidamos com um espaço vetorial de funções, a componente de g com respeito a f é chamada de **coeficiente de Fourier** de g **com respeito a** f. Se g é uma função real contínua qualquer sobre $[-\pi, \pi]$, então o coeficiente de Fourier de g com respeito a f é

$$\frac{\langle g, f \rangle}{\langle f, f \rangle} = \frac{1}{\pi} \int_{-\pi}^{\pi} g(x) \operatorname{sen} kx \, dx.$$

Teorema 1.1. Desigualdade de Schwarz. *Para quaisquer elementos v e w de V, vale*

$$\langle v, w \rangle \leq \|v\| \, \|w\|.$$

Demonstração. Se $w = O$, então ambos os lados são iguais a 0 e nossa desigualdade é óbvia. Em seguida, consideramos $w = e$, onde e é um vetor unitário, isto é, $e \in V$ e $\|e\| = 1$. Se c é a componente de v com respeito a e, então $v - ce$ é perpendicular a e, e também a ce. Logo, pelo teorema de

Pitágoras encontramos

$$\begin{aligned}\|v\|^2 &= \|v-ce\|^2 + \|ce\|^2 \\ &= \|v-ce\|^2 + c^2.\end{aligned}$$

Logo $c^2 \leq \|v\|^2$, e assim $|c| \leq \|v\|$. Finalmente, se w é arbitrário e $\neq O$, então $e = w/\|w\|$ é um vetor unitário e, pelo que já vimos,

$$\left|\langle v, \frac{w}{\|w\|}\rangle\right| \leq \|v\|.$$

Isto implica

$$\langle v, w \rangle \leq \|v\|\,\|w\|,$$

como queríamos.

Teorema 1.2. Desigualdade triangular. *Se $v\ w \in V$, então*

$$\|v+w\| \leq \|v\| + \|w\|.$$

Demonstração. Notemos que cada membro dessa desigualdade é positivo ou 0. Logo, será suficiente provar que o quadrado deles satisfaz a desigualdade desejada, em outras palavras

$$(v+w)^2 \leq (\|v\| + \|w\|)^2.$$

Para isto,

$$\begin{aligned}(v+w)^2 = (v+w)\cdot(v+w) &= v^2 + 2v\cdot w + w^2 \\ &\leq \|v\|^2 + 2\|v\|\,\|w\| + \|w\|^2 \quad \text{(pelo Teorema 1.1)} \\ &= (\|v\| + \|w\|)^2,\end{aligned}$$

provando assim a desigualdade triangular.

Sejam $v_1, \ldots, v_n$ elementos não-nulos de V e mutuamente perpendiculares, isto é, $\langle v_i, v_j \rangle = 0$ se $i \neq j$. Seja c_i a componente de v com respeito a v_i. Então

$$v - c_1 v_1 - \cdots - c_n v_n$$

é perpendicular a $v_1, \ldots, v_n$. Para ver isto, tudo o que temos de fazer é tomar o produto escalar de $v - c_1 v_1 - \cdots - c_n v_n$ com v_j, para todo j. Todos os termos envolvendo $\langle v_i, v_j \rangle$ darão 0 se $i \neq j$, e deveremos ter dois termos restantes

$$\langle v, v_j \rangle - c_j \langle v_j, v_j \rangle$$

que se cancelem. Logo, efetuado esse cancelamento ortogonaliza-se v com respeito a $v_1, \ldots, v_n$. O próximo teorema mostra que $c_1 v_1 + \ldots + c_n v_n$ é a melhor aproximação para v como uma combinação linear de $v_1, \ldots, v_n$.

Teorema 1.3. *Sejam $v_1, \ldots, v_n$ vetores mutuamente perpendiculares e tais que $\|v_i\| \neq 0$ para todo i. Consideremos v um elemento de V, e c_i a componente de v com respeito a v_i. Sejam $a_1, \ldots, a_n$ números. Então*

$$\left\| v - \sum_{k=1}^{n} c_k v_k \right\| \leq \left\| v - \sum_{k=1}^{n} a_k v_k \right\|.$$

Demonstração. Sabemos que o vetor

$$v - \sum_{k=1}^{n} c_k v_k$$

é perpendicular a cada v_i, $i = 1, \ldots, n$. Logo ele é perpendicular a qualquer combinação linear de $v_1, \ldots, v_n$. A partir do teorema de Pitágoras temos:

$$\begin{aligned} \left\| v - \sum a_k v_k \right\|^2 &= \left\| v - \sum c_k v_k + \sum (c_k - a_k) v_k \right\|^2 \\ &= \left\| v - \sum c_k v_k \right\|^2 + \left\| \sum (c_k - a_k) v_k \right\|^2. \end{aligned}$$

Produtos Escalares e Ortogonalidade

Isto prova que
$$\|v - \sum c_k v_k\|^2 \leq \|v - \sum a_k v_k\|^2,$$
e portanto nosso teorema está provado.

O próximo teorema é conhecido como a **desigualdade de Bessel**.

Teorema 1.4. *Se $v_1, \ldots, v_n$ são vetores mutuamente perpendiculares, e se c_i é a componente de v com respeito a v_i, então*
$$\sum_{i=1}^{n} c_i^2 \leq \|v\|^2.$$

Demonstração. Os elementos $v - \sum c_i v_i$, $v_1, \ldots, v_n$ são mutuamente perpendiculares. Portanto

$$\begin{aligned}
\|v\|^2 &= \|v - \sum c_i v_i\|^2 + \|\sum c_i v_i\|^2 && \text{pelo teorema de Pitágoras} \\
&\geq \|\sum c_i v_i\|^2 + \|\sum (c_k - a_k) v_k\|^2 && \text{porque a norma é} \geq 0 \\
&= \sum c_i^2 && \text{pelo teorema de Pitágoras}
\end{aligned}$$

pois $v_1, \ldots, v_n$ são mutuamente perpendiculares e $\|v_i\|^2 = 1$. Isto prova o teorema.

V, §1. EXERCÍCIOS

1. Seja V um espaço vetorial com um produto escalar. Mostre que $\langle O, v \rangle = 0$ para todo v em V.

2. Suponha que o produto escalar, do exercício anterior, seja positivo definido. Sejam $v_1, \ldots, v_n$ elementos não-nulos em V e mutuamente perpendiculares, isto é $\langle v_i, v_j \rangle = 0$ se $i \neq j$. Mostre que $v_1, \ldots, v_n$ são linearmente independentes.

3. Seja M uma matriz quadrada $n \times n$ que é igual a sua transposta. Se X e Y são n vetores-coluna, então

$$X^T M Y$$

é uma matriz 1×1, que identificamos com um número. Mostre que a aplicação

$$(X, Y) \mapsto X^T M Y$$

satisfaz às três propriedades **PE 1**, **PE 2** e **PE 3**. Dê exemplo de uma matriz 2×2 tal que o produto, definido acima, não seja positivo definido.

V, §2. BASES ORTOGONAIS, CASO POSITIVO DEFINIDO

Nesta seção V denota-se um espaço vetorial com um produto escalar positivo definido. Uma base $v_1, \ldots, v_n$ de V é dita **ortogonal** se seus elementos forem mutuamente perpendiculares, isto é, $\langle v_i, v_j \rangle = 0$ sempre que $i \neq j$. Se além disso cada elemento da base tiver norma 1, então a base será chamada **ortonormal**.

Os vetores unitários usuais do $\mathbb{R}^n$ formam uma base ortonormal do $\mathbb{R}^n$, com respeito ao produto escalar usual.

Teorema 2.1. *Seja V um espaço vetorial com dimensão finita e com um produto escalar positivo definido. Sejam W um subespaço de V e $\{w_1, \ldots, w_n\}$ uma base ortogonal de W. Se $W \neq V$, então existem $w_{m+1}, \ldots, w_n$ elementos de V tais que $\{w_1, \ldots, w_n\}$ é uma base ortogonal de V.*

Demonstração. O método utilizado na prova é tão importante quanto o teorema, e é chamado de **processo de ortogonalização de Gram-Schmidt**. Sabemos, a partir do Capítulo 2, §3, que podemos encontrar elementos $v_{m+1}, \ldots, v_n$ de V tais que

$$\{w_1, \ldots, w_m, v_{m+1}, \ldots, v_n\}$$

seja uma base de V. Observamos que ela não é uma base ortogonal. Seja W_{m+1} o espaço gerado por $\{w_1, \ldots, w_m, v_{m+1}\}$. Primeiramente vamos obter uma base ortogonal para W_{m+1}. A idéia é considerar v_{m+1} e subtrair dele suas projeções sobre $w_1, \ldots, w_m$. Assim temos

$$c_1 = \frac{\langle v_{m+1}, w_1 \rangle}{\langle w_1, w_1 \rangle}, \ldots, c_m = \frac{\langle v_{m+1}, w_m \rangle}{\langle w_m, w_m \rangle}.$$

Seja

$$w_{m+1} = v_{m+1} - c_1 w_1 - \cdots - c_m w_m.$$

Então w_{m+1} é perpendicular a $w_1, \ldots, w_m$. Além disso, $w_{m+1} \neq O$ (caso contrário, v_{m+1} seria linearmente independente de $w_1, \ldots, w_m$), e v_{m+1} pertenceria ao espaço gerado por $w_1, \ldots, w_m$, pois

$$v_{m+1} = w_{m+1} + c_1 w_1 - \cdots + c_m w_m.$$

Portanto, $\{w_1, \ldots, w_{m+1}\}$ é uma base ortogonal de W_{m+1}. Podemos agora proceder por indução, mostrando que o espaço W_{m+s} gerado por

$$w_1, \ldots, w_m, v_{m+1}, \ldots, v_{m+s}$$

tem uma base ortogonal

$$\{w_1, \ldots, w_{m+1}, \ldots, w_{m+s}\}$$

com $s = 1, \ldots, n - m$. Isto conclui a demonstração.

Corolário 2.2. *Seja V um espaço vetorial com dimensão finita e com um produto escalar positivo definido. Suponhamos que $V \neq \{O\}$. Então V tem uma base ortogonal.*

Demonstração. Por hipótese, existe um elemento v_1 de V tal que $v_1 \neq O$. Consideramos o subespaço gerado por v_1 e aplicamos o teorema para obter a base procurada.

Recapitulamos o processo usado no Teorema 2.1. Suponhamos que seja dada uma base arbitrária $\{v_1, \ldots, v_n\}$ de V. Desejamos torná-la ortogonal. Procedemos como segue. Consideramos os vetores

$$v_1' = v_1,$$

$$v_2' = v_2 - \frac{\langle v_2, v_1' \rangle}{\langle v_1', v_1' \rangle} v_1',$$

$$v_3' = v_3 - \frac{\langle v_3, v_2' \rangle}{\langle v_2', v_2' \rangle} v_{n-1}' - \frac{\langle v_3, v_1' \rangle}{\langle v_1', v_1' \rangle} v_1',$$

$$\vdots \qquad \vdots$$

$$v_n' = v_n - \frac{\langle v_n, v_{n-1}' \rangle}{\langle v_{n-1}', v_{n-1}' \rangle} v_{n-1}' - \cdots - \frac{\langle v_n, v_1' \rangle}{\langle v_1', v_1' \rangle} v_1'.$$

Então $\{v_1', \ldots, v_n'\}$ é uma base ortogonal.

Dada uma base ortogonal, podemos sempre obter uma base ortonormal dividindo cada vetor por sua norma.

Exemplo 1. Encontrar uma base ortonormal para o espaço gerado pelos vetores $(1,1,0,1)$, $(1,-2,0,0)$ e $(1,0,-1,2)$.

Denotamos esses vetores por A, B e C. Seja

$$B' = B - \frac{B \cdot A}{A \cdot A} A.$$

Em outras palavras, subtraimos de B sua projeção sobre A. Então B' é perpendicular a A. Resulta que

$$B' = \frac{1}{3}(4, -5, 0, 1).$$

Subtraimos agora de C as projeções de C sobre A e B' e assim escrevemos

$$C' = C - \frac{C \cdot A}{A \cdot A} A - \frac{C \cdot B'}{B' \cdot B'} B'.$$

Produtos Escalares e Ortogonalidade

Como A e B' são perpendiculares, os produtos escalares de C' com A e B' mostram que C' é perpendicular a A e a B'. Encontramos

$$C' = \frac{1}{7}(-4, -2, -7, 6).$$

Os vetores A, B' e C' são não-nulos e perpendiculares dois a dois. Eles pertencem ao espaço gerado por A, B e C. Logo, formam uma base ortogonal para esse espaço. Se quisermos uma base ortonormal, então dividiremos esses vetores por suas normas e obteremos

$$\frac{A}{\|A\|} = \frac{1}{\sqrt{3}}(1, 1, 0, 1)$$
$$\frac{B'}{\|B'\|} = \frac{1}{\sqrt{42}}(4, -5, 0, 1)$$
$$\frac{C'}{\|C'\|} = \frac{1}{\sqrt{105}}(-4, -2, -7, 6)$$

como uma base ortonormal.

Teorema 2.3. *Seja V um espaço vetorial sobre $\mathbb{R}$, com um produto escalar positivo definido e de dimensão n. Seja W um subespaço de V com dimensão r. Seja $W^\perp$ o subespaço de V formado por todos elementos que são perpendiculares a W. Então V é a soma direta de W e $W^\perp$, e $W^\perp$ tem dimensão $n - r$. Em outras palavras,*

$$\dim W + \dim W^\perp = \dim V.$$

Demonstração. Se $W = \{O\}$ ou $W = V$, então nossa proposição é óbvia. Portanto, supomos que $W \neq V$ e $W \neq \{O\}$. Seja $\{w_1, \ldots, w_r\}$ uma base ortonormal de W. Pelo Teorema 2.1, existem elementos $u_{r+1}, \ldots, u_n$ de V tais que

$$\{w_1, \ldots, w_r, u_{r+1}, \ldots, u_n\}$$

seja uma base ortonormal de V. Vamos provar que $u_{r+1}, \ldots, u_n$ é uma base ortonormal de $W^\perp$.

Seja u um elemento de $W^\perp$. Então existem números $x_1, \ldots, x_n$ tais que

$$u = x_1 w_1 + \cdots + x_r w_r + x_{r+1} u_{r+1} + \cdots + x_n u_n.$$

Como u é perpendicular a W, tomamos o produto de u com qualquer w_i ($i = 1, \ldots r$) e obtemos

$$0 = \langle u, w_i \rangle = x_i \langle w_i, w_i \rangle = x_i.$$

Logo, todo $x_i = 0$ ($i = 1, \ldots, r$). Por conseguinte, u é uma combinação linear de $u_{r+1}, \ldots, u_n$.

Reciprocamente, seja $u = x_{r+1} u_{r+1} + \cdots + x_n u_n$ uma combinação linear de $u_{r+1}, \ldots, u_n$. Tomando o produto de u com qualquer w_i resulta 0. Logo, u é perpendicular a todos w_i ($i = 1, \ldots, r$) e, portanto, é perpendicular a W. Isto prova que $u_{r+1}, \ldots, u_n$ geram $W^\perp$. Sendo eles perpendiculares dois a dois, e de norma 1, eles formam uma base ortonormal de $W^\perp$, cuja dimensão é $n - r$. Além disso, um elemento de V é representado de forma única como uma combinação linear

$$x_1 w_1 + \cdots + x_r w_r + x_{r+1} u_{r+1} + \cdots + x_n u_n,$$

e, conseqüentemente, tem uma única representação como uma soma $w + u$ com $w \in W$ e $u \in W^\perp$. Portanto, V é a soma direta de W e $W^\perp$.

O espaço $W^\perp$ é chamado de **complemento ortogonal** de W.

Exemplo 2. Consideremos $\mathbb{R}^3$. Sejam A e B dois vetores linearmente independentes em $\mathbb{R}^3$. Então, o espaço dos vetores, perpendiculares a A e também a B, é um espaço de dimensão 1. Se $\{N\}$ é uma base para esse espaço, qualquer outra base para esse espaço é do tipo $\{tN\}$, onde t é um número $\neq 0$.

Produtos Escalares e Ortogonalidade 157

Ainda no $\mathbb{R}^3$, seja N um vetor não-nulo. O espaço dos vetores perpendiculares a N é um espaço de dimensão 2, isto é, um plano pela origem.

Seja V um espaço vetorial de dimensão finita sobre $\mathbb{R}$, com um produto escalar positivo definido. Seja $\{e_1, \ldots, e_n\}$ uma base ortonormal. Consideremos v e w em V. Existem números $x_1, \ldots, x_n \in \mathbb{R}$ e $y_1, \ldots, y_n \in \mathbb{R}$ tais que
$$v = x_1 e_1 + \cdots + x_n e_n \quad \text{e} \quad w = y_1 e_1 + \cdots + y_n e_n.$$
Então
$$\begin{aligned} \langle v, w \rangle &= \langle x_1 e_1 + \cdots + x_n e_n, y_1 e_1 + \cdots + y_n e_n \rangle \\ &= \sum_{i,j=1}^{n} x_i y_j \langle e_i, e_j \rangle = x_1 y_1 + \cdots + x_n y_n. \end{aligned}$$

Logo, em relação a essa base ortonormal, se X e Y são, respectivamente, os vetores das coordenadas de v e w, então o produto escalar entre v e w é dado pelo produto escalar usual entre os vetores das coordenadas, isto é, $X \cdot Y$. Definitivamente, isto não ocorre quando trabalhamos com uma base que não é ortonormal. Se $\{v_1, \ldots, v_n\}$ for uma base qualquer de V, e escreveremos
$$\begin{aligned} v &= x_1 v_1 + \cdots + x_n v_n \\ w &= y_1 v_1 + \cdots + y_n v_n \end{aligned}$$
em relação a essa base, então
$$\langle v, w \rangle = \sum_{i,j=1}^{n} x_i y_j \langle v_i, v_j \rangle.$$

Cada $\langle v_i, v_j \rangle$ é um número. Se tomarmos $a_{ij} = \langle v_i, v_j \rangle$, então
$$\langle v, w \rangle = \sum_{i,j=1}^{n} a_{ij} x_i y_j.$$

Produtos hermitianos

Vamos agora apresentar as modificações necessárias para adaptar os resultados que acabamos de ver para o caso dos espaços vetoriais sobre os números complexos. Desejamos conservar o conceito de produto escalar positivo definido, na medida do possível. Dado que o produto escalar usual de vetores com coordenadas complexas pode ser nulo sem que os vetores sejam nulos, devemos alterar alguma coisa na definição. Verifica-se que as modificações necessárias são poucas.

Seja V um espaço vetorial sobre os números complexos. Um **produto hermitiano** sobre V é uma regra que a todo par (v, w) de elementos de V associa um número complexo, denotado novamente por $\langle v, w \rangle$, satisfazendo as seguintes propriedades:

PH 1. *Para todo $v, w \in V$ temos $\langle v, w \rangle = \overline{\langle w, v \rangle}$ (Aqui, a barra denota conjugado complexo.)*

PH 2. *Se u, v, w são elementos de V, então*

$$\langle u, v + w \rangle = \langle u, v \rangle + \langle u, w \rangle.$$

PH 3. *Se $\alpha \in \mathbb{C}$, então*

$$\langle \alpha u, v \rangle = \alpha \langle u, v \rangle \qquad e \qquad \langle u, \alpha v \rangle = \bar{\alpha} \langle u, v \rangle.$$

O produto hermitiano é dito **positivo definido** se $\langle v, v \rangle \geq 0$ para todo $v \in V$, e $\langle v, v \rangle > 0$ se $v \neq O$.

Definimos as palavras **ortogonal, perpendicular, base ortogonal, complemento ortogonal** da mesma forma que antes. Também não há

Produtos Escalares e Ortogonalidade

nada a mudar na nossa definição de **componente** e **projeção** de v sobre w, nem nas observações que fizemos a respeito desses conceitos.

Exemplo 3. Seja $V = \mathbb{C}^n$. Se $X = (x_1, \ldots, x_n)$ e $Y = (y_1, \ldots, y_n)$ são vetores em $\mathbb{C}^n$, definimos seu **produto hermitiano** como sendo

$$\langle X, Y \rangle = x_1 \bar{y}_1 + \cdots, x_n \bar{y}_n.$$

As condições **PH 1**, **PH 2** e **PH 3** são imediatamente verificadas. Esse produto é positivo definido pois se $X \neq O$, então algum $x_i \neq 0$ e $x_i \bar{x}_i > 0$. Portanto $\langle X, X \rangle > 0$.

Entretanto, devemos notar que se $X = (1, i)$, então

$$X \cdot X = 1 - 1 = 0.$$

Exemplo 4. Seja V o espaço das funções com valores complexos, contínuas no intervalo $[-\pi, \pi]$. Se $f, g \in V$, definimos

$$\langle f, g \rangle = \int_{-\pi}^{\pi} f(t) \overline{g(t)} \, dt.$$

As propriedades usuais da integral mostram novamente que esse é um produto hermitiano, e que é positivo definido. Seja f_n a função tal que

$$f_n(t) = e^{int}.$$

Um cálculo simples mostra que f_n é ortogonal a f_m se n e m são inteiros distintos. Além disso, temos

$$\langle f_n, f_n \rangle = \int_{-\pi}^{\pi} e^{int} e^{-int} \, dt = 2\pi.$$

Se $f \in V$, então seu **coeficiente de Fourier** com respeito a f_n é igual a

$$\frac{\langle f, f_n \rangle}{\langle f, f_n \rangle} = \frac{1}{2\pi} \int_{-\pi}^{\pi} f(t) e^{-int} \, dt,$$

que o leitor familiarizado com análise reconhecerá de imediato.

Retornamos à nossa discussão geral dos produtos hermitianos. Temos resultados análogos ao Teorema 2.1 e seu corolário para produtos hermitianos positivos definidos, a saber:

Teorema 2.4. *Seja V um espaço vetorial de dimensão finita sobre os números complexos, com um produto hermitiano positivo definido. Sejam W um subespaço de V e $\{w_1, \ldots, w_n\}$ uma base ortogonal de W. Se $W \neq V$, então existem $w_{m+1}, \ldots, w_n$ elementos de V tais que $\{w_1, \ldots, w_n\}$ é uma base de V.*

Corolário 2.5. *Seja V um espaço vetorial de dimensão finita sobre os números complexos, com um produto hermitiano positivo definido. Suponhamos que $V \neq \{O\}$. Então V tem uma base ortogonal.*

As demonstrações são exatamente as mesmas que foram feitas para o caso real, e não é necessário repeti-las.

Passamos agora à teoria da norma. Seja V um espaço vetorial sobre $\mathbb{C}$, com um produto hermitiano positivo definido. Se $v \in V$, definimos sua **norma** como sendo

$$\|v\| = \sqrt{\langle v, v \rangle}.$$

Como $\langle v, v \rangle$ é real, ≥ 0, sua raiz quadrada é tomada da maneira usual como sendo o único número real ≥ 0 cujo quadrado é $\langle v, v \rangle$.

Temos a **desigualdade de Schwarz**, a saber

$$|\langle v, w \rangle| \leq \|v\| \, \|w\|.$$

São válidas as três propriedades da norma, como no caso real:

Para todo $v \in V$, temos $\|v\| \geq 0$, e $= 0$ se, e somente se $v = O$.

Produtos Escalares e Ortogonalidade   161

Para qualquer número complexo α, temos $\|\alpha v\| = |\alpha|\, \|v\|$.

Para quaisquer elementos $v, w \in V$, temos $\|v + w\| \leq \|v\| + \|w\|$.

Novamente, essas três propriedades são facilmente verificadas. Deixamos as duas primeiras como exercício e demonstramos a terceira, utilizando a desigualdade de Schwartz.

É suficiente provar que

$$\|v + w\|^2 \leq (\|v\| + \|w\|)^2.$$

Para fazer isto, notamos que

$$\|v + w\|^2 = \langle v + w, v + w \rangle = \langle v, v \rangle + \langle w, v \rangle + \langle v, w \rangle + \langle w, w \rangle.$$

Mas $\langle w, v \rangle + \langle v, w \rangle = \overline{\langle v, w \rangle} + \langle v, w \rangle \leq 2|\langle v, w \rangle|$. Logo, pela desigualdade de Schwarz,

$$\begin{aligned}\|v + w\|^2 &\leq \|v\|^2 + 2|\langle v, w \rangle| + \|w\|^2 \\ &\leq \|v\|^2 + 2\|v\|\,\|w\| + \|w\|^2 = (\|v\| + \|w\|)^2.\end{aligned}$$

Extraindo a raiz quadrada de ambos os lados da desigualdade, obtemos o resultado desejado. Como no caso real, dizemos que um elemento v de V é um **vetor unitário**, se $\|v\| = 1$. Uma base ortogonal $\{v_1, \ldots, v_n\}$ é dita **ortonormal** se ela é constituída de vetores unitários. Da mesma forma que fizemos antes, obtemos uma base ortonormal a partir de uma base ortogonal dividindo cada vetor por sua norma.

Seja $\{e_1, \ldots, e_n\}$ uma base ortonormal de V. Sejam $v, w \in V$. Existem números complexos $\alpha_1, \ldots, \alpha_n \in \mathbb{C}$ e $\beta_1, \ldots, \beta_n \in \mathbb{C}$ tais que

$$v = \alpha_1 e_1 + \cdots + \alpha_n e_n$$

e
$$w = \beta_1 e_1 + \cdots + \beta_n e_n.$$

Então
$$\begin{aligned}\langle v, w\rangle &= \langle \alpha_1 e_1 + \cdots + \alpha_n e_n, \beta_1 e_1 + \cdots + \beta_n e_n\rangle \\ &= \sum_{i,j=1}^{n} \alpha_i \bar{\beta}_j \langle e_i, e_j\rangle \\ &= \alpha_1 \bar{\beta}_1 + \cdots + \alpha_n \bar{\beta}_n.\end{aligned}$$

Logo, em termos desta base ortonormal, se A e B são, respectivamente, os vetores das coordenadas de v e w, então o produto hermitiano é dado pelo produto descrito no Exemplo 3, a saber $A \cdot \bar{B}$.

Enunciamos agora dois teoremas que valem simultaneamente para os casos real e complexo. As demonstrações desses resultados são, palavra por palavra, idênticas a do Teorema 2.3, e não as reproduzimos.

Teorema 2.6. *Seja V um espaço vetorial sobre $\mathbb{R}$, com um produto escalar positivo definido, ou sobre $\mathbb{C}$ com um produto hermitiano positivo definido. Consideremos que V tem dimensão finita n. Seja W um subespaço de V com dimensão r. Seja $W^\perp$ o subespaço de V formado por todos elementos de V perpendiculares a W. Então, $W^\perp$ tem dimensão $n - r$. Em outras palavras,*
$$\dim W + \dim W^\perp = \dim V.$$

Teorema 2.7. *Seja V um espaço vetorial sobre $\mathbb{R}$, com um produto escalar positivo definido, ou sobre $\mathbb{C}$ com um produto hermitiano positivo definido. Consideremos que V tem dimensão finita. Seja W um subespaço de V. Então V é a soma direta de W e $W^\perp$.*

V, §2. EXERCÍCIOS

Produtos Escalares e Ortogonalidade

1. Qual é a dimensão do subespaço de $\mathbb{R}^6$ perpendicular aos dois vetores $(1,1,-2,3,4,5)$ e $(0,0,1,1,0,7)$?

2. Encontre uma base ortonormal para o subespaço de $\mathbb{R}^3$ gerado pelos seguintes vetores: (a) $(1,1,-1)$ e $(1,0,1)$ (b) $(2,1,1)$ e $(1,3,-1)$

3. Encontre uma base ortonormal para o subespaço de $\mathbb{R}^4$ gerado pelos seguintes vetores:

   (a) $(1,2,1,0)$ e $(1,2,3,1)$

   (b) $(2,1,1)$ e $(1,3,-1)$

4. Neste e nos próximos dois exercícios, consideramos o espaço vetorial das funções contínuas sobre o intervalo $[0,1]$. Definimos o produto escalar de duas dessas funções f e g desse espaço, pela regra

$$\langle f, g \rangle = \int_0^1 f(t)g(t)\,dt\,.$$

Aplicando propriedades básicas da integral, verifique se a regra define um produto escalar.

5. Seja V o subespaço das funções gerado por duas funções f e g tais que $f(t) = t$ e $g(t) = t^2$. Encontre uma base ortonormal para V.

6. Seja V o subespaço gerado pelas três funções 1, t, t^2 (em que 1 indica a função constante). Encontre uma base ortonormal para V.

7. Encontre uma base ortonormal para o subespaço de $\mathbb{C}^3$ gerado pelos seguintes vetores:

   (a) $(1,i,0)$ e $(1,1,1)$ (b) $(1,-1,-i)$ e $(i,1,2)$

8. (a) Considere como V o espaço vetorial de todas as matrizes $n \times n$ sobre $\mathbb{R}$ e defina a seguinte operação entre as matrizes A e B:

$$\langle A, B \rangle = \text{tr}(AB),$$

em que tr indica o traço da matriz (soma dos elementos da diagonal). Mostre que essa operação define um produto escalar no espaço das matrizes $n \times n$ e que esse produto é não-degenerado.

(b) Se A é uma matriz real simétrica, mostre que $tr(AA) \geq 0$, e $tr(AA) > 0$, se $A \neq O$. Logo o traço define um produto escalar positivo definido no espaço das matrizes simétricas reais.

(c) Seja V o espaço das matrizes $n \times n$ reais simétricas. Qual é a dimensão de V? Qual é a dimensão do subespaço W formado pelas matrizes A tais que $\text{tr}(A) = 0$? Qual é a dimensão do complemento ortogonal $W^\perp$ em relação ao produto escalar positivo definido do item (b)?

9. Com a notação do Exercício 8, descreva o complemento ortogonal do subespaço das matrizes diagonais. Qual é a dimensão desse complemento ortogonal?

10. Seja V um espaço de dimensão finita sobre $\mathbb{R}$, com um produto escalar positivo definido. Seja $\{v_1, \ldots, v_m\}$ um conjunto de elementos de V, de norma 1, e mutuamente perpendiculares (isto é, $\langle v_i, v_j \rangle = 0$ se $i \neq j$). Suponha que para todo $v \in V$, temos

$$\|v\|^2 = \sum_{i=1}^{m} \langle v, v_i \rangle^2.$$

Mostre que $\{v_1, \ldots, v_m\}$ é uma base de V.

11. Seja V um espaço de dimensão finita sobre $\mathbb{R}$, com um produto escalar positivo definido. Prove a lei do paralelogramo, para qualquer $v, w \in V$,

$$\|u + v\|^2 + \|u - v\|^2 = 2\left(\|u\|^2 + \|v\|^2\right).$$

V, §3. APLICAÇÕES ÀS EQUAÇÕES LINEARES; O POSTO

O Teorema 2.3 da seção precedente tem uma aplicação interessante na teoria das equações lineares. Consideremos o seguinte sistema de equações lineares:

$$(**) \quad \begin{matrix} a_{11}x_1 + \cdots + a_{1n}x_n = 0 \\ \vdots \qquad\qquad \vdots \\ a_{m1}x_1 + \cdots + a_{mn}x_n = 0 \end{matrix}$$

Podemos interpretar seu espaço de soluções das três seguintes formas:

(a) *É formado pelos vetores X que dão origem às relações lineares*

$$x_1 A^1 + \cdots + x_n A^n = O$$

entre as colunas de A.

(b) *As soluções X formam o espaço ortogonal aos vetores-linha da matriz A.*

(c) *As soluções formam o núcleo da aplicação linear representada por A, ou seja, são as soluções da equação $AX = O$.*

É assumido que as equações lineares têm coeficientes a_{ij} em um corpo K. O teorema análogo ao Teorema 2.3 se verifica para o produto escalar em K^n. De fato, seja W um subespaço de K^n e seja $W^\perp$ o conjunto de todos elementos $X \in K^n$ tais que

$$X \cdot Y = 0 \quad \text{para todo} \quad Y \in W.$$

Logo, $W^\perp$ é um subespaço de K^n. Observe que podemos ter $X \cdot X = 0$ ainda que $X \neq O$. Por exemplo, se $K = \mathbb{C}$ e $X = (1, i)$, então $X \cdot X = 1 - 1 = 0$. No entanto, o análogo do Teorema 2.3 ainda é verdadeiro, a saber:

Teorema 3.1. *Seja V um subespaço vetorial de K^n. Então,*

$$\dim W + \dim W^\perp = n.$$

Vamos provar este teorema no §6, Teorema 6.4. Aqui vamos apenas dar uma aplicação dele no estudo das equações lineares.

Se $A = (a_{ij})$ é uma matriz $m \times n$, então as colunas $A^1, \ldots, A^n$ geram um subespaço de K^n cuja dimensão é chamada **posto-coluna** de A. As linhas $A_1, \ldots, A_m$ de A geram um subespaço de K^n cuja dimensão é chamada **posto-linha** de A. Também podemos dizer que o posto-coluna de A é o número máximo de vetores-coluna linearmente independentes, e que o posto-linha é o número máximo de linhas linearmente independentes.

Teorema 3.2. *Seja $A = (a_{ij})$ uma matriz $m \times n$. Então o posto-linha e o posto-coluna de A são iguais a um mesmo número r. Além disso, $n - r$ é a dimensão do espaço das soluções do sistema de equações lineares* $(**)$.

Demonstração. Vamos provar simultaneamente todas as nossas afirmações. Consideremos a aplicação

$$L : K^n \to K^m,$$

dada por

$$L(X) = x_1 A^1 + \cdots + x_n A^n.$$

Essa aplicação é obviamente linear. Sua imagem é o espaço gerado pelos vetores-coluna da matriz A. Seu núcleo é, por definição, o espaço das soluções do sistema de equações lineares. Pelo Teorema 3.2 do Capítulo 3, §3, deduzimos que

posto-coluna + dimensão do espaço das soluções = n.

Por outro lado, interpretando o espaço das soluções como sendo o espaço ortogonal aos vetores-linha, e fazendo uso do teorema sobre a dimensão de

Produtos Escalares e Ortogonalidade

um subespaço ortogonal, concluímos que

$$\text{posto-linha} + \text{dimensão do espaço das soluções} = n.$$

A partir dessas duas últimas igualdades seguem imediatamente todas as nossas afirmações, e o Teorema 3.2 está provado.

Em vista do Teorema 3.2, chamamos simplesmente de **posto**, tanto o posto-linha quanto o posto-coluna de uma matriz.

Observação. Seja $L = L_A : K^n \to K^m$ a aplicação linear dada por

$$X \mapsto AX.$$

Então L é também descrita pela fórmula

$$L(X) = x_1 A^1 + \cdots + x_n A^n.$$

Portanto,

$$\boxed{\text{posto de } A = \dim \operatorname{Im} L_A.}$$

Sejam $b_1, \ldots, b_m$ números, e consideremos o sitema não-homogêneo de equações

$$(*) \quad \begin{aligned} A_1 \cdot X &= b_1 \\ &\vdots \\ A_m \cdot X &= b_m. \end{aligned}$$

Pode ocorrer que um sistema desse tipo não tenha solução, isto é, que as equações sejam inconsistentes. Por exemplo, o sistema

$$2x + 3y - z = 1,$$
$$2x + 3y - z = 2$$

não tem solução. No entanto, se existir no mínimo uma solução, então todas as soluções serão obtidas a partir dela, por adição à uma solução arbitrária do sistema homogêneo associado (∗∗) (cf. Exercício 7). Logo, podemos também,neste caso, falar da **dimensão** do conjunto das soluções. É a **dimensão** do sistema homogêneo associado.

Exemplo 1. Encontrar o posto da matriz
$$\begin{pmatrix} 2 & 1 & 1 \\ 0 & 1 & -1 \end{pmatrix}.$$
Existem apenas duas linhas nessa matriz, logo o posto é no máximo igual a 2. Por outro lado, os dois vetores-coluna
$$\begin{pmatrix} 2 \\ 0 \end{pmatrix} \quad \text{e} \quad \begin{pmatrix} 1 \\ 1 \end{pmatrix}$$
são linearmente independentes, pois se a e b são números tais que
$$a\begin{pmatrix} 2 \\ 0 \end{pmatrix} + b\begin{pmatrix} 1 \\ 1 \end{pmatrix} = \begin{pmatrix} 0 \\ 0 \end{pmatrix},$$
então
$$2a + b = 0,$$
$$b = 0,$$
e assim $a = 0$. Portanto, os dois vetores-coluna são linearmente independentes, e o posto é igual a 2.

Exemplo 2. Encontrar a dimensão do conjunto das soluções do seguinte sistema de equações e determinar o conjunto em $\mathbb{R}^3$:
$$2x + y + z = 1,$$
$$y - z = 0.$$
Por inspeção vemos que existe pelo menos uma solução, que é $x = \frac{1}{2}$, $y = z = 0$. O posto da matriz
$$\begin{pmatrix} 2 & 1 & 1 \\ 0 & 1 & -1 \end{pmatrix}$$

Produtos Escalares e Ortogonalidade   169

é 2. Logo, a dimensão do conjunto das soluções é 1. O espaço vetorial das soluções do sistema homogêneo tem dimensão 1, e facilmente encontramos a solução

$$y = z = 1, \qquad x = -\frac{1}{2}.$$

Portanto, o conjunto das soluções do sistema não-homogêneo é o conjunto de todos os vetores

$$(\frac{1}{2}, 0, 0) + t(-\frac{1}{2}, 1, 1),$$

onde t percorre o conjunto dos números reais. Dessa forma, vemos que nosso conjunto de soluções é uma linha reta.

Exemplo 3. Encontrar uma base para o espaço das soluções da equação

$$3x - 2y + z = 0.$$

Seja $A = (3, -2, 1)$. O espaço das soluções é o espaço ortogonal a A, e portanto tem dimensão 2.

É claro que existem muitas bases para este espaço. Para encontrar uma delas, primeiro tomamos $A = (3, -2, 1)$ como sendo um dos vetores que devem constituir a base de $\mathbb{R}^3$. Em seguida selecionamos os vetores B e C de tal forma que A, B e C sejam linearmente independentes. Por exemplo, se consideramos

$$B = (0, 1, 0)$$

e

$$C = (0, 0, 1),$$

então A, B e C são linearmente independentes. Para verificar isto, procedemos da maneira usual. Se a, b e c são números tais que

$$aA + bB + cC = O,$$

então
$$3a = 0,$$
$$-2a + b = 0,$$
$$a + c = 0.$$

Este sistema é resolvido fácilmente e obtemos

$$a = b = c = 0;$$

dessa forma, A, B e C são linearmente independentes. O próximo passo será ortogonalizar os vetores.

Seja
$$B' = B - \frac{\langle B, A \rangle}{\langle A, A \rangle} A = (\frac{3}{7}, \frac{5}{7}, \frac{1}{7}),$$

$$\begin{aligned} C' &= C - \frac{\langle C, A \rangle}{\langle A, A \rangle} A - \frac{\langle C, B' \rangle}{\langle B', B' \rangle} B' \\ &= (0, 0, 1) - \tfrac{1}{14}(3, -2, 1) - \tfrac{1}{35}(3, 5, 1). \end{aligned}$$

Então $\{B', C'\}$ é uma base para o espaço das soluções da equação dada.

V, §3. EXERCÍCIOS

1. Encontre o posto das seguintes matrizes.

(a) $\begin{pmatrix} 2 & 1 & 3 \\ 7 & 2 & 0 \end{pmatrix}$

(b) $\begin{pmatrix} -1 & 2 & -2 \\ 3 & 4 & -5 \end{pmatrix}$

(c) $\begin{pmatrix} 1 & 2 & 7 \\ 2 & 4 & -1 \end{pmatrix}$

(d) $\begin{pmatrix} 1 & 2 & -3 \\ -1 & -2 & 3 \\ 4 & 8 & -12 \\ 0 & 0 & 0 \end{pmatrix}$

Produtos Escalares e Ortogonalidade 171

(e) $\begin{pmatrix} 2 & 0 \\ 0 & -5 \end{pmatrix}$

(f) $\begin{pmatrix} -1 & 0 & 1 \\ 0 & 2 & 3 \\ 0 & 0 & 7 \end{pmatrix}$

(g) $\begin{pmatrix} 2 & 0 & 0 \\ -5 & 1 & 2 \\ 3 & 8 & -7 \end{pmatrix}$

(h) $\begin{pmatrix} 1 & 2 & -3 \\ -1 & -2 & 3 \\ 4 & 8 & -12 \\ 1 & -1 & 5 \end{pmatrix}$

2. Sejam A e B duas matrizes que podem ser multiplicadas. Mostre que o posto de $AB \leq$ posto de A, e também que o posto de $AB \leq$ posto de B.

3. Seja A uma matriz triangular

$$\begin{pmatrix} a_{11} & a_{12} & \cdots & a_{1n} \\ 0 & a_{22} & \cdots & a_{2n} \\ \vdots & \vdots & \ddots & \vdots \\ 0 & 0 & \cdots & a_{nn} \end{pmatrix}.$$

Suponha que nenhum dos elementos da diagonal seja igual a 0. Qual é o posto de A?

4. Encontre a dimensão do espaço das soluções dos seguintes sistemas de equações lineares. Ache também uma base para esse espaço de soluções.

(a) $\begin{cases} 2x + y - z = 0 \\ y + z = 0 \end{cases}$

(b) $x - y + z = 0$

(c) $\begin{cases} 4x + 7y - \pi z = 0 \\ 2x - y + z = 0 \end{cases}$

(d) $\begin{cases} x + y + z = 0 \\ x - y = 0 \\ y + z = 0 \end{cases}$

5. Qual é a dimensão do espaço das soluções dos seguintes sistemas de equações lineares:

(a) $\begin{cases} 2x + y - z = 0 \\ x + y + z = 0 \end{cases}$
(b) $\begin{cases} 2x + 7y = 0 \\ x - 2y + z = 0 \end{cases}$

(c) $\begin{cases} 2x - 3y + z = 0 \\ x + y - z = 0 \\ 3x + 4y = 0 \\ 5x + y + z = 0 \end{cases}$
(d) $\begin{cases} x + y + z = 0 \\ 2x + 2y + 2z = 0 \end{cases}$

6. Seja A um vetor não-nulo no n-espaço. Seja P um ponto no n-espaço. Qual é a dimensão do espaço das soluções da equação

$$X \cdot A = P \cdot A?$$

7. Seja $AX = B$ um sistema de equações lineares, onde A é uma matriz $m \times n$, X um n-vetor, e B um m-vetor. Suponha que existe uma solução $X = X_0$. Mostre que toda solução é da forma $X_0 + Y$, onde Y é uma solução do sistema homogêneo $AY = O$ e, de forma recíproca, todo vetor da forma $X_0 + Y$ é uma solução.

V, §4. APLICAÇÕES BILINEARES e MATRIZES

Consideremos U, V e W espaços vetoriais sobre K, e uma aplicação $g : U \times V \to W$. Dizemos que g é **bilinear** se para cada elemento fixo $u \in U$, a aplicação

$$v \mapsto g(u, v)$$

for linear, e para cada elemento fixo $v \in V$, a aplicação

$$u \mapsto g(u, v)$$

Produtos Escalares e Ortogonalidade

for linear. A primeira condição é entendida como

$$g(u, v_1 + v_2) = g(u, v_1) + g(u, v_2),$$
$$g(u, cv) = cg(u, v),$$

e de forma similar para a segunda quando consideramos linearidade para a segunda coordenada.

Exemplo. Seja A uma matriz $m \times n$, $A = (a_{ij})$. Podemos definir uma aplicação

$$g_A : K^m \times K^n \to K$$

como sendo

$$g_A(X, Y) = X^T A Y,$$

que é interpretada como sendo o seguinte produto matricial:

$$(x_1, \ldots, x_m) \begin{pmatrix} a_{11} & \cdots & a_{1n} \\ \vdots & & \vdots \\ a_{m1} & \cdots & a_{mn} \end{pmatrix} \begin{pmatrix} y_1 \\ \vdots \\ \vdots \\ y_n \end{pmatrix}.$$

Os vetores X e Y são considerados como vetores-coluna, de forma que X^T é um vetor - linha, conforme mostrado. Então $X^T A$ é um vetor-linha, e $X^T A Y$ é uma matriz 1×1, isto é, um número. Logo, g_A associa pares de vetores com elementos de K. Uma aplicação como g_A satisfaz as mesmas propriedades de um produto escalar. Se fixamos X, então a aplicação $Y \mapsto X^T A Y$ é linear, e se fixamos Y, então a aplicação $X \mapsto X^T A Y$ também é linear. Em outras palavras, digamos que X seja fixado, então temos

$$g_A(X, Y + Y') = g_A(X, Y) + g_A(X, Y'),$$
$$g_A(X, cY) = c\, g_A(X, Y),$$

e de forma similar se considerarmos essa operação sobre a outra coordenada. Isto é simplesmente uma reformulação das propriedades da multiplicação de matrizes, ou seja

$$X^T A(Y + Y') = X^T AY + X^T AY',$$
$$X^T A(cY) = cX^T AY.$$

É conveniente interpretar a multiplicação $X^T AY$ como uma soma. Notemos que

$$X^T A = \left(\sum_{i=1}^m x_i a_{i1}, \ldots, \sum_{i=1}^m x_i a_{in} \right),$$

e portanto

$$X^T AY = \sum_{j=1}^n \sum_{i=1}^m x_i a_{ij} y_j = \sum_{j=1}^n \sum_{i=1}^m a_{ij} x_i y_j.$$

Exemplo. Seja

$$A = \begin{pmatrix} 1 & 2 \\ 3 & -1 \end{pmatrix}.$$

Se $X = \begin{pmatrix} x_1 \\ x_2 \end{pmatrix}$ e $Y = \begin{pmatrix} y_1 \\ y_2 \end{pmatrix}$, então

$$X^T AY = x_1 y_1 + 2x_1 y_2 + 3x_2 y_1 - x_2 y_2.$$

Teorema 4.1. *Dada uma aplicação bilinear* $g : K^m \times K^n \to K$ *existe uma única matriz A tal que $g = g_A$, tal que*

$$g(X, Y) = X^T AY.$$

O conjunto das aplicações bilineares de $K^m \times K^n$ em K é um espaço vetorial denotado por $\mathcal{B}(K^m \times K^n, K)$, e a associação

$$A \mapsto g_A$$

Produtos Escalares e Ortogonalidade   175

estabelece um isomorfismo entre $\mathcal{M}_{m \times n}(K)$ *e* $\mathcal{B}(K^m \times K^n, K)$.

Demonstração. De início vamos provar a primeira afirmação, relativa à existência de uma única matriz A tal que $g = g_A$. Essa afirmação é similar àquela relativa às aplicações lineares por matrizes, e sua demonstração é uma extensão de demonstrações prévias. Lembremos que para demonstrar esses resultados prévios, usamos a base usual de K^n e os vetores-coordenadas. Fazemos o mesmo aqui. Sejam $E^1, \ldots, E^m$ os vetores unitários usuais de K^m, e $U^1, \ldots, U^n$ os vetores unitários usuais de K^n. Podemos então escrever qualquer $X \in K^m$ como

$$X = \sum_{i=1}^{m} x_i E^i$$

e qualquer $Y \in K^n$ como

$$Y = \sum_{j=1}^{n} y_j U^j.$$

Logo,

$$g(X, Y) = g(x_1 E^1 + \cdots + x_m E^m, y_1 U^1 + \cdots + y_n U^n).$$

Usando a linearidade na primeira coordenada do par, encontramos

$$g(X, Y) = \sum_{i=1}^{m} x_i g(E^i, y_1 U^1 + \cdots + y_n U^n).$$

Usando a linearidade na segunda coordenada do par, encontramos

$$g(X, Y) = \sum_{i=1}^{m} \sum_{j=1}^{n} x_i y_j g(E^i, U^j).$$

Seja

$$a_{ij} = g(E^i, U^j).$$

Com isto vemos que

$$g(X, Y) = \sum_{i=1}^{m} \sum_{j=1}^{n} a_{ij} x_i y_j$$

que é precisamente a expressão que obtivemos para o produto

$$X^T AY,$$

onde A é a matriz (a_{ij}). Isto prova que $g = g_A$ para a escolha de a_{ij} dada acima.

A unicidade também é fácil de ver. Suponhamos que B seja uma matriz tal que $g = g_B$. Então para *todos* os vetores X e Y devemos ter

$$X^T AY = X^T BY.$$

Por subtração encontramos

$$X^T(A - B)Y = O$$

para quaisquer X, Y. Seja $C = A - B$, assim podemos reescrever esta última igualdade como

$$X^T CY = 0,$$

para quaisquer X, Y. Seja $C = (c_{ij})$. Devemos provar que todos $c_{ij} = 0$. A equação acima sendo verdadeira para quaisquer X, Y, ela será, em particular, verdadeira se tomamos $X = E^k$ e $Y = U^l$ (os vetores unitários!). Entretanto, para esta escolha de X, encontramos

$$0 = E^{k^T} C U^l = c_{kl}.$$

Isto prova que $c_{kl} = 0$ para todos os valores de k e l, e prova a primeira afirmação.

A segunda afirmação relativa ao isomorfismo entre o espaço das matrizes e o espaço das aplicações bilineares fica como um exercício. Veja os exercícios 3 e 4.

V, §4. EXERCÍCIOS

1. Considere uma matriz A $n \times n$ e suponha que A é simétrica, isto é $A = A^T$. Seja $g_A : K^n \times K^n \to K$ sua aplicação bilinear associada. Mostre que
$$g_A(X, Y) = g_A(Y, X)$$
para todo X, $Y \in K^n$ e, portanto, g_A é um produto escalar, isto é, satisfaz as condições **PE 1**, **PE 2**, e **PE 3**.

2. Reciprocamente suponha que A é uma matriz $n \times n$ tal que
$$g_A(X, Y) = g_A(Y, X)$$
para todo X, Y. Mostre que A seja simétrica.

3. Mostre que as aplicações bilineares de $K^n \times K^m$ sobre K formam um espaço vetorial. De uma forma geral, considere que Bil($U \times V, W$) é o conjunto de aplicações bilineares de $U \times V$ sobre W, e mostre que Bil($U \times V, W$) é um espaço vetorial.

4. Mostre que a correspondência
$$A \mapsto g_A$$
é um isomorfismo entre o espaço das matrizes $m \times n$ e o espaço das aplicações bilineares de $K^n \times K^m$ sobre K.

   Observação: No Cálculo, se f é uma função de n variáveis, então associa-se f a uma matriz de derivadas parciais de segunda ordem
$$\left(\frac{\partial^2 f}{\partial x_i \partial x_j} \right)$$
que é simétrica. Essa matriz representa a derivada segunda, que é uma aplicação bilinear.

5. Escreva por extenso, em termos de coordenadas, a expressão para $X^T A Y$ quando X e Y são vetores de dimensão correspondente à matriz A, dada abaixo.

(a) $\begin{pmatrix} 2 & -3 \\ 4 & 1 \end{pmatrix}$

(b) $\begin{pmatrix} 4 & 1 \\ -2 & 5 \end{pmatrix}$

(c) $\begin{pmatrix} -5 & 2 \\ \pi & 7 \end{pmatrix}$

(d) $\begin{pmatrix} 1 & 2 & -1 \\ -3 & 1 & 4 \\ 2 & 5 & -1 \end{pmatrix}$

(e) $\begin{pmatrix} -4 & 2 & 1 \\ 3 & 1 & 1 \\ 2 & 5 & 7 \end{pmatrix}$

(f) $\begin{pmatrix} -\frac{1}{2} & 2 & -5 \\ 1 & \frac{2}{3} & 4 \\ -1 & 0 & 3 \end{pmatrix}$

6. Considere a matriz
$$C = \begin{pmatrix} 1 & 2 & 3 \\ -1 & 1 & 1 \\ 1 & 0 & 1 \end{pmatrix}$$
e defina $g(X, Y) = X^T C Y$. Encontre dois vetores $X, Y \in \mathbb{R}^3$ tais que

$$g(X, Y) \neq g(Y, X).$$

V, §5. BASES ORTOGONAIS GERAIS

Seja V um espaço vetorial de dimensão finita sobre o corpo K, munido de um produto escalar. Não é necessário que o produto escalar seja positivo definido, e há exemplos interessantes de tais produtos, mesmo sobre os números reais. Por exemplo, pode-se definir o produto de dois vetores $X = (x_1, x_2)$ e $Y = (y_1, y_2)$ como sendo $x_1 y_1 - x_2 y_2$. Dessa forma,

$$\langle X, X \rangle = x_1^2 - x_2^2.$$

Produtos Escalares e Ortogonalidade

tais produtos têm muitas aplicações, na Física, por exemplo, quando se trabalha com um produto de vetores no espaço de dimensão 4 definido pela regra: se
$$X = (x, y, z, t),$$
então
$$\langle X, X \rangle = x^2 + y^2 + z^2 - t^2.$$

Nesta seção, veremos quais dos teoremas a respeito de bases ortogonais continuam válidos.

Seja V um espaço vetorial de dimensão finita sobre o corpo K, munido de um produto escalar. Se W é um subespaço, nem sempre é verdade que V é a soma direta de W com $W^\perp$. Isto decorre do fato de poder existir um vetor nãonulo v de V tal que $\langle v, v \rangle = 0$. Um exemplo, no caso complexo, seria o vetor $(1, i)$. Entretanto, continua válido o teorema de existência de uma base ortogonal, e vamos prová-lo por meio de uma modificação apropriada nos argumentos apresentados na seção precedente.

Começamos com algumas observações. Inicialmente, suponhamos que para todo elemento u de V, temos $\langle u, u \rangle = 0$. Neste caso, dizemos que o produto escalar é **nulo**, e que V é um **espaço nulo**. O motivo disto é que necessariamente temos $\langle v, w \rangle = 0$ para todo $v, w \in V$. Com efeito, temos
$$\langle v, w \rangle = \frac{1}{2} \left[\langle v + w, v + w \rangle - \langle v, v \rangle - \langle w, w \rangle \right].$$

Por hipótese, o membro direito desta equação é igual a 0, o que podemos verificar trivialmente substituindo por 0 cada produto que nele aparece depois de desenvolvido. Portanto, qualquer base de V é ortogonal, conforme a definição.

Teorema 5.1. *Seja V um espaço vetorial de dimensão finita sobre o corpo K, e suponhamos que V esteja munido de um produto escalar. Se*

$V \neq \{O\}$, então V possui uma base ortogonal.

Demonstração. Vamos demonstrar isto por indução sobre a dimensão de V. Se V tem dimensão 1, então qualquer elemento não-nulo de V é uma base ortogonal de V e a nossa asserção é trivial.

Suponhamos então que $\dim V = n > 1$. Ocorrem dois casos.

Caso 1. Para todo elemento $u \in V$, temos $\langle u, u \rangle = 0$. Então, pela observação acima, qualquer base de V é uma base ortogonal.

Caso 2. Existe um elemento v_1 de V tal que $\langle v_1, v_1 \rangle \neq 0$. Então podemos aplicar o mesmo método que foi empregado no caso de um produto positivo definido, isto é, o método de ortogonalização de Gram-Schmidt. No fundo, vamos demonstrar que *se v_1 é um elemento de V tal que $\langle v_1, v_1 \rangle \neq 0$, e se V_1 é o espaço 1-dimensional gerado por v_1, então V é a soma direta de V_1 com $V_1^\perp$*. Seja $v \in V$ e c como de costume, isto é,

$$c = \frac{\langle v, v_1 \rangle}{\langle v_1, v_1 \rangle}.$$

Então $v - cv_1$ pertence a $V_1^\perp$, e a expressão

$$v = (v - cv_1) + cv_1$$

mostra que V é a soma de V_1 com $V_1^\perp$. A soma é direta, pois $V_1 \cap V_1^\perp$ é um subespaço de V_1, que não pode ser igual a V_1 (porque $\langle v_1, v_1 \rangle \neq 0$); portanto deve ser $\{O\}$ pois V_1 tem dimensão 1. Como $\dim V_1^\perp < \dim V$, podemos agora repetir todo nosso processo, desta vez com o espaço $V_1^\perp$, em outras palavras, usando indução. Com isto, encontramos uma base ortogonal de $V_1^\perp$, digamos $\{v_2, \ldots, v_n\}$. Daqui segue-se imediatamente que $\{v_1, \ldots, v_n\}$ é uma base ortogonal de V.

Exemplo 1. Em $\mathbb{R}^2$, consideremos os vetores $X = (x_1, x_2)$ e $Y = (y_1, y_2)$. Definimos seu produto escalar

$$\langle X, Y \rangle = x_1 y_1 - x_2 y_2.$$

Então verifica-se que $(1,0)$ e $(0,1)$ formam uma base ortogonal com respeito a esse produto escalar também. No entanto, $(1,2)$ e $(2,1)$ formam uma base ortogonal para esse produto, mas não formam uma base ortogonal para o produto escalar usual.

Exemplo 2. Seja V o subespaço de $\mathbb{R}^3$ gerado pelos dois vetores $A = (1,2,1)$ e $B = (1,1,1)$. Se $X = (x_1, x_2, x_3)$ e $Y = (y_1, y_2, y_3)$ são vetores do $\mathbb{R}^3$, definimos seu produto como sendo

$$\langle X, Y \rangle = x_1 y_1 - x_2 y_2 - x_3 y_3.$$

Desejamos achar uma base ortogonal de V com respeito a esse produto. Notamos que $\langle X, Y \rangle = 1 - 4 - 1 = -4 \neq 0$. Tomamos $v_1 = A$. Podemos então ortogonalizar B e considerar

$$c = \frac{\langle B, A \rangle}{\langle A, A \rangle} = \frac{1}{2}.$$

Tomamos $v_2 = B - \frac{1}{2}A$. Então $\{v_1, v_2\}$ é uma base ortogonal de V, com respeito ao produto dado.

V, §5. EXERCÍCIOS

1. Encontre bases ortogonais do subespaço de $\mathbb{R}^3$ gerado pelos vetores A e B dados, com respeito ao produto escalar indicado por $X \cdot Y$.

    (a) $A = (1,1,1)$, $B = (1,-1,2)$;
    $X \cdot Y = x_1 y_1 + 2 x_2 y_2 + x_3 y_3$

    (b) $A = (1,-1,4)$, $B = (-1,1,3)$;
    $X \cdot Y = x_1 y_1 - 3 x_2 y_2 + x_1 y_3 + y_1 x_3 - x_3 y_2 - x_2 y_3$

2. Encontre uma base ortogonal para o espaço $\mathbb{C}^2$ sobre $\mathbb{C}$, se o produto escalar é dado por $X \cdot Y = x_1 y_1 - i x_2 y_1 - i x_1 y_2 - 2 x_2 y_2$.

3. Proceda como no Exercício 2, se o produto escalar é dado por

$$X \cdot Y = x_1 y_2 + x_2 y_1 + 4 x_1 y_1.$$

V, §6. ESPAÇO DUAL E PRODUTOS ESCALARES

Esta seção se limita a introduzir um nome para algumas noções e propriedades já vistas anteriormente de forma mais abrangente. No entanto, o caso especial a ser considerado é importante.

Seja V um espaço vetorial sobre um corpo K. Consideramos K como um espaço de dimensão 1 sobre ele próprio. O conjunto de todas as aplicações lineares de V sobre K é chamado o **espaço dual** e será indicado por V^*. Assim, por definição

$$V^* = \mathcal{L}(V, K).$$

Os elementos do espaço dual são usualmente chamados **funcionais**.

Se V é um espaço de dimensão finita igual a n, então V é isomorfo a K^n. Em outras palavras, depois que uma base tenha sido escolhida, podemos associar a cada elemento de V seu vetor de coordenadas em K^n. Portanto, podemos supor $V = K^n$.

Pelo que vimos no Capítulo 4, §2 e §3, dado um funcional

$$\varphi : K^n \to K$$

existe um único elemento $A \in K^n$ tal que

$$\varphi(X) = A \cdot X \qquad \text{para todo} \qquad X \in K^n.$$

Logo $\varphi = L_A$. Também dizemos que a associação

$$A \mapsto L_A$$

é uma aplicação linear, portanto, essa associação é um isomorfismo entre K^n e V^*, isto é,

$$K^n \to V^*.$$

Dessa forma, temos:

Teorema 6.1. *Se V um espaço vetorial de dimensão finita, então $\dim V^* = \dim V$.*

Exemplo 1. Seja $V = K^n$. Se $\varphi : K^n \to K$ é a projeção sobre a primeira coordenada, isto é,

$$\varphi(x_1, \ldots, x_n) = x_1,$$

então φ é um funcional. De maneira análoga, para cada $i = 1, \ldots, n$ temos um funcional φ_i tal que

$$\varphi_i(x_1, \ldots, x_n) = x_i.$$

Esses funcionais são conhecidos como **funções coordenadas**.

Seja V um espaço vetorial com dimensão finita igual a n e $\{v_1, \ldots, v_n\}$ uma base para V. Cada elemento $v \in V$ é escrito em termos de seu vetor de coordenadas como

$$v = x_1 v_1 + \cdots + x_n v_n.$$

Para cada i consideramos o funcional

$$\varphi_i : V \to K$$

tal que

$$\varphi_i(v_i) = 1 \quad \text{e} \quad \varphi_i(v_j) = 0 \quad \text{se} \quad i \neq j.$$

Então

$$\varphi_i(v) = x_i.$$

Os funcionais $\{\varphi_1, \ldots, \varphi_n\}$ formam uma base de V^* denominada a **base dual** de $\{v_1, \ldots, v_n\}$.

Exemplo 2. Seja V um espaço vetorial sobre K, munido de um produto escalar. Seja v_0 um elemento de V. A aplicação

$$v \mapsto \langle v, v_0 \rangle, \qquad v \in V,$$

é um funcional, como pode ser visto a partir da definição de um produto escalar.

Exemplo 3. Seja V um espaço vetorial das funções reais contínuas no intervalo $[0,1]$. Podemos definir um funcional $L : V \to \mathbb{R}$ por meio da fórmula

$$L(f) = \int_0^t f(t)\, dt$$

para $f \in V$. As propriedades básicas da integral mostram que L é uma aplicação linear. Se f_0 é um elemento fixo de V, então a aplicação

$$f \mapsto \int_0^t f_0(t)\, f(t)\, dt$$

é também um funcional linear sobre V.

Exemplo 4. Seja V como no Exemplo 3. Seja $\delta : V \to \mathbb{R}$ a aplicação tal que $\delta(f) = f(0)$. Então δ é um funcional, chamado de **funcional de Dirac**.

Exemplo 5. Seja V um espaço vetorial sobre os números complexos, e suponhamos que V esteja munido de um produto hermitiano. Seja v_0 um elemento de V. A aplicação

$$v \mapsto \langle v, v_0 \rangle, \qquad v \in V,$$

é um funcional. No entanto, não é verdade que a aplicação $v \mapsto \langle v, v_0 \rangle$ seja um funcional! De fato, para qualquer $\alpha \in \mathbb{C}$, temos

$$\langle v_0, \alpha v \rangle = \overline{\alpha} \langle v_0, v \rangle.$$

Produtos Escalares e Ortogonalidade

Portanto, esta última *não* é linear. Às vezes, ela é chamada **antilinear** ou **semilinear**.

Seja V um espaço vetorial sobre o corpo K, e suponhamos que V esteja munido de um produto escalar. A cada elemento $v \in V$ podemos associar um funcional L_v no espaço dual, a saber, a aplicação dada por

$$L_v(w) = \langle v, w \rangle$$

para todo $w \in V$. Se $v_1, v_2 \in V$, então $L_{v_1+v_2} = L_{v_1} + L_{v_2}$. Se $c \in K$, então $L_{cv} = cL_v$. Essas relações são essencialmente as propriedades do produto escalar. Podemos dizer que aplicação

$$v \mapsto L_v$$

é uma aplicação linear de V no espaço dual V^*. O teorema a seguir é de grande importância.

Teorema 6.2. *Seja V um espaço vetorial de dimensão finita sobre K, munido de produto escalar não-degenerado. Então, a aplicação*

$$v \mapsto L_v$$

é um isomorfismo entre V e seu espaço dual V^*.

Demonstração. Já vimos que essa aplicação é linear. Suponhamos que $L_v = O$. Isto significa que $\langle v, w \rangle = 0$ para todo $w \in V$. Devido à definição de não-degenerado, obtemos $v = O$. Logo a aplicação $v \mapsto L_v$ é injetiva. Como $\dim V = \dim V^*$, segue do Teorema 3.3 do Capítulo 3 que essa aplicação linear é um isomorfismo, como foi mostrado.

No teorema, dissemos que o vetor v **representa** o funcional L com respeito ao produto escalar não-degenerado.

Exemplos. Consideramos $V = K^n$ munido do produto escalar usual,

$$X \cdot Y = x_1 y_1 + \cdots + x_n y_n,$$

que já sabemos que é não-degenerado. Se

$$\varphi : V \to K$$

é uma aplicação linear, então existe um único vetor $A \in K^n$ tal que tal que, para todo $H \in K^n$, temos

$$\varphi(H) = A \cdot H.$$

Isto nos permite representar o *funcional* φ pelo *vetor A*.

Exemplo no Cálculo. Sejam U um conjunto aberto no $\mathbb{R}^n$ e

$$f : U \to \mathbb{R}$$

uma função diferenciável. No Cálculo de várias variáveis, isto significa que para cada ponto $X \in \mathbb{R}^n$ existe uma função $g(H)$ definida para vetores H, de norma pequena, tal que

$$\lim_{H \to O} g(H) = 0,$$

e existe uma aplicação $L : \mathbb{R}^n \to \mathbb{R}$ tal que

$$f(X + H) = f(X) + L(H) + \|H\| g(H).$$

Devido às considerações acima, existe um único elemento $A \in \mathbb{R}^n$ tal que $L = L_A$, isto é,

$$f(X + H) = f(X) + A \cdot H + \|H\| g(H).$$

De fato, este vetor A é o vetor das derivadas parciais, isto é,

$$A = \left(\frac{\partial f}{\partial x_1}, \ldots, \frac{\partial f}{\partial x_n} \right),$$

Produtos Escalares e Ortogonalidade

e A é chamado de **gradiente** de f em X. Dessa forma, a fórmula acima pode ser escrita

$$f(X+H) = f(X) + (\text{grad } f)(X) \cdot H + \|H\|g(H).$$

O vetor $(\text{grad } f)$ representa o funcional $L : \mathbb{R}^n \to \mathbb{R}$. O funcional L é usualmente denotado por $f'(X)$, possibilitando também que se escreva

$$f(X+H) = f(X) + f'(X)H + \|H\|g(H).$$

O funcional L é também chamado de **derivada** de f em X.

Teorema 6.3. *Seja V um espaço vetorial de dimensão n. Seja W um subespaço de V e consideremos*

$$W^\perp = \{\varphi \in V^* \text{ tal que } \varphi(W) = 0\}.$$

Então

$$\dim W + \dim W^\perp = n.$$

Demonstração. Se $W = \{O\}$, a demonstração do teorema é imediata. Vamos assumir que $W \neq \{O\}$, que $\{w_1, \ldots, w_r\}$ é uma base de W. Estendemos essa base a uma base

$$\{w_1, \ldots, w_r, w_{r+1}, \ldots, w_n\}$$

de V. Seja $\{\varphi_1, \ldots, \varphi_r\}$ a base dual. Vamos mostrar agora que $\{\varphi_{r+1}, \ldots, \varphi_n\}$ é uma base de $W^\perp$. De fato, $\varphi_j(W) = 0$ se $j = r+1, \ldots, n$, e assim $\{\varphi_{r+1}, \ldots, \varphi_n\}$ é uma base de $W^\perp$. De forma recíproca, suponhamos que $\varphi \in W^\perp$ e tomemos

$$\varphi = a_1\varphi_1 + \cdots + a_n\varphi_n.$$

Como $\varphi(W) = 0$, temos

$$\varphi(w_i) = a_i = 0 \qquad \text{para} \quad i = 1, \ldots, r.$$

Portanto, φ pertence ao espaço gerado por $\varphi_{r+1}, \ldots, \varphi_n$. Isto demonstra o teorema.

Seja V um espaço vetorial de dimensão n, com um produto escalar não-degenerado. Foi visto no Teorema 6.2 que a aplicação

$$v \mapsto L_v$$

resulta num isomorfismo de V com seu espaço dual V^*. Seja W um subespaço de V. Então temos dois possíveis complementos ortogonais de W.

Primeiro, podemos definir

$$\operatorname{perp}_V(W) = \{v \in V \text{ tal que } \langle v, w \rangle = 0 \text{ para todo } w \in W\}.$$

Segundo, podemos definir

$$\operatorname{perp}_{V^*}(W) = \{\varphi \in V^* \text{ tal que } \varphi(W) = 0\}.$$

A aplicação

$$v \mapsto L_v$$

do Teorema 6.2 estabelece um isomorfismo

$$\operatorname{perp}_V(W) \xrightarrow{\approx} \operatorname{perp}_{V^*}(W).$$

Portanto, obtemos como um corolário do Teorema 6.3:

Teorema 6.4. *Seja V um espaço vetorial de dimensão finita com um produto escalar não-degenerado. Seja W um subespaçoSeja $W^\perp$ o subespaço*

de V formado por todos os elementos $v \in V$ tais que $\langle v, w \rangle = 0$ para todos $w \in W$. Então
$$\dim W + \dim W^\perp = \dim V.$$

Isto demonstra o Teorema 3.1, que foi necessário para o estudo das equações lineares. Para essa aplicação particular, tomamos o produto escalar como sendo o produto escalar usual. Logo, se W é um subespaço de K^n e
$$W^\perp = \{X \in K^n \text{ tal que } X \cdot Y = 0, \text{ para todo } Y \in W\},$$
então
$$\dim W + \dim W^\perp = n.$$

V, §6. EXERCÍCIOS

1. Sejam A e B dois vetores linearmente independentes em $\mathbb{R}^n$. Qual é a dimensão do espaço perpendicular aos vetores A e B?

2. Sejam A e B dois vetores linearmente independentes em $\mathbb{C}^n$. Qual é a dimensão do subespaço de $\mathbb{C}^n$, perpendicular aos vetores A e B? (Perpendicularidade em relação ao produto escalar usual em $\mathbb{C}^n$.)

3. Seja W o subespaço de $\mathbb{C}^3$ gerado pelo vetor $(1, i, 0)$. Encontre uma base de $W^\perp$ em $\mathbb{C}^3$ (utilize o produto escalar usual de vetores).

4. Seja V um espaço vetorial de dimensão finita n sobre o corpo K. Considere um funcional φ sobre V, e suponha que $\varphi \neq 0$. Qual é a dimensão do núcleo de φ? Prove.

5. Seja V um espaço vetorial de dimensão n sobre o corpo K. Sejam ψ e φ dois funcionais não-nulos sobre V. Suponha que não exista $c \in K$,

$c \neq 0$, tal que $\psi = c\,\varphi$. Mostre que

$$(\operatorname{Nuc}\varphi) \cap (\operatorname{Nuc}\psi)$$

tem dimensão $n - 2$.

6. Seja V um espaço vetorial de dimensão n sobre o corpo K. Seja V^{**} o espaço dual de V^*. Mostre que cada elemento $v \in V$ dá origem a um elemento λ_v em V^{**} e que a aplicação $v \mapsto \lambda_v$ é um isomorfismo de V em V^{**}.

7. Seja V um espaço vetorial de dimensão finita sobre o corpo K, com um produto escalar não-degenerado. Suponha que W é um subespaço de V e mostre que $W^{\perp\perp} = W$.

V, §7. FORMAS QUADRÁTICAS

Um produto escalar sobre um espaço vetorial V também é chamado uma **forma bilinear simétrica**. A palavra "simétrica" é usada devido à condição **PE 1** no Capítulo V, §1. A palavra "bilinear" é usada devido às condições **PE 2** e **PE 3**, e a palavra "forma" é usada devido ao fato da aplicação

$$(v, w) \mapsto \langle v, w \rangle$$

ter um escalar como valor. Tal produto escalar é freqüentemente denotado por uma letra, como uma função

$$g : V \times V \to K.$$

Assim, escrevemos

$$g(v, w) = \langle v, w \rangle.$$

Seja V um espaço vetorial de dimensão finita sobre o corpo K. Seja $g = \langle\,,\,\rangle$ um produto escalar sobre V. Chamamos de **forma quadrática**,

Produtos Escalares e Ortogonalidade

determinada por g, à função

$$f : V \to K$$

tal que $f(v) = g(v,v) = \langle v, v \rangle$.

Exemplo 1. Se $V = K^n$, então $f(X) = X \cdot X = x_1^2 + \cdots + x_n^2$ é a forma quadrática determinada pelo produto escalar usual.

De maneira geral, se $V = K^n$ e C é uma matriz simétrica em K, que representa uma forma bilinear simétrica, então a forma quadrática é dada como função de X, pela fórmula

$$f(X) = X^T C X = \sum_{i,j=1}^{n} c_{ij} x_i x_j.$$

Se C é uma matriz diagonal, digamos

$$\begin{pmatrix} c_1 & 0 & \cdots & 0 \\ 0 & c_2 & \cdots & 0 \\ \vdots & \vdots & & \vdots \\ 0 & 0 & \cdots & c_n \end{pmatrix},$$

então a forma quadrática é dada por uma expressão mais simples, que é

$$f(X) = c_1 x_1^2 + \cdots + c_n x_n^2.$$

Consideremos mais uma vez um espaço vetorial V de dimensão finita sobre o corpo K. Seja g um produto escalar e f sua forma quadrática. Então podemos deduzir todos os valores de g a partir dos valores de f, pois para $v, w \in V$,

$$\langle v, w \rangle = \tfrac{1}{4}[\langle v+w, v+w \rangle - \langle v-w, v-w \rangle].$$

ou, em termos de g e f,

$$g(v,w) = \tfrac{1}{4}[f(v+w) - f(v-w)].$$

Temos também a fórmula

$$\langle v, w \rangle = \tfrac{1}{2}[\langle v+w, v+w \rangle - \langle v, v \rangle - \langle w, w \rangle].$$

A demonstração é fácil: basta expandir empregando bilinearidade. Por exemplo, para a segunda fórmula, temos

$$\langle v+w, v+w \rangle - \langle v, v \rangle - \langle w, w \rangle =$$
$$= \langle v, v \rangle + 2\langle v, w \rangle + \langle w, w \rangle - \langle v, v \rangle - \langle w, w \rangle$$
$$= 2\langle v, w \rangle.$$

Deixamos a primeira como um exercício.

Exemplo 2. Seja $V = \mathbb{R}^2$, e denotemos os elementos de $\mathbb{R}^2$ por $X^T = (x, y)$. A função f dada por

$$f(x, y) = 2x^2 + 3xy + y^2$$

é uma forma quadrática. Encontremos então a matriz da sua forma bilinear simétrica g. Escrevemos essa matriz como

$$C = \begin{pmatrix} a & b \\ b & d \end{pmatrix},$$

e devemos ter

$$f(x,y) = (x, y) \begin{pmatrix} a & b \\ b & d \end{pmatrix} \begin{pmatrix} x \\ y \end{pmatrix}$$

ou, em outras palavras,

$$2x^2 + 3xy + y^2 = ax^2 + 2bxy + dy^2.$$

Assim obtemos $a = 2$, $2b = 3$, e $d = 1$. Logo, a matriz é

$$C = \begin{pmatrix} 2 & \frac{3}{2} \\ \frac{3}{2} & 1 \end{pmatrix}.$$

Aplicação Proveniente do Cálculo. Seja

$$f : \mathbb{R}^n \to \mathbb{R}$$

uma função que possui derivadas parciais de ordem 1 e 2, e estas são funções contínuas. Suponha que

$$f(tX) = t^2 f(X) \qquad \text{para todo} \qquad X \in \mathbb{R}^n.$$

Então f é uma forma quadrática e existe uma matriz simétrica $A = (a_{ij})$ tal que

$$f(X) = \sum_{i,j=1}^{n} a_{ij} x_i x_j.$$

De forma natural, a demonstração utiliza Cálculo de Várias Variáveis. Consulte, por exemplo, meu livro que trata deste assunto.

V, §7. EXERCÍCIOS

1. Seja V um espaço vetorial de dimensão finita sobre um corpo K. Considere a função $f : V \to K$ e suponha que a função g definida por

$$g(v, w) = f(v + w) - f(v) - f(w)$$

seja bilinear. Suponha ainda que $f(av) = a^2 f(v)$ para todo $v \in V$ e $a \in K$. Mostre que f é uma forma quadrática e determine uma forma bilinear da qual ela provenha. Mostre que essa forma bilinear é única.

2. Qual é a matriz associada à forma quadrática dada por

$$f(X) = x^2 - 3xy + 4y^2$$

se $X^t = (x, y, z)$?

3. Sejam x_1, x_2, x_3, x_4 as coordenadas de um vetor X, e y_1, y_2, y_3, y_4 as coordenadas de um vetor Y. Expresse em termos dessas coordenadas a forma bilinear associada a cada uma das formas quadráticas seguintes.

(a) $x_1 x_2$ (b) $x_1 x_3 + x_4^2$ (c) $2x_1 x_2 - x_3 x_4$ (d) $x_1^2 - 5x_2 x_3 + x_4^2$

4. Mostre que se f_1 é a forma quadrática da forma bilinear g_1, e f_2 é a forma quadrática da forma bilinear g_2, então $f_1 + f_2$ é a forma quadrática da forma bilinear $g_1 + g_2$.

V, §8. TEOREMA DE SYLVESTER

Consideremos um espaço vetorial V de dimensão finita > 0 sobre os números reais. Seja $\langle , \rangle$ um produto escalar sobre V. Pelo Teorema 5.1, sabemos que sempre podemos encontrar uma base ortonormal. Nosso produto escalar não precisa ser postivo definido, e por isso pode acontecer que exista um vetor $v \in V$ tal que $\langle v, v \rangle = 0$, ou $\langle v, v \rangle = -1$.

Exemplo . Seja $V = \mathbb{R}^2$, e considere a forma representada pela matriz

$$C = \begin{pmatrix} -1 & +1 \\ +1 & -1 \end{pmatrix}.$$

Logo, os vetores

$$v_1 = \begin{pmatrix} 1 \\ 0 \end{pmatrix} \quad \text{e} \quad v_2 = \begin{pmatrix} 1 \\ 1 \end{pmatrix}$$

constituem uma base ortogonal para a forma, e temos

$$\langle v_1, v_1 \rangle = -1, \quad \text{e também} \quad \langle v_2, v_2 \rangle = 0.$$

Produtos Escalares e Ortogonalidade

Por exemplo, em termos de coordenadas, se $X^T = (1,1)$ for o vetor das coordenadas de v_2 em relação à base canônica de $\mathbb{R}^2$, então um cálculo simples e direto nos mostra que

$$\langle X, X \rangle = X^T C X = 0.$$

Nosso objetivo neste parágrafo é analisar a situação geral em dimensões arbitrárias.

Seja $\{v_1, \ldots, v_n\}$ uma base ortogonal de V. Seja

$$c_i = \langle v_i, v_i \rangle.$$

Após uma renumeração dos elementos da nossa base, se necessário for, poderemos supor que $\{v_1, \ldots, v_n\}$ estejam numa ordem tal que

$$c_1, \ldots, c_r > 0$$
$$c_{r+1}, \ldots, c_s < 0$$
$$c_{s+1}, \ldots, c_n = 0$$

Estamos interessados em saber o número de termos positivos, de termos negativos, e o número de termos nulos entre os "quadrados" $\langle v_i, v_i \rangle$; em outras palavras, queremos conhecer os números r e s. Veremos nesta seção que esses números não dependem da escolha da base ortogonal.

Se X é o vetor das coordenadas de um elemento de V, em relação a nossa base, e se f é a forma quadrática associada ao nosso produto escalar, então em termos do vetor das coordenadas, temos

$$f(X) = c_1 x_1^2 + \cdots + c_r x_r^2 + c_{r+1} x_{r+1}^2 + \cdots + c_s x_s^2.$$

Vemos que, na expressão de f em função das coordenadas, há exatamente r termos positivos e $s - r$ termos negativos. E mais, desapareceram $n - s$ variáveis.

Podemos ver isto de forma clara, se, além disso, normalizarmos a nossa base.

Damos uma generalização de nosso conceito de base ortonormal. Diremos que uma base ortogonal $\{v_1, \ldots, v_n\}$ é **ortonormal** se, para cada i, tivermos

$$\langle v_i, v_i \rangle = 1 \quad \text{ou} \quad \langle v_i, v_i \rangle = -1 \quad \text{ou} \quad \langle v_i, v_i \rangle = 0\,.$$

Se $\{v_1, \ldots, v_n\}$ é uma base ortogonal, então podemos obter a partir dela uma base ortonormal, exatamente com fizemos no caso de um produto positivo definido. Consideramos $c_i = \langle v_i, v_i \rangle$. Se $c_i = 0$, tomamos

$$v'_i = v_i\,.$$

Se $c_i > 0$, tomamos

$$v'_i = \frac{v_i}{\sqrt{c_i}}\,.$$

Se $c_i < 0$, tomamos

$$v'_i = \frac{v_i}{\sqrt{-c_i}}\,.$$

Então $\{v'_1, \ldots, v'_n\}$ é uma base ortonormal.

Seja $\{v_1, \ldots, v_n\}$ uma base ortonormal de V, correspondente ao nosso produto escalar. Se X é o vetor das coordenadas de um elemento de V, então, em termos da nossa base ortonormal,

$$f(X) = x_1^2 + \cdots + x_r^2 - x_{r+1}^2 - \cdots - x_s^2.$$

Assim, usando uma base ortonormal, vemos de forma particularmente clara o número de termos positivos e o de termos negativos. Para provar que esses números não dependem da base ortonormal, vamos primeiro tratar do número de termos que são nulos e vamos dar uma interpretação geométrica para esse número.

Produtos Escalares e Ortogonalidade

Teorema 8.1. *Seja V um espaço vetorial de dimensão finita sobre $\mathbb{R}$, munido de um produto escalar. Suponhamos que $\dim V > 0$. Seja V_0 o subespaço de V formado por todos os vetores $v \in V$ tais que $\langle v, w \rangle = 0$ para todo $w \in V$. Seja $\{v_1, \ldots, v_n\}$ uma base ortogonal de V. Nestas condições, o número de inteiros i tais que $\langle v_i, v_i \rangle = 0$ é igual à dimensão de V_0.*

Demonstração. Vamos supor que a base $\{v_1, \ldots, v_n\}$ esteja ordenada de tal forma que

$$\langle v_1, v_1 \rangle \neq 0, \quad \ldots, \quad \langle v_s, v_s \rangle \neq 0, \quad \text{mas} \quad \langle v_i, v_i \rangle = 0, \quad \text{se} \quad i > s.$$

Sendo $\{v_1, \ldots, v_n\}$ uma base ortogonal, é evidente que $\{v_{s+1}, \ldots, v_n\}$ pertencem a V_0. Seja v um elemento de V_0; podemos escrever

$$v = x_1 v_1 + \cdots + x_s v_s + \cdots + x_n v_n$$

com $x_i \in \mathbb{R}$. Tomando o produto escalar de v com qualquer v_j, para $j \leq s$, obtemos

$$0 = \langle v, v_j \rangle = x_j \langle v_j, v_j \rangle.$$

Como $\langle v_j, v_j \rangle \neq 0$, segue que $x_j = 0$. Portanto, v pertence ao espaço gerado por $v_{s+1}, \ldots, v_n$. Concluímos que $v_{s+1}, \ldots, v_n$ formam uma base de V_0.

No Teorema 8.1, a dimensão de V_0 é denominada o **índice de nulidade da forma**. Vemos que a forma é não-degenerada se, e somente se, seu índice de nulidade for 0.

Teorema 8.2 (Teorema de Sylvester). *Seja V um espaço vetorial de dimensão finita sobre $\mathbb{R}$, munido de um produto escalar. Existe um inteiro $r \geq 0$ verificando a seguinte propriedade: Se $\{v_1, \ldots, v_n\}$ é uma base ortogonal de V, então existem precisamente r inteiros i tais que $\langle v_i, v_i \rangle > 0$.*

Demonstração. Sejam duas bases ortogonais $\{v_1, \ldots, v_n\}$ e $\{w_1, \ldots, w_n\}$. Suponhamos que seus elementos estejam num arranjo tal que

$$\langle v_i, v_i \rangle > 0 \quad \text{se} \quad 1 \leq i \leq r,$$
$$\langle v_i, v_i \rangle < 0 \quad \text{se} \quad r+1 \leq i \leq s,$$
$$\langle v_i, v_i \rangle = 0 \quad \text{se} \quad s+1 \leq i \leq n.$$

E analogamente

$$\langle w_i, w_i \rangle > 0 \quad \text{se} \quad 1 \leq i \leq r',$$
$$\langle w_i, w_i \rangle < 0 \quad \text{se} \quad r'+1 \leq i \leq s',$$
$$\langle w_i, w_i \rangle = 0 \quad \text{se} \quad s'+1 \leq i \leq n.$$

Inicialmente, vamos demonstrar que

$$v_1, \ldots, v_r, w_{r'+1}, \ldots, w_n$$

são linearmente independentes.

Suponhamos que temos a relação

$$x_1 v_1 + \cdots + x_r v_r + y_{r'+1} w_{r'+1} + \cdots + y_n w_n = 0.$$

Então

$$x_1 v_1 + \cdots + x_r v_r = -(y_{r'+1} w_{r'+1} + \cdots + y_n w_n).$$

Sejam $c_i = \langle v_i, v_i \rangle$ e $d_i = \langle w_i, w_i \rangle$ para todo i. Tomando o produto escalar de cada membro da equação precedente com o próprio membro, obtemos

$$c_1 x_1^2 + \cdots + c_r x_r^2 = d_{r'+1} y_{r'+1}^2 + \cdots + d_{s'} y_{s'}^2.$$

O membro esquerdo é ≥ 0; o membro direito é ≤ 0. A única possibilidade é que ambos sejam iguais a 0, e isto se verifica somente se

$$x_1 = \cdots = x_r = 0.$$

Da independência linear de $w_{r'+1}, \ldots, w_n$, segue-se que todos os coeficientes $y_{r'+1} + \cdots + y_n$ também são iguais a 0.

Produtos Escalares e Ortogonalidade

Como dim $V = n$, concluímos agora que

$$r + n - r' \leq n$$

ou, em outras palavras, $r \leq r'$. Logo $r = r'$, e o teorema de Sylvester está demonstrado.

O inteiro r do teorema de Sylvester é chamado de **índice de positividade** do produto escalar.

V, §8. EXERCÍCIOS

1. Determine o índice de nulidade e o índice de positividade para cada uma das formas determinadas pelas seguintes matrizes simétricas sobre $\mathbb{R}^2$.

    (a) $\begin{pmatrix} 1 & 2 \\ 2 & -1 \end{pmatrix}$ (b) $\begin{pmatrix} 1 & 1 \\ 1 & 1 \end{pmatrix}$ (c) $\begin{pmatrix} 1 & -3 \\ -3 & 2 \end{pmatrix}$

2. Seja V um espaço vetorial de dimensão finita sobre $\mathbb{R}$, e seja $\langle , \rangle$ um produto escalar sobre V. Mostre que V admite a seguinte decomposição em soma direta:

$$V = V^+ \oplus V^- \oplus V_0,$$

onde V_0 é definido como no Teorema 8.1, e onde a forma é positiva definida sobre V^+ e é negativa definida sobre V^-. (Isto quer dizer que

$$\langle v, v \rangle > 0 \quad \text{para todo} \quad v \in V^+, \quad v \neq 0$$
$$\langle v, v \rangle < 0 \quad \text{para todo} \quad v \in V^-, \quad v \neq 0.)$$

Mostre que as dimensões dos espaço V^+ e V^- são as mesmas em todas as decomposições desse tipo.

3. Seja V o espaço vetorial sobre $\mathbb{R}$ das matrizes 2×2 reais simétricas.

(a) Dada uma matriz simétrica

$$A = \begin{pmatrix} x & y \\ y & z \end{pmatrix},$$

mostre que (x, y, z) são as coordenadas de A com respeito a alguma base do espaço vetorial das matrizes 2×2 simétricas. Qual é a base?

(b) Considere

$$f(A) = xz - yy = xz - y^2.$$

Se consideramos (x, y, z) como as coordenadas de A, então vemos que f é uma forma quadrática sobre V. Note que $f(A)$ é o determinante de A, que poderia ser definido aqui, *ad hoc* [1], numa forma simples.

Seja W o subespaço de V constituído de todas as matrizes A tais que $\text{tr}(A) = 0$. Mostre que, para $A \in W$ e $A \neq O$, temos $f(A) < 0$. Isto significa que a forma quadrática é negativa definida sobre W.

---

[1] para este fim - **N.T.**

Capítulo 6

Determinantes

Temos trabalhado com vetores já há algum tempo e, ocasionalmente, sentimos a necessidade de um método para determinar quando os vetores são linearmente independentes. Até agora, o único método disponível era resolver um sistema de equações lineares pelo método da eliminação . Neste capítulo iremos exibir um método muito eficiente para resolver equações lineares e determinar quando os vetores são linearmente independentes.

Os casos de determinantes 2×2 e 3×3 serão postos em prática separadamente, e na íntegra, pois o caso geral de determinantes $n \times n$ envolve uma notação que aumenta as dificuldades para entendê-los. Numa primeira leitura, sugerimos que se omitam as demonstrações de caso geral.

VI, §1. DETERMINANTES DE ORDEM 2

Antes de enunciar as propriedades gerais de um determinante arbitrário, vamos considerar primeiro um caso particular.

Seja
$$A = \begin{pmatrix} a & b \\ c & d \end{pmatrix}$$

uma matriz 2×2 num corpo K. Definimos seu **determinante** como sendo $ad - bc$. Assim o determinante é um elemento de K. Ele é denotado por

$$A = \begin{vmatrix} a & b \\ c & d \end{vmatrix} = ad - bc.$$

Por exemplo, o determinante da matriz

$$\begin{pmatrix} 2 & 1 \\ 1 & 4 \end{pmatrix}$$

é igual a $2 \cdot 4 - 1 \cdot 1 = 7$. O determinante de

$$A = \begin{pmatrix} -2 & -3 \\ 4 & 5 \end{pmatrix}$$

é igual a $(-2) \cdot 5 - (-3) \cdot 4 = -10 + 12 = 2$.

O determinante pode ser interpretado como uma função da matriz A. Pode também ser interpretado como uma função de suas duas colunas. Sejam elas A^1 e A^2, como de costume. Então escrevemos o determinante de A como:

$$D(A), \quad \text{Det}(A), \quad \text{ou} \quad D(A^1, A^2).$$

As seguintes propriedades são facilmente verificadas por cálculo direto, que o leitor deve efetuar na íntegra.

Como uma função dos vetores-coluna, o determinante é linear.
Isto significa que: sendo b' e d' dois números, então

$$\text{Det}\begin{pmatrix} a & b+b' \\ c & d+d' \end{pmatrix} = \text{Det}\begin{pmatrix} a & b \\ c & d \end{pmatrix} + \text{Det}\begin{pmatrix} a & b' \\ c & d' \end{pmatrix}.$$

Além disto, se t é um número, então

$$\text{Det}\begin{pmatrix} a & tb \\ c & td \end{pmatrix} = t\,\text{Det}\begin{pmatrix} a & b \\ c & d \end{pmatrix}.$$

Determinantes

Essas propriedades também são válidas em relação à primeira coluna. Damos uma demonstração para a aditividade com respeito à segunda coluna para mostrar que não existe dificuldade. Explicitamente, temos

$$a(d+d') - c(b+b') = ad + ad' - cb - cb'$$
$$= ad - bc + ad' - b'c,$$

que é precisamente a aditividade desejada. Portanto, dentro da terminologia do Capítulo 5, §4, podemos dizer que o determinante é bilinear.

Se duas colunas são iguais, então o determinante é igual a 0.

Se A é a matriz unidade,

$$A = \begin{pmatrix} 1 & 0 \\ 0 & 1 \end{pmatrix},$$

então $\text{Det}(A) = 1$.

O determinante também verifica as propriedades suplementares seguintes.

Se somarmos um múltiplo de uma coluna à outra, então o valor do determinante não se alterará.

Em outras palavras, seja t um número. O determinante da matriz

$$\begin{pmatrix} a+tb & b \\ c+td & d \end{pmatrix}$$

é o mesmo que $D(A)$, e, de maneira análoga, a propriedade vale se somarmos um múltiplo da primeira coluna à segunda.

Se duas colunas são trocadas, então o determinante muda de sinal.

Assim, temos

$$\text{Det}\begin{pmatrix} a & b \\ c & d \end{pmatrix} = -\text{Det}\begin{pmatrix} b & a \\ d & c \end{pmatrix}.$$

O determinante de A é igual ao determinante de sua transposta, isto é,

$$D(A) = D(A^T).$$

Explicitamente, temos

$$\text{Det}\begin{pmatrix} a & b \\ c & d \end{pmatrix} = \text{Det}\begin{pmatrix} a & c \\ b & d \end{pmatrix}.$$

Os vetores $\begin{pmatrix} a \\ c \end{pmatrix}$ *e* $\begin{pmatrix} b \\ d \end{pmatrix}$ *são linearmente dependentes se, e somente, o determinante* $ad - bc$ *é igual a 0.*

Damos uma demonstração direta dessa propriedade. Suponhamos que existam números x e y, ambos não-nulos, tais que

$$\begin{aligned} xa + yb &= 0, \\ xc + yd &= 0. \end{aligned}$$

Suponhamos $x \neq 0$. Multiplicamos a primeira equação por d, a segunda por b e efetuamos a subtração. Assim, obtemos

$$xad - xbc = 0,$$

donde $x(ad - bc) = 0$. Logo, $ad - bc = 0$. Reciprocamente, suponhamos que $ad - bc = 0$, e que os vetores (a, c) e (b, d) não são ambos nulos (caso contrário, eles são obviamente linearmente dependentes). Suponhamos $a \neq 0$. Seja $y = -a$ e $x = b$. A partir daí

$$\begin{aligned} xa + yb &= 0, \\ xc + yd &= 0, \end{aligned}$$

isto é, (a, c) e (b, d) são linearmente dependentes, o que conclui a prova da nossa proposição.

VI, §2. EXISTÊNCIA DE DETERMINANTES

Definiremos determinantes por indução e, ao mesmo tempo, daremos uma fórmula para calcular cada um deles. O primeiro caso a ser analisado é o de matrizes 3×3. Já definimos o determinante para as matrizes 2×2. Seja

$$A = (a_{ij}) = \begin{pmatrix} a_{11} & a_{12} & a_{13} \\ a_{21} & a_{22} & a_{23} \\ a_{31} & a_{32} & a_{33} \end{pmatrix}$$

uma matriz 3×3. Definimos seu determinante por meio da fórmula conhecida como a **expansão por uma linha**, digamos a primeira linha. Assim, definimos

$$(*) \quad \text{Det}(A) = a_{11} \begin{vmatrix} a_{22} & a_{23} \\ a_{32} & a_{33} \end{vmatrix} - a_{12} \begin{vmatrix} a_{21} & a_{23} \\ a_{31} & a_{33} \end{vmatrix} + a_{13} \begin{vmatrix} a_{21} & a_{22} \\ a_{31} & a_{32} \end{vmatrix}$$

$$= \begin{vmatrix} a_{11} & a_{12} & a_{13} \\ a_{21} & a_{22} & a_{23} \\ a_{31} & a_{32} & a_{33} \end{vmatrix}.$$

Podemos descrever esta soma como segue. Seja A_{ij} a matriz obtida a partir de A ao se excluir a i–ésima linha e a j–ésima coluna. Logo, a soma que expressa Det(A) pode ser escrita como

$$a_{11}\text{Det}(A_{11}) - a_{12}\text{Det}(A_{12}) + a_{13}\text{Det}(A_{13}).$$

Em outras palavras, cada termo consiste em produto de um elemento da primeira linha e do determinante da matriz 2×2 obtida pela exclusão da primeira linha e da j–ésima coluna, e colocando o sinal apropriado a esse termo, como está mostrado.

Exemplo 1. Seja
$$\begin{pmatrix} 2 & 1 & 0 \\ 1 & 1 & 4 \\ -3 & 2 & 5 \end{pmatrix}.$$

Logo,

$$A_{11} = \begin{pmatrix} 1 & 4 \\ 2 & 5 \end{pmatrix}, \quad A_{12} = \begin{pmatrix} 1 & 4 \\ -3 & 5 \end{pmatrix}, \quad A_{13} = \begin{pmatrix} 1 & 1 \\ -3 & 2 \end{pmatrix}$$

e com nossa fórmula para o determinante de A resulta que

$$\begin{aligned} \mathrm{Det}(A) &= 2\begin{vmatrix} 1 & 4 \\ 2 & 5 \end{vmatrix} - 1\begin{vmatrix} 1 & 4 \\ -3 & 5 \end{vmatrix} + 0\begin{vmatrix} 1 & 1 \\ -3 & 2 \end{vmatrix} \\ &= 2(5-8) - 1(5+12) + 0 \\ &= -23. \end{aligned}$$

O determinante de uma matriz 3×3 pode ser escrito como

$$D(A) = \mathrm{Det}(A) = D(A^1, A^2, A^3).$$

Usamos essa última expressão quando queremos considerar o determinante como uma função das colunas da matriz A.

Mais adiante definiremos o determinante de uma matriz $n \times n$ utilizando a mesma notação.

$$|A| = D(A) = \mathrm{Det}(A) = D(A^1, \ldots, A^n).$$

Para o caso 3×3 já podemos demonstrar as propriedades expressas no próximo teorema mas que, de qualquer forma, vamos estabelecer para o caso geral.

Teorema 2.1. *O determinante satisfaz as seguintes propriedades:*

Determinantes

1. *Como uma função de cada vetor-coluna, o determinante é linear, ou seja, se a j−ésima coluna A^j é igual a soma de dois vetores - coluna, digamos $A^j = C + C'$, então*

$$D(A^1, \ldots, C+C', \ldots, A^n) = D(A^1, \ldots, C, \ldots, A^n) + D(A^1, \ldots, C', \ldots, A^n).$$

Além disso, se t é um número, então

$$D(A^1, \ldots, tA^j, \ldots, A^n) = tD(A^1, \ldots, A^j, \ldots, A^n).$$

2. *Se duas colunas adjacentes são iguais, isto é, se $A^j = A^{j+1}$ para algum $j = 1, \ldots, n-1$, então o determinante $D(A)$ é igual a 0.*

3. *Se I é a matriz identidade, então $D(I) = 1$.*

Demonstração (n *caso* 3×3). A demonstração é feita por cálculos diretos. Por suposição digamos que a primeira coluna é a soma das duas outras colunas:

$$A^1 = B + C, \quad \text{isto é} \quad \begin{pmatrix} a_{11} \\ a_{21} \\ a_{31} \end{pmatrix} = \begin{pmatrix} b_1 \\ b_2 \\ b_3 \end{pmatrix} + \begin{pmatrix} c_1 \\ c_2 \\ c_3 \end{pmatrix}.$$

Fazemos a substituição em cada termo de (∗), observando que cada termo se divida numa soma de dois termos correspondentes a B e C. Por exemplo,

$$a_{11} \begin{vmatrix} a_{22} & a_{23} \\ a_{32} & a_{33} \end{vmatrix} = b_1 \begin{vmatrix} a_{22} & a_{23} \\ a_{32} & a_{33} \end{vmatrix} + c_1 \begin{vmatrix} a_{22} & a_{23} \\ a_{32} & a_{33} \end{vmatrix},$$

$$a_{12} \begin{vmatrix} b_2 + c_2 & a_{23} \\ b_3 + c_3 & a_{33} \end{vmatrix} = a_{12} \begin{vmatrix} b_2 & a_{23} \\ b_3 & a_{33} \end{vmatrix} + a_{12} \begin{vmatrix} c_2 & a_{23} \\ c_3 & a_{33} \end{vmatrix},$$

e dessa mesma forma para o terceiro termo. A demonstração em relação à outra coluna é análoga. Além disso, se t é um número, então

$$\text{Det}(tA^1, A^2, A^3) = ta_{11} \begin{vmatrix} a_{22} & a_{23} \\ a_{32} & a_{33} \end{vmatrix} - a_{12} \begin{vmatrix} ta_{21} & a_{23} \\ ta_{31} & a_{33} \end{vmatrix} + a_{13} \begin{vmatrix} ta_{21} & a_{22} \\ ta_{31} & a_{32} \end{vmatrix}$$

$$= t\,\text{Det}(A^1, A^2, A^3)$$

pois cada determinante 2×2 é linear na primeira coluna, e podemos colocar t do lado de fora do segundo e do terceiro termos. Mais uma vez a demonstração é semelhante às das outras colunas. Uma substituição direta mostra que, se duas colunas adjacentes forem iguais, então a fórmula (*) mostrará que o determinante é igual a 0. Finalmente, sem dificuldade é visto que, se A é a matriz unidade, então $\text{Det}(A) = 1$. Logo, as três propriedades se verificam.

Na demonstração acima, vemos que as propriedades dos determinantes 2×2 são usadas para provar as propriedades dos determinantes 3×3.

Além disto, não há uma razão particular pela qual escolhemos expandir o determinante por meio da primeira linha. Podemos usar também a segunda linha e escrever uma soma semelhante, isto é:

$$-a_{21} \begin{vmatrix} a_{12} & a_{13} \\ a_{32} & a_{33} \end{vmatrix} + a_{22} \begin{vmatrix} a_{11} & a_{13} \\ a_{31} & a_{33} \end{vmatrix} - a_{23} \begin{vmatrix} a_{11} & a_{12} \\ a_{31} & a_{32} \end{vmatrix}$$

$$= -a_{21}\text{Det}(A_{21}) + a_{22}\text{Det}(A_{22}) - a_{23}\text{Det}(A_{23})$$

Novamente, cada termo é o produto de a_{2j} pelo determinante da matriz 2×2, obtida pela exclusão da segunda linha e da j-ésima coluna, e colocando-se o sinal apropriado na frente de cada termo. Esse sinal é determinado de acordo com o modelo

$$\begin{pmatrix} + & - & + \\ - & + & - \\ + & - & + \end{pmatrix}.$$

Determinantes

Verifica-se diretamente que o determinante pode ser expandido a partir de qualquer linha, pela multiplicação de todos os termos da linha envolvida, pelas expansões dos determinantes 2×2. Logo, obtém-se o determinante como uma soma alternada de seis termos:

$$(**) \quad \text{Det}(A) = a_{11}a_{22}a_{33} - a_{11}a_{32}a_{23} - a_{12}a_{21}a_{33}$$
$$+ a_{12}a_{23}a_{31} + a_{13}a_{21}a_{32} - a_{13}a_{22}a_{31}$$

Além disto, podemos também expandir por colunas, seguindo o mesmo princípio. Por exemplo, expandir de acordo com a primeira coluna:

$$a_{11}\begin{vmatrix} a_{22} & a_{23} \\ a_{32} & a_{33} \end{vmatrix} - a_{21}\begin{vmatrix} a_{12} & a_{13} \\ a_{32} & a_{33} \end{vmatrix} + a_{31}\begin{vmatrix} a_{12} & a_{13} \\ a_{22} & a_{23} \end{vmatrix}$$

nos conduz exatamente aos mesmos seis termos como em $(**)$.

O leitor agora deveria observar a expressão geral dada para a expansão segundo uma linha ou uma coluna, dada no Teorema 2.4, interpretando i e j como 1, 2 ou 3 para o caso 3×3.

Dado que o determinante de uma matriz 3×3 é linear como função de suas colunas, podemos dizer que ele é **trilinear**; assim como um determinante 2×2 é bilinear. No caso $n \times n$, diríamos **n-linear** ou **multilinear**.

No caso de determinantes 3×3, temos o seguinte resultado:

Teorema 2.2. *O determinante verifica a regra de expansão de acordo com as linhas e colunas, e* $\text{Det}(A) = \text{Det}(A^T)$. *Em outras palavras o determinante de uma matriz é igual ao determinante de sua transposta.*

Essa última afirmação se verifica, pois tomando a transposta de uma matriz, linhas são trocadas por colunas e vice-versa.

Exemplo 2. Calcular o determinante

$$\begin{vmatrix} 3 & 0 & 1 \\ 1 & 2 & 5 \\ -1 & 4 & 2 \end{vmatrix}$$

por expansão de acordo com a segunda coluna.

O determinante é igual a

$$2\begin{vmatrix} 3 & 1 \\ -1 & 2 \end{vmatrix} - 4\begin{vmatrix} 3 & 1 \\ 1 & 5 \end{vmatrix} = 2(6-(-1)) - 4(15-1) = -42.$$

Note que a presença de um 0 na segunda coluna elimina um termo na expansão, dado que ele seria 0.

Podemos também calcular o determinante acima por expansão de acordo com a terceira coluna, ou seja, o determinante é igual a

$$+1\begin{vmatrix} 1 & 2 \\ -1 & 4 \end{vmatrix} - 5\begin{vmatrix} 3 & 0 \\ -1 & 4 \end{vmatrix} + 2\begin{vmatrix} 3 & 0 \\ 1 & 2 \end{vmatrix} = -42.$$

O caso n × n

Seja

$$F : K^n \times \cdots \times K^n \to K$$

uma função de n variáveis, em que cada variável percorre K^n. Dizemos que F é **multilinear** se F satisfaz a primeira propriedade listada no Teorema 2.1, isto é,

$$\begin{aligned} F(A^1,\ldots,C+C',\ldots,A^n) &= F(A^1,\ldots,C,\ldots,A^n) \\ &\quad + F(A^1,\ldots,C',\ldots,A^n), \\ F(A^1,\ldots,tC,\ldots,A^n) &= tF(A^1,\ldots,C,\ldots,A^n). \end{aligned}$$

Determinantes

Isto significa que se consideramos algum índice j, e fixarmos A^k para $k \neq j$, então a função $X^j \mapsto F(A^1, \ldots, X^j, \ldots, A^n)$ será linear na j–ésima variável. Dizemos que F é **alternada** se toda vez que $A^j = A^{j+1}$ para algum j, ela verificar a condição

$$F(A^1, \ldots, A^j, A^j, \ldots, A^n) = 0.$$

Esta é a segunda propriedade dos determinantes.

Um teorema fundamental deste capítulo pode ser formulado como se segue.

Teorema 2.3. *Existe uma função multilinear alternada*

$$F : K^n \times \cdots \times K^n \to K$$

tal que $F(I) = 1$. Uma tal função é determinada de forma única por estas três propriedades.

A prova da unicidade será adiada para o Teorema 7.2. Já provamos a existência no caso $n = 2$ e $n = 3$. Provaremos agora a existência no caso geral.

O caso geral dos determinantes de matrizes $n \times n$ é feito por indução. Admita que já tenhamos definido o determinante para matrizes $(n-1) \times (n-1)$. Seja i, j um par de inteiros entre 1 e n. Se riscarmos a i–ésima linha e a j–ésima coluna na matriz $n \times n$, obteremos uma matriz $(n-1) \times (n-1)$, que indicamos por A_{ij}. Ela tem o seguinte aspecto:

$$\begin{pmatrix} a_{11} & \cdots & & \cdots & a_{1n} \\ & \vdots & & \vdots & \\ & & a_{ij} & & \\ & \vdots & & \vdots & \\ a_{n1} & \cdots & & \cdots & a_{nn} \end{pmatrix}$$

Apresentamos agora uma expressão para o determinante de uma matriz $n \times n$ em termos de determinantes de matrizes $(n-1) \times (n-1)$. Seja i um inteiro, $1 \leq i \leq n$. Definimos

$$D(A) = (-1)^{i+1} a_{i1} \operatorname{Det}(A_{i1}) + \cdots + (-1)^{i+n} a_{in} \operatorname{Det}(A_{in})$$

Cada A_{ij} é uma matriz $(n-1) \times (n-1)$.

Essa soma pode ser descrita em palavras. Para cada elemento da i−ésima linha, contribuimos com um termo na soma. Esse termo é igual + ou − o produto desse elemento pelo determinante da matriz obtida a partir de A pela eliminação da i−ésima linha e da coluna correspondente ao elemento. O signal + ou − é determinado de acordo com o modelo de um tabuleiro de xadrez:

$$\begin{pmatrix} + & - & + & - & \cdots \\ - & + & - & + & \cdots \\ + & - & + & - & \cdots \\ & & \cdots & & \end{pmatrix}.$$

Essa soma é chamada a **expansão do determinante de acordo com a i−ésima linha**. Vamos provar que a função D verifica as propriedades **1**, **2** e **3**.

Determinantes 213

Observemos que $D(A)$ é a soma dos termos

$$\sum (-1)^{i+j} a_{ij} \text{Det}(A_{ij})$$

onde j percorre todos os valores inteiros de 1 a n.

1. Consideremos D como uma função da k−ésima coluna e tomemos um termo qualquer

$$(-1)^{i+j} a_{ij} \text{Det}(A_{ij}).$$

Se $j \neq k$, então a_{ij} não depende da k−ésima coluna, e $\text{Det}(A_{ij})$ depende linearmente da k−ésima coluna. Se $j = k$, então a_{ij} depende linearmente da k−ésima coluna e $\text{Det}(A_{ij})$ não depende da k−ésima coluna. Assim, qualquer que seja o caso, nosso termo depende linearmente da k−ésima coluna. Dado que $D(A)$ é a soma de tais termos, $D(A)$ depende linearmente da k−ésima coluna, o que acarreta a propriedade **1**.

2. Suponhamos que duas colunas adjacentes de A sejam iguais, digamos $A^k = A^{k+1}$. Seja j um índice $\neq k$ e $\neq k+1$. Então a matriz A_{ij} tem duas colunas adjacentes iguais e portanto seu determinante é igual a 0. Logo, o termo correspondente a um índice $j \neq k$ ou $k+1$ contribui com um 0 a $D(A)$. Os outros dois termos podem ser escritos sob a forma

$$(-1)^{i+k} a_{ik} \text{Det}(A_{ik}) + (-1)^{i+k+1} a_{i,k+1} \text{Det}(A_{i,k+1}).$$

As duas matrizes A_{ik} e $A_{i,k+1}$ são iguais devido à nossa hipótese de que k−ésima coluna é igual a coluna de ordem $k+1$. Da mesma forma, $a_{ik} = a_{i,k+1}$. Portanto, esses dois termos se cancelam pois eles aparecem com sinais contrários. Isto prova a propriedade **2**.

3. Seja A a matriz unidade. Então $a_{ij} = 0$, a não ser que $i = j$, sendo neste caso $a_{ii} = 1$. Cada A_{ij} é a matriz unidade $(n-1) \times (n-1)$. O único termo da soma que não é nulo é

$$(-1)^{i+i} a_{ii} \text{Det}(A_{ii}),$$

que é igual a 1. Isto prova a propriedade **3**.

Exemplo 3. Queremos calcular o determinante

$$\begin{vmatrix} 1 & 2 & 1 \\ -1 & 3 & 1 \\ 0 & 1 & 5 \end{vmatrix}.$$

Usamos a expansão de acordo com a terceira linha (porque nela aparece um zero), e ocorrem apenas dois termos não-nulos:

$$(-1)\begin{vmatrix} 1 & 1 \\ -1 & 1 \end{vmatrix} + 5\begin{vmatrix} 1 & 2 \\ -1 & 3 \end{vmatrix}.$$

Podemos calcular os determinantes 2×2, explicitamente, como no §1 e, assim, obtemos o valor 23 para o determinante de nossa matriz 3×3.

Será mostrado num parágrafo posterior que o determinante de uma matriz A é igual ao determinante de sua transposta. Quando provarmos esse resultado, obteremos:

Teorema 2.4. *Os determinantes satisfazem a regra de expansão de acordo com as linhas e colunas. Para qualquer coluna A^j da matriz $A = (a_{ij})$, temos*

$$D(A) = (-1)^{1+j} a_{1j} \operatorname{Det}(A_{1j}) + \cdots + (-1)^{n+j} a_{nj} \operatorname{Det}(A_{nj}).$$

Na prática, o cálculo de um determinante sempre é feito por meio de uma expansão de acordo com alguma linha ou coluna.

VI, §2. EXERCÍCIOS

1. Seja c um escalar e A uma matrix 3×3. Mostre que

$$D(cA) = c^3 D(A).$$

2. Seja c um escalar e A uma matrix $n \times n$. Mostre que

$$D(cA) = c^n D(A).$$

VI, §3. PROPRIEDADES ADICIONAIS DE DETERMINANTES

Para calcular determinantes de uma forma eficiente, precisamos de propriedades adicionais que serão deduzidas de forma simples a partir das propriedades **1, 2** e **3** do Teorema 2.1. Não há diferença entre o caso 3×3 e $n \times n$, desta forma vamos considerar o caso $n \times n$. No entanto, mais uma vez o leitor pode considerar o caso $n = 3$ se desejar não se afastar do que já foi feito na primeira vez.

4. *Sejam i e j números inteiros, sendo $1 \leq i, j \leq n$ e $i \neq j$. Se as colunas de ordem i e j forem trocadas, então o determinante mudará de sinal.*

Demonstração. Fizemos a demonstração desse fato quando trocamos a j–ésima e a $(j+1)$–ésima colunas. Na matriz A, substituímos as colunas de ordem j e $(j+1)$ por $A^j + A^{j+1}$. Logo, obtemos uma matriz com duas colunas adjacentes iguais e pela propriedade **2** segue que:

$$0 = D(\ldots, A^j + A^{j+1}, A^j + A^{j+1}, \ldots).$$

Expandindo esse determinante e usando repetidamente a propriedade **1**, chegamos a

$$\begin{aligned} 0 &= D(\ldots, A^j, A^j, \ldots) + D(\ldots, A^{j+1}, A^j, \ldots) \\ &+ D(\ldots, A^j, A^{j+1}, \ldots) + D(\ldots, A^{j+1}, A^{j+1}, \ldots). \end{aligned}$$

Usando a propriedade **2**, vemos que dois destes quatro termos são iguais a zero, e portanto

$$0 = D(\ldots, A^{j+1}, A^j, \ldots) + D(\ldots, A^j, A^{j+1}, \ldots).$$

Nesta última soma um dos termos tem sinal contrário ao do outro, como queríamos.

Antes de provar a propriedade para a troca de duas colunas quaisquer, demonstraremos uma outra propriedade.

5. *Se duas colunas de A, A^j e A^i, são iguais, $j \neq i$, então o determinante de A é igual a 0.*

Demonstração. Admitamos que duas colunas da matriz A são iguais. Podemos alterar a matriz com uma sucessiva troca de colunas adjacentes até obter uma matriz com colunas adjacentes iguais. (Isto pode ser provado formalmente por indução.) Cada vez que efetuamos uma troca de adjacência, o determinante muda de sinal, sem afetar o fato do determinante ser 0 ou não. Assim, pela propriedade **2**, concluímos que $D(A) = 0$ se duas colunas são iguais.

Podemos agora retornar à demonstração de **4** para qualquer $i \neq j$. Exatamente o mesmo argumento dado na demonstração de **4** para j e $j+1$ funciona no caso geral se usarmos a propriedade **5**. Notemos apenas que

$$0 = D(\ldots, A^i + A^j, \ldots, A^i + A^j, \ldots)$$

e façamos uma expansão como antes. Isto conclui a prova de **4**.

Determinantes

6. *Se somarmos um múltiplo escalar de uma coluna a uma outra, o valor do determinante não se alterará.*

Demonstração. Consideremos duas colunas distintas, por exemplo a k−ésima coluna A^k e a j−ésima coluna A^j, com $k \neq j$. Seja t um escalar. Somamos tA^j a A^k. Pela propriedade **1**, o determinante transforma-se em:

$$D(\ldots, A^k + tA^j, \ldots) = D(\ldots, A^k, \ldots) + D(\ldots, tA^j, \ldots)$$
$$\uparrow\uparrow\uparrow$$
$$kkk$$

(a letra k indica a k−ésima coluna). Em ambos os termos à direita, a coluna indicada ocupa a k−ésima posição. Mas $D(\ldots, A^k, \ldots)$ é simplesmente $D(A)$. Além disto,

$$D(\ldots, tA^j, \ldots) = tD(\ldots, A^j, \ldots)$$
$$\uparrow\uparrow$$
$$kk$$

Dado que $k \neq j$, o determinante à direita tem duas colunas iguais, porque A^j ocupa a k−ésima posição e também a j−ésima posição. Portanto, é igual a 0.

$$D(\ldots, A^k + tA^j, \ldots) = D(\ldots, A^k, \ldots),$$

provando com isto nossa propriedade **6**.

Estando os recursos acima à nossa disposição, podemos agora calcular o determinante 3×3 com mais eficiência. Para isso, aplicamos as operações descritas na propriedade **6**, que vemos agora ser válida para linhas e colunas, já que $\mathrm{Det}(A) = \mathrm{Det}(A^T)$. Inicialmente, tentamos fazer com que o maior número de elementos da matriz A se tornem iguais a 0. Tentamos, em especial, tornar todos os elementos, menos um, de uma coluna (ou linha) iguais a zero, e então expandimos de acordo com essa coluna (ou linha). A expansão irá conter apenas um termo e reduzirá nosso cálculo a um determinante 2 × 2.

Exemplo 1. Calcular o determinante

$$\begin{vmatrix} 3 & 0 & 1 \\ 1 & 2 & 5 \\ -1 & 4 & 2 \end{vmatrix}.$$

Já temos 0 na primeira linha. Subtraímos duas vezes a segunda linha da terceira. Nosso determinante fica então igual a

$$\begin{vmatrix} 3 & 0 & 1 \\ 1 & 2 & 5 \\ -3 & 0 & -8 \end{vmatrix}.$$

Expandimos de acordo com a segunda coluna. A expansão tem apenas um termo $\neq 0$, com um sinal $+$, e portanto:

$$2 \begin{vmatrix} 3 & 1 \\ -3 & -8 \end{vmatrix}.$$

O determinante 2×2 pode ser calculado pela nossa definição $ad - bc$ e assim encontramos $2(-24 - (-3)) = -42$.

Exemplo 2. Calcular o determinante

$$\begin{vmatrix} 1 & 3 & 1 & 1 \\ 2 & 1 & 5 & 2 \\ 1 & -1 & 2 & 3 \\ 4 & 1 & -3 & 7 \end{vmatrix}.$$

Somamos a terceira linha à segunda e, então somamos a terceira linha à

Determinantes

quarta. Isto nos conduz a

$$\begin{vmatrix} 1 & 3 & 1 & 1 \\ 3 & 0 & 7 & 5 \\ 1 & -1 & 2 & 3 \\ 4 & 1 & -3 & 7 \end{vmatrix} = \begin{vmatrix} 1 & 3 & 1 & 1 \\ 3 & 0 & 7 & 5 \\ 1 & -1 & 2 & 3 \\ 5 & 0 & -1 & 10 \end{vmatrix}.$$

Nós então adicionamos três vezes a terceira linha à primeira, obtendo

$$\begin{vmatrix} 4 & 0 & 7 & 10 \\ 3 & 0 & 7 & 5 \\ 1 & -1 & 2 & 3 \\ 5 & 0 & -1 & 10 \end{vmatrix},$$

que expandimos de acordo com a segunda coluna. O cálculo do determinante conduz a um único termo, a saber

$$\begin{vmatrix} 4 & 7 & 10 \\ 3 & 7 & 5 \\ 5 & -1 & 10 \end{vmatrix}.$$

Subtraímos duas vezes a segunda linha da primeira e, então, subtraímos da terceira, resultando

$$\begin{vmatrix} -2 & -7 & 0 \\ 3 & 7 & 5 \\ -1 & -15 & 0 \end{vmatrix},$$

que expandimos de acordo com a terceira coluna, e obtemos

$$-5(30 - 7) = -5(23) = -115.$$

VI, §3. EXERCÍCIOS

1. Calcule os determinantes seguintes.

(a) $\begin{vmatrix} 2 & 1 & 2 \\ 0 & 3 & -1 \\ 4 & 1 & 1 \end{vmatrix}$ (b) $\begin{vmatrix} 3 & -1 & 5 \\ -1 & 2 & 1 \\ -2 & 4 & 3 \end{vmatrix}$ (c) $\begin{vmatrix} 2 & 4 & 3 \\ -1 & 3 & 0 \\ 0 & 2 & 1 \end{vmatrix}$

(d) $\begin{vmatrix} 1 & 2 & -1 \\ 0 & 1 & 1 \\ 0 & 2 & 7 \end{vmatrix}$ (e) $\begin{vmatrix} -1 & 5 & 3 \\ 4 & 0 & 0 \\ 2 & 7 & 8 \end{vmatrix}$ (f) $\begin{vmatrix} 3 & 1 & 2 \\ 4 & 5 & 1 \\ -1 & 2 & -3 \end{vmatrix}$

2. Calcule os determinantes seguintes.

(a) $\begin{vmatrix} 1 & 1 & -2 & 4 \\ 0 & 1 & 1 & 3 \\ 2 & -1 & 1 & 0 \\ 3 & 1 & 2 & 5 \end{vmatrix}$ (b) $\begin{vmatrix} -1 & 1 & 2 & 0 \\ 0 & 3 & 2 & 1 \\ 0 & 4 & 1 & 2 \\ 3 & 1 & 5 & 7 \end{vmatrix}$

(c) $\begin{vmatrix} 3 & 1 & 1 \\ 2 & 5 & 5 \\ 8 & 7 & 7 \end{vmatrix}$ (d) $\begin{vmatrix} 4 & -9 & 2 \\ 4 & -9 & 2 \\ 3 & 1 & 0 \end{vmatrix}$

(e) $\begin{vmatrix} 4 & -1 & 1 \\ 2 & 0 & 0 \\ 1 & 5 & 7 \end{vmatrix}$ (f) $\begin{vmatrix} 2 & 0 & 0 \\ 1 & 1 & 0 \\ 8 & 5 & 7 \end{vmatrix}$

(g) $\begin{vmatrix} 4 & 0 & 0 \\ 0 & 1 & 0 \\ 0 & 0 & 27 \end{vmatrix}$ (h) $\begin{vmatrix} 5 & 0 & 0 \\ 0 & 3 & 0 \\ 0 & 0 & 9 \end{vmatrix}$

(i) $\begin{vmatrix} 2 & -1 & 4 \\ 3 & 1 & 5 \\ 1 & 2 & 3 \end{vmatrix}$

Determinantes

3. Em geral, qual é o determinante de uma matriz diagonal

$$\begin{vmatrix} a_{11} & 0 & 0 & \cdots & 0 \\ 0 & a_{22} & 0 & \cdots & 0 \\ \vdots & \vdots & & & \vdots \\ 0 & 0 & & \ddots & 0 \\ 0 & 0 & 0 & \cdots & a_{nn} \end{vmatrix} ?$$

4. Calcule o determinante $\begin{vmatrix} \cos\theta & -\operatorname{sen}\theta \\ \operatorname{sen}\theta & \cos\theta \end{vmatrix}$.

5. (a) Sejam x_1, x_2, x_3 números. Mostre que

$$\begin{vmatrix} 1 & x_1 & x_1^2 \\ 1 & x_2 & x_2^2 \\ 1 & x_3 & x_3^2 \end{vmatrix} = (x_2 - x_1)(x_3 - x_1)(x_3 - x_2).$$

(b) Se $x_1, \ldots, x_n$ são números, então mostre por indução que

$$\begin{vmatrix} 1 & x_1 & \cdots & x_1^{n-1} \\ 1 & x_2 & \cdots & x_2^{n-1} \\ & & \cdots & \\ 1 & x_n & \cdots & x_n^{n-1} \end{vmatrix} = \prod_{i<j}(x_j - x_i),$$

onde o símbolo à direita significa o produto de todos os termos $x_j - x_i$ com $i < j$ e i, j inteiros variando de 1 a n. Este determinante é indicado V_n por ser chamado o determinante de **Vandermonde**. Para efetuar facilmente a indução, multiplique cada coluna por x_1 e subtraia o mesmo da coluna imediatamente à direita, partindo do lado esquerdo. Você encontrará

$$V_n = (x_n - x_1) \cdots (x_2 - x_1) V_{n-1}.$$

6. Encontre o determinante das seguintes matrizes.

(a) $\begin{pmatrix} 1 & 2 & 5 \\ 0 & 1 & 7 \\ 0 & 0 & 3 \end{pmatrix}$

(b) $\begin{pmatrix} -1 & 5 & 20 \\ 0 & 4 & 8 \\ 0 & 0 & 6 \end{pmatrix}$

(c) $\begin{pmatrix} 2 & -6 & 9 \\ 0 & 1 & 4 \\ 0 & 0 & 8 \end{pmatrix}$

(d) $\begin{pmatrix} -7 & 98 & 54 \\ 0 & 2 & 46 \\ 0 & 0 & -1 \end{pmatrix}$

(e) $\begin{pmatrix} 1 & 4 & 6 \\ 0 & 0 & 1 \\ 0 & 0 & 8 \end{pmatrix}$

(f) $\begin{pmatrix} 4 & 0 & 0 \\ -5 & 2 & 0 \\ 79 & 54 & 1 \end{pmatrix}$

(g) $\begin{pmatrix} 1 & 5 & 2 & 3 \\ 0 & 2 & 7 & 6 \\ 0 & 0 & 4 & 1 \\ 0 & 0 & 0 & 5 \end{pmatrix}$

(h) $\begin{pmatrix} -5 & 0 & 0 & 0 \\ 7 & 2 & 0 & 0 \\ -9 & 4 & 1 & 0 \\ 96 & 2 & 3 & 1 \end{pmatrix}$

(i) Seja A uma matriz triangular $n \times n$, por exemplo uma matriz tal que todas as componentes abaixo da diagonal sejam iguais a 0.

$$\begin{pmatrix} a_{11} & & & & \\ 0 & a_{22} & & * & \\ 0 & 0 & & & \\ \vdots & \vdots & \ddots & & \\ 0 & 0 & \cdots & & a_{nn} \end{pmatrix}.$$

Qual é o valor de $D(A)$?

7. Se $a(t)$, $b(t)$, $c(t)$, $d(t)$ são funções de t, podemos formar o determinante

$$\begin{vmatrix} a(t) & b(t) \\ c(t) & d(t) \end{vmatrix},$$

da mesma forma que com números. Escreva por extenso o determinante

$$\begin{vmatrix} \operatorname{sen} t & \cos t \\ -\cos t & \operatorname{sen} t \end{vmatrix}.$$

8. Escreva por extenso o determinante

$$\begin{vmatrix} t+1 & t-1 \\ t & 2t+5 \end{vmatrix}.$$

9. Sejam $f(t)$ e $g(t)$ duas funções possuindo derivadas de todas as ordens. Seja $\varphi(t)$ a função que resulta do determinante

$$\varphi(t) = \begin{vmatrix} f(t) & g(t) \\ f'(t) & g'(t) \end{vmatrix}.$$

Mostre que

$$\varphi'(t) = \begin{vmatrix} f(t) & g(t) \\ f''(t) & g''(t) \end{vmatrix}$$

(isto é, a derivada é obtida tomando a derivada da última linha).

10. Seja

$$A(t) = \begin{pmatrix} b_1(t) & c_1(t) \\ b_2(t) & c_2(t) \end{pmatrix}$$

uma matriz 2×2 de funções diferenciáveis. Sejam $B(t)$ e $C(t)$ seus vetores coluna. Considere

$$\varphi(t) = \operatorname{Det}(A(t)).$$

Mostre que

$$\varphi'(t) = D(B'(t), C(t)) + D(B(t), C'(t)).$$

11. Sejam $\alpha_1, \ldots, \alpha_n$ números distintos e diferentes de 0. Mostre que as funções

$$e^{\alpha_1 t}, \ldots, e^{\alpha_n t}$$

são linearmente independentes sobre os números complexos. [*Sugestão*: Suponha que tenhamos uma combinação linear

$$c_1 e^{\alpha_1 t} + \cdots + c_n e^{\alpha_n t} = 0$$

com constantes c_i, válidas para todo t. Se nem todos os c_i são 0, podemos, sem perda de generalidade, supor que nenhum deles é 0. Derive a relação acima $n-1$ vezes e obtenha um sistema de equações lineares. O determinante dos coeficientes desse sistema deve ser zero. (Por quê?). Dê uma contradição a partir disto.

VI, §4. REGRA DE CRAMER

As propriedades da seção precedente podem ser usadas para provar uma regra bem conhecida, empregada na resolução de sistemas de equações lineares.

Teorema 4.1 (Regra de Cramer). *Sejam $A^1, \ldots, A^n$ vetores-coluna em K^n, tais que*

$$D(A^1, \ldots, A^n) \neq 0.$$

Seja B um vetor-coluna. Se $x_1, \ldots, x_n$ são elementos de K tais que

$$x_1 A^1 + \cdots + x_n A^n = B,$$

então para cada $j = 1, \ldots, n$ temos

$$x_j = \frac{D(A^1, \ldots, B, \ldots, A^n)}{D(A^1, \ldots, A^n)},$$

Determinantes 225

onde B ocupa a j-ésima coluna no lugar de A^j. Em outras palavras

$$x_j = \frac{\begin{vmatrix} a_{11} & \cdots & b_1 & \cdots & a_{1n} \\ a_{21} & \cdots & b_2 & \cdots & a_{2n} \\ \vdots & & \vdots & & \vdots \\ a_{n1} & \cdots & b_n & \cdots & a_{nn} \end{vmatrix}}{\begin{vmatrix} a_{11} & \cdots & a_{1j} & \cdots & a_{1n} \\ a_{21} & \cdots & a_{2j} & \cdots & a_{2n} \\ \vdots & & \vdots & & \vdots \\ a_{n1} & \cdots & a_{nj} & \cdots & a_{nn} \end{vmatrix}}$$

(*O numerador é calculado a partir de A, substituindo a j-ésima coluna A^j por B. O denominador é o determinante da matriz A.*)

O Teorema 4.1 nos fornece um método explícito para calcular as coordenadas de B em relação a $A^1, \ldots, A^n$. Na linguagem de equações lineares, o Teorema 4.1 nos permite resolver explicitamente, por meio de determinantes, o sistema de n equações lineares a n incógnitas:

$$x_1 a_{11} + \cdots + x_n a_{1n} = b_1$$
$$\cdots$$
$$x_1 a_{n1} + \cdots + x_n a_{nn} = b_n.$$

Agora, vamos demonstrar o Teorema 4.1.

Seja o vetor B escrito como é formulado no enunciado do teorema, e consideremos o determinante da matriz obtida quando substituimos a j-ésima coluna de A por B. Então

$$D(A^1, \ldots, B, \ldots, A^n) = D(A^1, \ldots, x_1 A^1 + \cdots + x_n A^n, \ldots, A^n).$$

Aplicamos a propriedade **1** e obtemos a soma:

$$D(A^1, \ldots, x_1 A^1, \ldots, A^n) + \cdots + D(A^1, \ldots, x_j A^j, \ldots, A^n) +$$
$$+ \ldots + D(A^1, \ldots, x_n A^n, \ldots, A^n),$$

que, novamente pela propriedade 1, é igual a

$$x_1 D(A^1, \ldots, A^1, \ldots, A^n) + \cdots + x_j D(A^1, \ldots, A^n) + \\ + \ldots + x_n D(A^1, \ldots, A^n, \ldots, A^n).$$

Em cada termo dessa soma, exceto o j-ésimo termo, dois vetores-coluna são iguais. Logo, cada um dos termos, exceto o j-ésimo termo, é igual a 0, pela propriedade 5. O j-ésimo termo é igual a

$$x_j D(A^1, \ldots, A^n)$$

e é portanto igual ao determinante com o qual iniciamos os cálculos, a saber $D(A^1, \ldots, B, \ldots, A^n)$. Assim, podemos resolver para x_j, e obter precisamente a expressão dada no enunciado do teorema.

Exemplo. Resolver o sistema de equações lineares:

$$\begin{aligned} 3x &+ 2y + 4z = 1, \\ 2x &- y + z = 0, \\ x &+ 2y + 3z = 1. \end{aligned}$$

Temos:

$$x = \frac{\begin{vmatrix} 1 & 2 & 4 \\ 0 & -1 & 1 \\ 1 & 2 & 3 \end{vmatrix}}{\begin{vmatrix} 3 & 2 & 4 \\ 2 & -1 & 1 \\ 1 & 2 & 3 \end{vmatrix}}, \quad y = \frac{\begin{vmatrix} 3 & 1 & 4 \\ 2 & 0 & 1 \\ 1 & 1 & 3 \end{vmatrix}}{\begin{vmatrix} 3 & 2 & 4 \\ 2 & -1 & 1 \\ 1 & 2 & 3 \end{vmatrix}}, \quad z = \frac{\begin{vmatrix} 3 & 2 & 1 \\ 2 & -1 & 0 \\ 1 & 2 & 1 \end{vmatrix}}{\begin{vmatrix} 3 & 2 & 4 \\ 2 & -1 & 1 \\ 1 & 2 & 3 \end{vmatrix}}.$$

Observamos que a coluna

$$B = \begin{pmatrix} 1 \\ 0 \\ 1 \end{pmatrix}$$

Determinantes

é deslocada da primeira coluna, quando resolvemos para x, para a segunda coluna, quando resolvemos para y, e para a terceira coluna, quando resolvemos para z. O denominador em todas as três expressões é o mesmo, a saber, é o determinante da matriz dos coeficientes das equações.

Sabemos como calcular determinantes 3×3, e assim encontramos

$$x = -\frac{1}{5}, \qquad y = 0, \qquad z = \frac{2}{5}.$$

Os determinantes também nos permitem decidir se vetores são linearmente independentes.

Teorema 4.2. *Sejam $A^1, \ldots, A^n$ vetores-coluna (de dimensão n). Se eles são linearmente dependentes, então*

$$D(A^1, \ldots, A^n) = 0.$$

Se $D(A^1, \ldots, A^n) \neq 0$, então $A^1, \ldots, A^n$ são linearmente independentes.

Demonstração. A segunda afirmação não passa de uma reformulação da primeira. Portanto, é suficiente provar a primeira. Suponhamos que $A^1, \ldots, A^n$ sejam linearmente dependentes. Podemos encontrar números $x_1, \ldots, x_n$, não todos nulos tais que

$$x_1 A^1 + \cdots + x_n A^n = O.$$

Suponhamos que $x_j \neq 0$. Então

$$x_j A^j = -\sum_{k \neq j} x_k A^k.$$

Notemos que o j-ésimo termo não aparece no lado direito. Dividindo por x_j, obtemos A^j como uma combinação linear de vetores A^k com $k \neq j$. Em outras palavras, existem números y_k ($k \neq j$) tais que

$$A^j = \sum_{k \neq j} y_k A^k,$$

a saber $y_k = -x_k/x_j$. Pela linearidade, temos

$$D(A^1, \ldots, A^n) = D(A^1, \ldots, \sum_{k \neq j} y_k A^k, \ldots, A^n)$$
$$= \sum_{k \neq j} y_k D(A^1, \ldots, A^k, \ldots, A^n)$$

com A^k na j-ésima coluna, e $k \neq j$. Na soma da direita, cada determinante tem a k-ésima coluna igual a j-ésima coluna e é, pela propriedade **5**, igual a 0. Isto conclui a demonstração do Teorema 4.2.

Corolário 4.3. *Sejam $A^1, \ldots, A^n$ vetores-coluna de K^n tais que*

$$D(A^1, \ldots, A^n) \neq 0,$$

e se B é um vetor-coluna de K^n, então existem elementos $x_1, \ldots, x_n \in K$ tais que

$$x_1 A^1 + \cdots + x_n A^n = B.$$

Demonstração. De acordo com o teorema, $A^1, \ldots, A^n$ são linearmente independentes e portanto formam uma base de K^n. Logo, qualquer vetor de K^n pode ser expresso como uma combinação linear de $A^1, \ldots, A^n$.

Em termos de equações lineares, o corolário afirma que:

Se um sistema de n equações lineares com n incógnitas tem uma matriz de coeficientes cujo determinante não é 0, então este sistema tem uma solução, que pode ser determinada pela regra de Cramer.

No Teorema 5.3 demonstraremos a recíproca do Corolário 4.3. Dessa forma, temos:

Determinantes   229

Teorema 4.4. *O determinante $D(A^1, \ldots, A^n)$ é igual a 0 se, e somente se $A^1, \ldots, A^n$ forem linearmente dependentes.*

VI, §4. EXERCÍCIOS

1. Resolva os seguintes sistemas de equações lineares.

(a) $\begin{cases} 3x + y - z = 0 \\ x + y + z = 0 \\ y - z = 1 \end{cases}$
(b) $\begin{cases} 2x - y + z = 0 \\ x + 3y - 2z = 0 \\ 4x - 3y + z = 2 \end{cases}$

(c) $\begin{cases} 4x + y + z + w = 1 \\ x - y + 2z - 3w = 0 \\ 2x + y + 3z + 5w = 0 \\ x + y - z - w = 2 \end{cases}$
(d) $\begin{cases} x + 2y - 3z + 5w = 0 \\ 2x + y - 4z - w = 1 \\ x + y + z + w = 0 \\ -x - y - z + w = 4 \end{cases}$

VI, §5. TRIANGULAÇÃO DE UMA MATRIZ POR OPERAÇÕES EM COLUNAS

No cálculo de determinantes as duas operações seguintes têm sido usadas sobre as colunas da matriz:

COL 1. Somar um múltiplo escalar de uma coluna à outra.
COL 2. Trocar duas colunas.

Definimos duas matrizes A e B (ambas $n \times n$) como sendo **equivalentes por coluna** se B puder ser obtida a partir de A por uma sucessão de operações nas colunas **COL 1** e **COL 2**. Teremos então:

Proposição 5.1. *Sejam A e B duas matrizes-coluna equivalentes. Então*

$$posto\, A = posto\, B;$$

A é invertível se, e somente se B for invertível; $\operatorname{Det}(A) = 0$ *se, e somente se* $\operatorname{Det}(B) = 0$.

Demonstração. Seja A uma matriz $n \times n$. Se trocarmos duas colunas de A, então o espaço coluna, isto é, o espaço gerado pelas colunas de A não será alterado. Sejam $A^1, \ldots, A^n$ as colunas de A. Seja x um escalar. Então o espaço gerado por

$$A^1 + xA^2, A^2, \ldots, A^n$$

é o mesmo espaço gerado por $A^1, \ldots, A^n$. (Verificação imediata.) Logo, se B é equivalente por coluna à A, então o espaço coluna de B é igual ao espaço coluna de A e portanto posto $A =$ posto B.

O determinante muda de sinal somente quando fazemos uma operação coluna, assim $\operatorname{Det}(A) = 0$ se, e somente se $\operatorname{Det}(B) = 0$.

Finalmente, se A é invertível, então posto $A = n$ de acordo com o Teorema 2.2 do Capítulo IV, assim posto de $B = n$, e portanto B é invertível pelo mesmo teorema. Isto conclui a demonstração.

Teorema 5.2. *Seja A uma matriz $n \times n$. Então A é uma matriz equivalente por coluna a uma matriz triangular*

$$B = \begin{pmatrix} b_{11} & 0 & \cdots & 0 \\ b_{21} & b_{22} & \cdots & 0 \\ \vdots & \vdots & \ddots & \vdots \\ b_{n1} & b_{n2} & \cdots & b_{nn} \end{pmatrix}.$$

Determinantes 231

Demonstração. Será feita por indução sobre n. Seja $A = (a_{ij})$. Não há nada a provar se $n = 1$. Seja $n > 1$. Se todos os elementos da primeira linha de A são 0, então concluímos a demonstração por indução fazendo operaçõescoluna na matriz $(n-1) \times (n-1)$

$$\begin{pmatrix} a_{22} & \cdots & a_{nn} \\ \vdots & & \vdots \\ a_{n2} & \cdots & a_{nn} \end{pmatrix}.$$

Suponhamos que algum elemento da primeira linha de A não seja 0. Por operaçõescoluna, podemos admitir que $a_{11} \neq 0$. Somando um múltiplo escalar da primeira coluna a cada uma das outras colunas, podemos então obter uma matriz equivalente B, tal que

$$b_{12} = \cdots = b_{1n} = 0,$$

ou seja, todos os elementos, com excessão de a_{11}, são 0. Podemos mais uma vez aplicar indução à matriz obtida pela exclusão da primeira linha e primeira coluna. Isto conclui a demonstração.

Teorema 5.3. *Seja $A = (A^1, \ldots, A^n)$ uma matriz quadrada. As seguintes condições são equivalentes:*

(a) *A é invertível.*

(b) *As colunas $A^1, \ldots, A^n$ são linearmente independentes.*

(c) *$D(A) \neq 0$.*

Demonstração. Já foi provado no Teorema 2.2 do Capítulo 4 que (a) é equivalente a (b). Pela Proposição 5.1 e o Teorema 5.2 podemos admitir que A é uma matriz triangular. O determinante é então o produto dos elementos da diagonal, e é igual a 0 se, e somente, se algum elemento da diagonal for 0. Mas, essa condição é equivalente ao fato de os vetores-coluna serem linearmente independentes, concluindo assim a demonstração.

VI, §5. EXERCÍCIOS

1. (a) Considere $1 \leq r, s \leq n$, $r \neq s$ e J_{rs} a matriz $n \times n$ cujas rs-componentes são iguais a 1 e todas as outras componentes são 0. Seja $E_{rs} = I + J_{rs}$. Mostre que $D(E_{rs}) = I$.

    (b) Seja A uma matriz $n \times n$. Qual é o resultado da multiplicação $E_{rs}A$? E da multiplicação AE_{rs}?

2. Na prova do Teorema 5.3, usamos o fato de que se A é uma matriz triangular, então os vetores-coluna são linearmente independentes se, e somente se, todos os elementos diagonais forem $\neq 0$,. Dê os detalhes da demonstração desse fato.

VI, §6. PERMUTAÇÕES

Vamos trabalhar somente com as permutações do conjunto de inteiros $\{1, \ldots, n\}$ que indicamos por J_n. Por definição, uma **permutação** desse conjunto é uma aplicação

$$\sigma : \{1, \ldots, n\} \to \{1, \ldots, n\}$$

de J_n nele próprio tal que , se $i, j \in J_n$ e $i \neq j$, então $\sigma(i) \neq \sigma(j)$. Logo, uma permutação é uma bijeção de J_n nele próprio. Se σ é uma tal permutação, então o conjunto de inteiros

$$\{\sigma(1), \ldots, \sigma(n)\}$$

possui n elementos distintos, e portanto é novamente constituído dos inteiros $1, \ldots, n$, numa disposição diferente. Desta forma, para cada inteiro $j \in J_n$, existe um único inteiro k tal que $\sigma(k) = j$. Podemos definir uma **permutação inversa**, indicada por σ^{-1}, como sendo a aplicação

$$\sigma^{-1} : J_n \to J_n$$

tal que $\sigma^{-1}(k) =$ único inteiro $j \in J_n$ tal que $\sigma(j) = k$. Se σ, τ são permutações de J_n, então podemos formar a sua aplicação composta

$$\sigma \circ \tau$$

que, mais uma vez, será uma permutação. Geralmente, omitimos o pequeno círculo e escrevemos $\sigma\tau$ para representar a aplicação composta. Desta forma

$$(\sigma\tau)(i) = \sigma(\tau(i)).$$

Por definição, para qualquer σ, vale

$$\sigma\sigma^{-1} = id \quad \text{e} \quad \sigma^{-1}\sigma = id,$$

onde id é a permutação identidade, isto é, a permutação tal que $id(i) = i$, para todo $i = 1, \ldots, n$.

Se $\sigma_1, \ldots, \sigma_r$ são permutações de J_n, então a inversa da aplicação composta

$$\sigma_1 \cdots \sigma_r$$

é a permutação

$$\sigma_r^{-1} \cdots \sigma_1^{-1}.$$

A verificação é trivial: é suficiente multiplicar as duas expressões.

Uma **transposição** é uma permutação que troca dois números, um pelo outro, e mantém os demais fixos. A inversa de uma transposição τ é obviamente igual à própria transposição τ, de forma que $\tau^2 = id$

Proposição 6.1. *Toda permutação de J_n pode ser expressa como um produto de transposições.*

Demonstração. Vamos demonstrar nossa afirmação por indução sobre n. Para $n = 1$, não há nada a demonstrar. Suponhamos $n > 1$ e admitamos que a afirmação seja verdadeira para $n - 1$. Seja σ uma permutação de J_n, tal que $\sigma(n) = k$. Se $k \neq n$, então considere a transposição τ de J_n tal que $\tau(k) = n$, $\tau(n) = k$. Se $k = n$ e $\tau = id$, então $\tau\sigma$ é uma permutação tal que

$$\tau\sigma(n) = \tau(k) = n.$$

Em outras palavras, $\tau\sigma$ mantém n fixo. Com isto podemos considerar $\tau\sigma$ como uma permutação de J_{n-1}, e por indução existem transposições $\tau_1, \ldots, \tau_s$ de J_{n-1}, que conservam n fixo, tais que

$$\tau\sigma = \tau_1, \cdots, \tau_s.$$

Podemos agora escrever

$$\sigma = \tau^{-1}\tau_1, \cdots, \tau_s = \tau\tau_1, \cdots, \tau_s,$$

demonstrando assim nossa proposição.

Exemplo 1. Uma permutação σ de inteiros $\{1, \ldots, n\}$ é indicada por

$$\begin{bmatrix} 1 & \cdots & n \\ \sigma(1) & \cdots & \sigma(n) \end{bmatrix}.$$

Logo

$$\begin{bmatrix} 1 & 2 & 3 \\ 2 & 1 & 3 \end{bmatrix}$$

indica a permutação σ tal que $\sigma(1) = 2$, $\sigma(2) = 1$, e $\sigma(3) = 3$. Essa permutação é de fato uma transposição, Se σ' é a transposição

$$\begin{bmatrix} 1 & 2 & 3 \\ 3 & 1 & 2 \end{bmatrix},$$

Determinantes

então $\sigma\sigma' = \sigma \circ \sigma'$ é a permutação tal que

$$\sigma\sigma'(1) = \sigma(\sigma'(1)) = \sigma(3) = 3,$$
$$\sigma\sigma'(2) = \sigma(\sigma'(2)) = \sigma(1) = 2,$$
$$\sigma\sigma'(3) = \sigma(\sigma'(3)) = \sigma(2) = 1,$$

de forma que podemos escrever

$$\sigma\sigma' = \begin{bmatrix} 1 & 2 & 3 \\ 3 & 2 & 1 \end{bmatrix}.$$

Além disso, a inversa de σ' é a permutação

$$\begin{bmatrix} 1 & 2 & 3 \\ 2 & 3 & 1 \end{bmatrix}$$

como é imediatamente determinada a partir das definições: dado que $\sigma'(1) = 3$, devemos ter $\sigma'^{-1}(3) = 1$. Como $\sigma'(2) = 1$, devemos ter $\sigma'^{-1}(1) = 2$. Finalmente, dado que $\sigma'(3) = 2$, devemos ter $\sigma'^{-1}(2) = 3$.

Exemplo 2. Queremos expressar a permutação

$$\sigma = \begin{bmatrix} 1 & 2 & 3 \\ 3 & 1 & 2 \end{bmatrix}$$

como um produto de transposições. Seja τ a transposição que permuta 3 e 1 e mantém 2 fixo. Logo, usando a definição, encontramos

$$\tau\sigma = \begin{bmatrix} 1 & 2 & 3 \\ 1 & 3 & 2 \end{bmatrix}$$

de forma que $\tau\sigma$ é uma transposição, que denotamos por τ'. Podemos então escrever $\tau\sigma = \tau'$, e assim

$$\sigma = \tau^{-1}\tau' = \tau\tau'$$

já que $\tau^{-1} = \tau$. Esse é o produto desejado.

Exemplo 3. Expressar a permutação

$$\sigma = \begin{bmatrix} 1 & 2 & 3 & 4 \\ 2 & 3 & 4 & 1 \end{bmatrix}$$

como um produto de transposições. Seja τ_1 a transposição que permuta 1 e 2 e mantém 3 e 4 fixos. Então

$$\tau_1 \sigma = \begin{bmatrix} 1 & 2 & 3 & 4 \\ 1 & 3 & 4 & 2 \end{bmatrix}.$$

Agora, seja τ_2 a transposição que permuta 2 e 3, e mantém 1 e 4 fixos. Então

$$\tau_2 \tau_1 \sigma = \begin{bmatrix} 1 & 2 & 3 & 4 \\ 1 & 2 & 4 & 3 \end{bmatrix},$$

e dessa forma concluímos que $\tau_2 \tau_1 \sigma$ é uma transposição, que podemos por τ_3. Assim, temos $\tau_2 \tau_1 \sigma = \tau_3$ e portanto

$$\sigma = \tau_1 \tau_2 \tau_3.$$

Proposição 6.2. *Para cada permutação σ de J_n é possível atribuir um sinal 1 ou -1, indicado por $\varepsilon(\sigma)$, satisfazendo as seguintes condições:*
(a) *Se τ é uma transposição, então $\varepsilon(\tau) = -1$.*
(b) *Se σ e σ' são permutações de J_n, então*

$$\varepsilon(\sigma \sigma') = \varepsilon(\sigma) \varepsilon(\sigma').$$

Na verdade, se $A = (A^1, \ldots, A^n)$ é uma matriz $n \times n$, então $\varepsilon(\sigma)$ pode ser definida pela condição

$$D(A^{\sigma(1)}, \ldots, A^{\sigma(n)}) = \varepsilon(\sigma) D(A^1, \ldots, A^n).$$

Determinantes

Demonstração. Observemos que $D(A^{\sigma(1)}, \ldots, A^{\sigma(n)})$ é apenas uma ordenação diferente de $(A^1, \ldots, A^n)$. Seja σ uma permutação de J_n. Então

$$D(A^{\sigma(1)}, \ldots, A^{\sigma(n)}) = \pm D(A^1, \ldots, A^n),$$

onde o sinal + ou − é determinado por σ e não depende de $A^1, \ldots, A^n$. De fato, com uma sucessão de transposições podemos retornar $(A^{\sigma(1)}, \ldots, A^{\sigma(n)})$ à forma usual $(A^1, \ldots, A^n)$ e cada transposição troca o sinal do determinante. Então, por *definição*

$$\varepsilon(\sigma) = \frac{D(A^{\sigma(1)}, \ldots, A^{\sigma(n)})}{D(A^1, \ldots, A^n)},$$

para qualquer escolha de $A^1, \ldots, A^n$ cujo determinante não seja 0, por exemplo, os vetores unitários $E^1, \ldots, E^n$. É óbvio que existem muitas formas de aplicar uma sucessão de transposições para retornar $(A^{\sigma(1)}, \ldots, A^{\sigma(n)})$ à forma usual, mas como o determinante é uma função bem definida, conseqüentemente o sinal $\varepsilon(\sigma)$ também é bem definido, se mantém constante, e independe do caminho por nós escolhido. Dessa forma, temos

$$D(A^{\sigma(1)}, \ldots, A^{\sigma(n)}) = \varepsilon(\sigma) D(A^1, \ldots, A^n),$$

e isto se verifica, de forma clara, mesmo que $D(A^1, \ldots, A^n) = 0$, pois neste caso ambos os membros da igualdade são iguais a 0.

Se τ é uma transposição então a asserção (a) é somente uma versão da propriedade 4.

Finalmente, sejam σ e σ' permutações de J_n. Seja $C^j = A^{\sigma'(j)}$ para $j = 1, \ldots, n$. Logo, de um lado temos

(∗) $$D(A^{\sigma'\sigma(1)}, \ldots, A^{\sigma'\sigma(n)}) = \varepsilon(\sigma'\sigma) D(A^1, \ldots, A^n),$$

e de outro lado

$$\begin{aligned}
D(A^{\sigma'\sigma(1)}, \ldots, A^{\sigma'\sigma(n)}) &= D(C^{\sigma(1)}, \ldots, C^{\sigma(n)}) \\
&= \varepsilon(\sigma)D(C^1, \ldots, C^n) \\
&= \varepsilon(\sigma)D(A^{\sigma'(1)}, \ldots, A^{\sigma'(n)}) \\
&= \varepsilon(\sigma)\varepsilon(\sigma')D(A^1, \ldots, A^n).
\end{aligned}$$

(**)

Sejam $A^1, \ldots, A^n$ os vetores unitários $E^1, \ldots, E^n$. A partir da igualdade entre (*) e (**), concluímos que $\varepsilon(\sigma'\sigma) = \varepsilon(\sigma')\varepsilon(\sigma)$, demonstrando assim nossa proposição.

Corolário 6.3. *Se uma permutação σ de J_n é expressa como um produto de transposições,*

$$\sigma = \tau_1 \cdots \tau_s,$$

onde cada τ_i é uma transposição, então s é par ou ímpar de acordo com $\varepsilon(\sigma) = 1$ ou -1.

Demonstração. Temos

$$\varepsilon(\sigma) = \varepsilon(\tau_1) \cdots \varepsilon(\tau_s) = (-1)^s,$$

donde nossa afirmação fica evidente.

Corolário 6.4. *Se σ é uma permutação de J_n, então*

$$\varepsilon(\sigma) = \varepsilon(\sigma^{-1}).$$

Demonstração. Temos

$$1 = \varepsilon(id) = \varepsilon(\sigma\sigma^{-1}) = \varepsilon(\sigma)\varepsilon(\sigma^{-1}).$$

Determinantes   239

Logo, tanto $\varepsilon(\sigma)$ quanto $\varepsilon(\sigma^{-1})$ são iguais a 1, ou ambos são iguais a -1, como queríamos mostrar.

Por uma questão de terminologia, uma permutação é chamada **par** se seu sinal $\varepsilon(\sigma) = 1$, e é chamada **ímpar** se $\varepsilon(\sigma) = -1$. Portanto, toda transposição é ímpar.

Exemplo 4. O sinal da permutação σ no Exemplo 2 é igual a 1 devido a $\sigma = \tau\tau'$. O sinal da permutação σ no Exemplo 3 é igual a -1 devido a $\sigma = \tau_1\tau_2\tau_3$.

VI, §6. EXERCÍCIOS

1. Determine o sinal das permutações seguintes.

   (a) $\begin{bmatrix} 1 & 2 & 3 \\ 2 & 3 & 1 \end{bmatrix}$ (b) $\begin{bmatrix} 1 & 2 & 3 \\ 3 & 1 & 2 \end{bmatrix}$ (c) $\begin{bmatrix} 1 & 2 & 3 \\ 3 & 2 & 1 \end{bmatrix}$

   (d) $\begin{bmatrix} 1 & 2 & 3 & 4 \\ 2 & 3 & 1 & 4 \end{bmatrix}$ (e) $\begin{bmatrix} 1 & 2 & 3 & 4 \\ 2 & 1 & 4 & 3 \end{bmatrix}$ (f) $\begin{bmatrix} 1 & 2 & 3 & 4 \\ 3 & 2 & 4 & 1 \end{bmatrix}$

   (g) $\begin{bmatrix} 1 & 2 & 3 & 4 \\ 4 & 2 & 1 & 3 \end{bmatrix}$ (h) $\begin{bmatrix} 1 & 2 & 3 & 4 \\ 3 & 1 & 4 & 2 \end{bmatrix}$ (i) $\begin{bmatrix} 1 & 2 & 3 & 4 \\ 2 & 4 & 1 & 3 \end{bmatrix}$

2. Em cada um dos casos do Exercício 1, escreva a inversa da permutação.

3. Mostre que o número de permutações ímpares de $\{1, \ldots, n\}$ para $n \geq 2$ é igual ao número de permutações pares. [*Sugestão*: Considere τ uma transposição. Mostre que a aplicação $\sigma \mapsto \tau\sigma$, entre o conjunto das permutações pares e o conjunto das permutações ímpares, é injetiva e sobrejetiva.]

VI, §7. FÓRMULA PARA A EXPANSÃO DE DETERMINANTES E UNICIDADE DO DETERMINANTE

Nesta seção fazemos algumas observações em relação à expansão de determinantes. Vamos generalizar o formalismo da bilinearidade discutida no Capítulo V §4. De início, vamos discutir o caso 3×3.

Sejam X^1, X^2 e X^3 três vetores em K^3, e seja (b_{ij}) $(i, j = 1, 2, 3)$ uma matriz 3×3. Sejam

$$A^1 = b_{11}X^1 + b_{21}X^2 + b_{31}X^3 = \sum_{k=1}^{3} b_{k1}X^k,$$

$$A^2 = b_{12}X^1 + b_{22}X^2 + b_{32}X^3 = \sum_{l=1}^{3} b_{l2}X^l,$$

$$A^3 = b_{13}X^1 + b_{23}X^2 + b_{33}X^3 = \sum_{m=1}^{3} b_{m3}X^m.$$

Podemos então expandir, usando a linearidade,

$$\begin{aligned}
D(A^1, A^2, A^3) &= D\left(\sum_{k=1}^{3} b_{k1}X^k, \sum_{l=1}^{3} b_{l2}X^l, \sum_{m=1}^{3} b_{m3}X^m\right) \\
&= \sum_{k=1}^{3} b_{k1} D\left(X^k, \sum_{l=1}^{3} b_{l2}X^l, \sum_{m=1}^{3} b_{m3}X^m\right) \\
&= \sum_{k=1}^{3} \sum_{l=1}^{3} b_{k1} b_{l2} D\left(X^k, X^l, \sum_{m=1}^{3} b_{m3}X^m\right) \\
&= \sum_{k=1}^{3} \sum_{l=1}^{3} \sum_{m=1}^{3} b_{k1} b_{l2} b_{m3} D\left(X^k, X^l, X^m\right).
\end{aligned}$$

Ou, reescrevendo somente o resultado

$$\boxed{D(A^1, A^2, A^3) = \sum_{k=1}^{3} \sum_{l=1}^{3} \sum_{m=1}^{3} b_{k1} b_{l2} b_{m3} D\left(X^k, X^l, X^m\right)}$$

Determinantes

Se quisermos obter uma expansão para o caso $n \times n$, devemos obviamente ajustar a notação pois do contrário esgotaremos k, l e m. Logo, em vez de usar k, l e m, observamos que esses valores k, l e m correspondem a uma escolha arbitrária de um dos inteiros 1, 2, ou 3, para cada um dos números 1, 2, 3 que aparece como o segundo índice em b_{ij}. Logo, se denotamos por σ essa escolha arbitrária, então podemos escrever

$$k = \sigma(1), \qquad l = \sigma(2), \qquad m = \sigma(3)$$

e

$$b_{k1}b_{l2}b_{m3} = b_{\sigma(1),1}b_{\sigma(2),2}b_{\sigma(3),3}.$$

Portanto, $\sigma : \{1,2,3\} \to \{1,2,3\}$ não é nada além de uma associação isto é, uma função de J_3 em J_3, e podemos escrever

$$\boxed{D(A^1, A^2, A^3) = \sum_{\sigma} b_{\sigma(1),1}b_{\sigma(2),2}b_{\sigma(3),3} D\left(X^{\sigma(1)}, X^{\sigma(2)}, X^{\sigma(3)}\right),}$$

onde a soma é considerada para todos os possíveis σ.

Encontraremos uma expressão para o determinante que corresponda à expansão de seis termos para o caso 3×3. Ao mesmo tempo, observamos que as propriedades usadas na demonstração são somente as propriedades **1**, **2** e **3** e suas conseqüências **4**, **5** e **6**, de forma que nossa demonstração se aplica a qualquer função D verificando essas propriedades.

Inicialmente daremos uma expressão para o caso 2×2.

Seja

$$A = \begin{pmatrix} a & b \\ c & d \end{pmatrix}$$

uma matriz 2×2, e sejam

$$A^1 = \begin{pmatrix} a \\ c \end{pmatrix}, \qquad A^2 = \begin{pmatrix} b \\ d \end{pmatrix}$$

seus vetores-coluna. Podemos escrever

$$A^1 = aE^1 + cE^2 \quad \text{e} \quad A^2 = bE^1 + dE^2,$$

onde E^1 e E^2 são os vetores-coluna unitários. Logo,

$$\begin{aligned} D(A) &= D(A^1, A^2) = D(aE^1 + cE^2, bE^1 + dE^2) \\ &= abD(E^1, E^1) + cbD(E^2, E^1) + adD(E^1, E^2) + cdD(E^2, E^2) \\ &= -bcD(E^1, E^2) + adD(E^1, E^2) \\ &= ad - bc \,. \end{aligned}$$

Isto mostra que toda função D que satisfaz as propriedades básicas de um determinante é dada pela fórmula do §1, ou seja $ad - bc$.

No caso geral a demonstração é inteiramente similar, levando em conta as n componentes. Essa demonstração está baseada numa expansão semelhante àquela que usamos no caso 2×2. Por meio de um lema, considerado como um lema-chave, formulamos essa expansão.

Lema 7.1. *Sejam $X^1, \ldots, X^n$ n vetores de um espaço vetorial de dimensão n. Seja $B = (b_{ij})$ uma matriz $n \times n$, e consideremos*

$$\begin{aligned} A^1 &= b_{11}X^1 + \cdots + b_{n1}X^n \\ \vdots\, &= \quad \vdots \qquad\qquad\qquad \vdots \\ A^n &= b_{1n}X^1 + \cdots + b_{nn}X^n. \end{aligned}$$

Então

$$D(A^1, \ldots, A^n) = \sum_{\sigma} \varepsilon(\sigma) b_{\sigma(1),1} \cdots b_{\sigma(n),n} D(X^1, \ldots, X^n),$$

onde a soma é tomada sobre todas as permutações σ de $\{1, \ldots, n\}$.

Demonstração. Temos que calcular

$$D(b_{11}X^1 + \cdots + b_{n1}X^n, \ldots, b_{1n}X^1 + \cdots + b_{nn}X^n).$$

Usando a linearidade da função determinante D em relação a cada coluna, podemos expressar isto como uma soma

$$\sum_{\sigma} b_{\sigma(1),1} \cdots b_{\sigma(n),n} D(X^{\sigma(1)}, \ldots, X^{\sigma(n)}),$$

onde $\sigma(1), \ldots, \sigma(n)$ indicam a escolha de um número inteiro entre 1 e n para cada valor de $1, \ldots, n$. Dessa forma, cada σ é uma aplicação do conjunto dos inteiros $\{1, \ldots, n\}$ nele próprio, e a soma acima é efetuada sobre todas as aplicações. Se algum σ associa o mesmo valor inteiro a valores distintos i, j entre 1 e n, então o determinante à direita tem duas colunas iguais, sendo, portanto, igual a zero. Conseqüentemente, podemos efetuar nossa soma somente para aqueles σ que verificam $\sigma(i) \neq \sigma(j)$ para $i \neq j$, ou seja *permutações*. Pela proposição 6.2 temos

$$D(X^{\sigma(1)}, \ldots, X^{\sigma(n)}) = \varepsilon(\sigma) D(X^1, \ldots, X^n).$$

Substituindo isto por nossas expressões para $D(A^1, \ldots, A^n)$ obtidas acima, encontramos a expressão proposta no lema.

Teorema 7.2. *Os determinantes são determinados de modo único pelas propriedades* **1**, **2** *e* **3**. *Se* $A = (a_{ij})$, *então o determinante satisfaz a expressão*

$$D(A^1, \ldots, A^n) = \sum_{\sigma} \varepsilon(\sigma) a_{\sigma(1),1} \cdots a_{\sigma(n),n},$$

sendo a soma efetuada sobre todas as permutações dos inteiros $\{1, \ldots, n\}$.

Demonstração. Seja $X^j = E^j$ o vetor unitário que tem 1 na j–ésima componente, e tomemos $b_{ij} = a_{ij}$ no Lema 7.1. Como por hipótese temos $D(E^1, \ldots, E^n) = 1$, vemos que a fórmula do Teorema 7.2 desaparece de uma vez.

Mais adiante apresentamos aplicações mais aprofundadas do fundamental Lema 7.1. Cada um dos resultados a seguir será uma aplicação direta desse lema.

Teorema 7.3. *Sejam A e B duas matrizes $n \times n$. Então*

$$\mathrm{Det}(AB) = \mathrm{Det}(A)\,\mathrm{Det}(B).$$

O determinante de um produto é igual ao produto dos determinantes.

Demonstração. Sejam $A = (a_{ij})$ e $B = (b_{jk})$:

$$\begin{pmatrix} a_{11} & \cdots & a_{1n} \\ \vdots & & \vdots \\ a_{11} & \cdots & a_{1n} \end{pmatrix} \begin{pmatrix} b_{11} & \cdots & b_{1k} & \cdots & b_{1n} \\ \vdots & & \vdots & & \vdots \\ b_{n1} & \cdots & b_{nk} & \cdots & b_{nn} \end{pmatrix}.$$

Seja $AB = C$, e indiquemos a k–ésima coluna de C por C^k. Então, por definição,

$$C^k = b_{1k}A^1 + \cdots + b_{nk}A^n.$$

Portanto,

$$\begin{aligned} D(AB) &= D(C^1, \ldots, C^n) \\ &= D(b_{11}A^1 + \cdots + b_{n1}A^n, \ldots, b_{1n}A^1 + \cdots + b_{nn}A^n) \\ &= \sum_\sigma b_{\sigma(1),1} \cdots b_{\sigma(n),n} D(A^{\sigma(1)}, \ldots, A^{\sigma(n)}) \\ &= \sum_\sigma \varepsilon(\sigma) b_{\sigma(1),1} \cdots b_{\sigma(n),n} D(A^1, \ldots, A^n) \qquad \text{pelo Lema 7.1} \\ &= D(B)D(A) \qquad \text{pelo Lema 7.2.} \end{aligned}$$

Isto demonstra o teorema.

Corolário 7.4. *Seja A uma matriz $n \times n$ invertível. Então*

$$\mathrm{Det}(A^{-1}) = \mathrm{Det}(A)^{-1}.$$

Demonstração. Temos $1 = D(I) = D(AA^{-1}) = D(A)D(A^{-1})$. Isto demonstra o que queríamos.

Teorema 7.5. *Seja A uma matriz quadrada. Então $D(A) = D(A^T)$.*

Demonstração. No Teorema 7.2, vimos que

(*) $$\text{Det}(A) = \sum_\sigma \varepsilon(\sigma) a_{\sigma(1),1} \cdots a_{\sigma(n),n}.$$

Seja σ uma permutação de $\{1, \ldots, n\}$. Se $\sigma(j) = k$, então $\sigma^{-1}(k) = j$. Dessa forma, podemos escrever

$$a_{\sigma(j),j} = a_{k,\sigma^{-1}(k)}.$$

Num produto

$$a_{\sigma(1),1} \cdots a_{\sigma(n),n}$$

cada inteiro k de 1 a n aparece exatamente uma vez no meio dos inteiros $\sigma(1), \ldots, \sigma(n)$. Logo, o produto pode ser escrito

$$a_{1,\sigma^{-1}(1)} \cdots a_{n,\sigma^{-1}(n)},$$

e nossa soma (*) é igual a

$$\sum_\sigma \varepsilon(\sigma^{-1}) a_{1,\sigma^{-1}(1)} \cdots a_{n,\sigma^{-1}(n)},$$

pois $\varepsilon(\sigma) = \varepsilon(\sigma^{-1})$. Nessa soma, cada termo corresponde a uma permutação σ. Entretanto, quando σ percorre o conjunto de todas as permutações, o mesmo ocorre para σ^{-1}, pois uma permutação determina sua inversa de modo único. Portanto, nossa soma é igual a

(**) $$\sum_\sigma \varepsilon(\sigma) a_{1,\sigma(1)} \cdots a_{n,\sigma(n)}.$$

A soma (**) é justamente a soma que expressa a forma expandida do determinante da transposta de A. Assim, provamos o que queríamos.

VI, §7. EXERCÍCIOS

1. Mostre que para $n = 3$, a expansão do Teorema 7.2 é a expressão de seis termos dada no §2.

2. Retorne à demonstração do Lema 7.1 para verificar que não foram usadas todas as propriedades dos determinantes na prova desse resultado. Apenas as duas primeiras propriedades foram usadas. Assim, considere uma função F multilinear alternada qualquer. Como no Lema 7.1, seja

$$A^j = \sum_{i=1}^{n} b_{ij} X^i \qquad \text{para } j = 1, \ldots, n.$$

Então

$$F(A^1, \ldots, A^n) = \sum_{\sigma} \varepsilon(\sigma) b_{\sigma(1),1} \cdots b_{\sigma(n),n} F(X^1, \ldots, X^n).$$

Por que podemos concluir que se B é a matriz (b_{ij}), então

$$F(A^1, \ldots, A^n) = D(B) F(X^1, \ldots, X^n)?$$

3. Seja $F : \mathbb{R}^n \times \cdots \times \mathbb{R}^n \to \mathbb{R}$ uma função de n variáveis, cada uma das quais percorrendo $\mathbb{R}^n$. Admita que F é linear em cada variável. Suponha também que se $A^1, \ldots, A^n \in \mathbb{R}^n$ e existe um par de inteiros r e s com $1 \leq r, s \leq n$ tais que $r \neq s$ e $A^r = A^s$, então

$$F(A^1, \ldots, A^n) = 0.$$

Considere os vetores B^i ($i = 1, \ldots, n$) e c_{ij} números tais que

$$A^j = \sum_{i=1}^{n} c_{ij} B^i.$$

(a) Se $F(B^1, \ldots, B^n) = -3$ e $\det(c_{ij}) = 5$, qual o valor de

$$F(A^1, \ldots, A^n)?$$

Justifique sua resposta citando os teoremas que são aplicados, ou provando diretamente.

(b) Se $F(E^1, \ldots, E^n) = 2$ (onde $E^1, \ldots, E^n$ são os vetores unitários usuais), e se $F(A^1, \ldots, A^n) = 10$, então qual é o valor de

$$D(A^1, \ldots, A^n)?$$

Novamente, justifique sua resposta.

VI, §8. INVERSA DE UMA MATRIZ

Vamos primeiro considerar um caso especial. Seja

$$A = \begin{pmatrix} a & b \\ c & d \end{pmatrix}$$

uma matriz 2×2, e suponha que seu determinante $ad - bc \neq 0$. Queremos encontrar uma inversa para A, isto é, uma matriz 2×2

$$X = \begin{pmatrix} x & y \\ z & w \end{pmatrix}$$

tal que

$$AX = XA = I.$$

Olhemos para a primeira condição, $AX = I$, que, ao ser escrita por extenso, fica na seguinte forma:

$$\begin{pmatrix} a & b \\ c & d \end{pmatrix} \begin{pmatrix} x & y \\ z & w \end{pmatrix} = \begin{pmatrix} 1 & 0 \\ 0 & 1 \end{pmatrix}$$

Agora, observemos a primeira coluna de AX. Devemos resolver as equações

$$ax + bz = 1,$$
$$cx + dz = 0.$$

É um sistema de duas equações em duas incógnitas, x e z, que sabemos resolver. Analogamente, olhando para a segunda coluna, identificamos a necessidade de resolver um sistema de duas equações nas incógnitas y e w.

$$ay + bw = 1,$$
$$cy + dw = 0.$$

Exemplo. Seja

$$A = \begin{pmatrix} 2 & 1 \\ 4 & 3 \end{pmatrix}.$$

Procuramos uma matriz X tal que $AX = I$. Devemos portanto resolver os sistemas de equações lineares

$$\begin{array}{ccc} 2x + z = 1, & & 2y + w = 0, \\ 4x + 3z = 0, & \text{e} & 4y + 3w = 1. \end{array}$$

Pelo método usual para resolver duas equações em duas incógnitas, encontramos

$$x = \tfrac{3}{2}, \qquad z = -2, \qquad \text{e} \qquad y = -\tfrac{1}{2}, \qquad w = 1.$$

Portanto, a matriz

$$X = \begin{pmatrix} \tfrac{3}{2} & -\tfrac{1}{2} \\ -2 & 1 \end{pmatrix}$$

Determinantes

verifica $AX = I$. O leitor também deve verificar por multiplicação direta que $XA = I$. Isto resolve o problema de encontrar a inversa para A. De forma similar, no caso 3×3, encontraríamos três sistemas de equações lineares, correspondendo à primeira, à segunda e à terceira coluna. Cada sistema poderia ser resolvido para se obter a inversa. Nós agora daremos um argumento geral.

Seja A uma matriz $n \times n$. Se B é uma matriz tal que $AB = I$ e $BA = I$ (I = matriz unitária $n \times n$), então dizemos que B é uma **inversa** de A, e escrevemos $B = A^{-1}$.

Se existe uma inversa de A, então ela é única.

Demonstração. Seja C uma inversa de A. Então $CA = I$. Multiplicando por B o lado direito, obtemos $CAB = B$. No entanto, $CAB = C(AB) = CI = C$. Portanto, $C = B$. Um argumento similar funciona para $AC = I$.

Uma matriz quadrada cujo determinante é $\neq 0$, ou de forma equivalente, que admite uma inversa, é chamada **não-singular**.

Teorema 8.1. *Seja $A = (a_{ij})$ uma matriz $n \times n$. Se $D(A) \neq 0$, então A é invertível. Seja E^j o j-ésimo vetor-coluna unitário, e seja*

$$b_{ij} = \frac{D(A^1, \ldots, E^j, \ldots, A^n)}{D(A)},$$

onde E^j ocupa a i-ésima posição. Então a matriz $B = (b_{ij})$ é uma inversa de A.

Demonstração. Seja $X = (x_{ij})$ uma matriz $n \times n$ desconhecida. Queremos determinar as componentes x_{ij} de modo que $AX = I$. A partir da definição de produtos de matrizes, isto quer dizer que, para cada j, devemos resolver o sistema de equações lineares

$$E^j = x_{1j}A^1 + \cdots + x_{nj}A^n,$$

que pode ser resolvido de modo único pela regra de Cramer, e resulta que

$$x_{ij} = \frac{D(A^1, \ldots, E^j, \ldots, A^n)}{D(A)},$$

ou seja, a fórmula dada no teorema.

Devemos ainda demonstrar que $XA = I$. Notemos que $D(A^t) \neq 0$. Por conseguinte, a partir do que já provamos, podemos encontrar uma matriz Y tal que $A^T Y = I$. Pela regra das transpostas, obtemos $Y^T A = I$. Agora temos

$$I = Y^T(AX)A = Y^T A(XA) = XA,$$

provando com isto o que queríamos, a saber, que $X = B$ é inversa de A.

Podemos expressar as componentes da matriz B do Teorema 8.1, como segue:

$$b_{ij} = \frac{\begin{vmatrix} a_{11} & \cdots & 0 & \cdots & a_{1n} \\ \vdots & & \vdots & & \vdots \\ a_{j1} & \cdots & 1 & \cdots & a_{jn} \\ \vdots & & \vdots & & \vdots \\ a_{n1} & \cdots & 0 & \cdots & a_{nn} \end{vmatrix}}{\text{Det}(A)}.$$

Se expandirmos o determinante que aparece no numerador de acordo com a i-ésima coluna, então veremos que todos os termos, menos um, são iguais a 0, e dessa forma obtemos o numerador de b_{ij} como um subdeterminante de $\text{Det}(A)$. Seja A_{ij} a matriz obtida a partir de A pela eliminação da i-ésima linha e da j-ésima coluna. Então

$$b_{ij} = \frac{(-1)^{i+j}\text{Det}(A_{ji})}{\text{Det}(A)}$$

Determinantes

(devemos observar a inversão de índices!) e assim temos a fórmula

$$A^{-1} = \text{transposta de } \left(\frac{(-1)^{i+j}\text{Det}(A_{ij})}{\text{Det}(A)} \right).$$

VI, §8. EXERCÍCIOS

1. Determine as inversas das matrizes do Exercício 1, §3.

2. Usando o fato que se A e B são duas matrizes $n \times n$, então

$$\text{Det}(AB) = \text{Det}(A)\text{Det}(B),$$

   prove que uma matriz A tal que $\text{Det}(A) = 0$ não possua inversa.

3. Escreva explicitamente as inversas das seguintes matrizes 2×2:

   (a) $\begin{pmatrix} 3 & -1 \\ 1 & 4 \end{pmatrix}$ (b) $\begin{pmatrix} -2 & 1 \\ 1 & 1 \end{pmatrix}$ (c) $\begin{pmatrix} a & b \\ c & d \end{pmatrix}$

4. Se A é uma matriz $n \times n$ cujo determinante é $\neq 0$, e B é um vetor dado num espaço de dimensão n, então mostre que o sistema de equações lineares $AX = B$ tem uma única solução. Se $B = O$, essa solução é $X = O$.

VI, §9. POSTO DE UMA MATRIZ E SUBDETERMINANTES

Na medida que os determinantes podem ser usados para testar a independência linear, podem também ser usados para determinar o posto de uma matriz.

Exemplo 1. Seja
$$A = \begin{pmatrix} 3 & 1 & 2 & 5 \\ 1 & 2 & -1 & 2 \\ 1 & 1 & 0 & 1 \end{pmatrix}.$$

É uma matriz 3×4. Seu posto é no máximo 3. Se houver três colunas linearmente independentes, então poderemos concluir que seu posto é exatamente 3. Já que o determinante
$$\begin{vmatrix} 3 & 1 & 5 \\ 1 & 2 & 2 \\ 1 & 1 & 1 \end{vmatrix}$$
não é igual a 0, (ele é igual a -4, como vemos após subtrair a segunda coluna da primeira e efetuar uma expansão de acordo com a última linha), então o posto de A é igual a 3.

Pode acontecer de, numa matriz 3×4, algum determinante de uma submatriz 3×3 ser igual a 0, e mesmo assim a matriz 3×4 tenha posto 3. Por exemplo, consideremos a matriz
$$B = \begin{pmatrix} 3 & 1 & 2 & 5 \\ 1 & 2 & -1 & 2 \\ 4 & 3 & 1 & 1 \end{pmatrix}.$$

O determinante da submatriz formada pelas três primeiras colunas é
$$\begin{vmatrix} 3 & 1 & 2 \\ 1 & 2 & -1 \\ 4 & 3 & 1 \end{vmatrix}$$
e tem valor 0 (de fato, a última linha é a soma das duas primeiras). No entanto, o determinante
$$\begin{vmatrix} 3 & 2 & 5 \\ 1 & -1 & 2 \\ 4 & 1 & 1 \end{vmatrix}$$

não é zero (qual é o valor?), e mais uma vez temos que o posto de B é igual a 3.

Se o posto de uma matriz 3×4

$$C = \begin{pmatrix} c_{11} & c_{12} & c_{13} & c_{14} \\ c_{21} & c_{22} & c_{23} & c_{24} \\ c_{31} & c_{32} & c_{33} & c_{34} \end{pmatrix}$$

é menor ou igual a 2, então o determinante de *toda* submatriz 3×3 deve ser 0, pois, caso contrário, poderíamos, como no caso anterior, encontrar três colunas linearmente independentes. Devemos notar que existem quatro determinantes 3×3, obtidos pela eliminação sucessiva de cada uma das quatro colunas. De forma recíproca, se o determinante de qualquer submatriz 3×3 for igual a 0, então será fácil ver que o posto será no máximo igual a 2; pois se o posto fosse igual a 3, então haveria três colunas linearmente independentes e o determinante da submatriz formada por essas colunas não seria 0. Dessa forma, podemos calcular os subdeterminantes, isto é, determinantes das submatrizes, para obter uma estimativa sobre o posto, e então usar tentativa e erro, e algum critério, para determinar o posto exato.

Exemplo 2. Seja

$$C = \begin{pmatrix} 3 & 1 & 2 & 5 \\ 1 & 2 & -1 & 2 \\ 4 & 3 & 1 & 7 \end{pmatrix}.$$

Se calcularmos todos os subdeterminantes 3×3, encontraremos 0. Logo, o posto de C é no máximo igual a 2. Contudo, as duas primeiras linhas são linearmente independentes, pois, por exemplo, o determinante

$$\begin{vmatrix} 3 & 1 \\ 1 & 2 \end{vmatrix}$$

não é igual a 0. Este é o determinante das duas primeiras colunas da matriz 2×4
$$\begin{pmatrix} 3 & 1 & 2 & 5 \\ 1 & 2 & -1 & 2 \end{pmatrix}.$$
Portanto, o posto é igual a 2.

É claro que, se notamos que a última linha de C é igual à soma das duas primeiras, então podemos concluir que o posto é ≤ 2.

VI, §9. EXERCÍCIOS

Calcule o posto das seguintes matrizes:

1. $\begin{pmatrix} 2 & 3 & 5 & 1 \\ 1 & -1 & 2 & 1 \end{pmatrix}$
2. $\begin{pmatrix} 3 & 5 & 1 & 4 \\ 2 & -1 & 1 & 1 \\ 5 & 4 & 2 & 5 \end{pmatrix}$

3. $\begin{pmatrix} 3 & 5 & 1 & 4 \\ 2 & -1 & 1 & 1 \\ 8 & 9 & 3 & 9 \end{pmatrix}$
4. $\begin{pmatrix} 3 & 5 & 1 & 4 \\ 2 & -1 & 1 & 1 \\ 7 & 1 & 2 & 5 \end{pmatrix}$

5. $\begin{pmatrix} -1 & 1 & 6 & 5 \\ 1 & 1 & 2 & 3 \\ -1 & 2 & 5 & 4 \\ 2 & 1 & 0 & 1 \end{pmatrix}$
6. $\begin{pmatrix} 2 & 1 & 6 & 6 \\ 3 & 1 & 1 & -1 \\ 5 & 2 & 7 & 5 \\ -2 & 4 & 3 & 2 \end{pmatrix}$

7. $\begin{pmatrix} 2 & 1 & 6 & 6 \\ 3 & 1 & 1 & -1 \\ 5 & 2 & 7 & 5 \\ 8 & 3 & 8 & 4 \end{pmatrix}$
8. $\begin{pmatrix} 3 & 1 & 1 & -1 \\ -2 & 4 & 3 & 2 \\ -1 & 9 & 7 & 3 \\ 7 & 4 & 2 & 1 \end{pmatrix}$

Capítulo 7

Operadores Simétricos, Hermitianos e Unitários

Consideremos um espaço vetorial V de dimensão finita sobre os números reais ou complexos, munido de um produto escalar positivo definido. Seja

$$A : V \to V$$

uma aplicação linear. Estudaremos três casos especiais importantes dessas aplicações, já denominados no título deste capítulo. A partir da escolha de uma base para V, tais aplicações são também representadas por matrizes com as mesmas propriedades e os mesmos nomes.

No Capítulo VIII estudaremos tais aplicações de forma aprofundada e mostraremos que é possível escolher uma base de modo que as aplicações sejam representadas por matrizes diagonais. Isto se encaixa com a teoria de autovetores e autovalores.

VII, §1. OPERADORES SIMÉTRICOS

Ao longo desta seção admitimos V como um espaço vetorial de dimensão finita sobre um corpo K. Supomos também que V esteja munido de um produto escalar não-degenerado fixo indicado por $\langle v, w \rangle$, para $v, w \in V$.

O leitor pode considerar $V = K^n$ e fixar o produto escalar como sendo o produto escalar usual

$$\langle X, Y \rangle = X^T Y$$

onde X, Y são vetores-coluna de K^n. No entanto, em aplicações, não é uma boa idéia fixar, de início, a base a ser utilizada.

Uma aplicação linear

$$A : V \to V$$

de V em si mesmo é também denominada **operador**.

Lema 1.1. *Seja $A : V \to V$ um operador. Então existe um único operador $B : V \to V$ tal que, para todo v e w em V, temos*

$$\langle Av, w \rangle = \langle v, Bw \rangle.$$

Demonstração. Dado $w \in V$, admita

$$L : V \to K$$

como a aplicação tal que $L(v) = \langle Av, w \rangle$. Logo, de maneira imediata, mostra-se que L é linear, e como L é um funcional, L é um elemento do espaço dual V^*. De acordo com o Teorema 6.2 do Capítulo 5, existe um elemento unitário $w' \in V$ tal que para todo $v \in V$, temos

$$L(v) = \langle v, w' \rangle.$$

Este elemento w' depende de w (e, de forma clara, também de A). Indicamos o elemento w' por Bw. A associação

$$w \mapsto Bw$$

é uma aplicação de V nele próprio. Isto será suficiente para provar que B é linear. Sejam $w_1, w_2 \in V$. Logo para todo $v \in V$ obtemos:

$$\begin{aligned} \langle v, B(w_1+w_2)\rangle = \langle Av, w_1+w_2\rangle &= \langle Av, w_1\rangle + \langle Av, w_2\rangle \\ &= \langle v, Bw_1\rangle + \langle v, Bw_2\rangle \\ &= \langle v, Bw_1 + Bw_2\rangle. \end{aligned}$$

Logo, $B(w_1+w_2)$ e Bw_1+Bw_2 representam o mesmo funcional e, portanto, são iguais. Finalmente, considere $c \in K$. Logo,

$$\begin{aligned} \langle v, B(cw)\rangle = \langle Av, cw\rangle &= c\langle Av, w\rangle \\ &= c\langle v, Bw\rangle \\ &= \langle v, cBw\rangle. \end{aligned}$$

Portanto, $B(cw)$ e cBw representam o mesmo funcional, logo são iguais. Isto conclui a demonstração do lema.

Por definição, o operador B na demonstração precedente será chamado de **transposto de** A e será indicado por A^T. Dizemos que o operador A é **simétrico** (em relação ao produto escalar não-degenerado fixo $\langle , \rangle$) se $A^T = A$.

Para qualquer operador A de V, vale por definição a fórmula

$$\boxed{\langle Av, w\rangle = \langle v, A^T w\rangle}$$

para $v, w \in V$. Se A é simétrico, então $\langle Av, w\rangle = \langle v, Aw\rangle$ e reciprocamente.

Exemplo 1. Seja $V = K^n$, e tomemos para produto escalar o produto escalar usual. Logo podemos considerar que A é uma matriz em K, e que os elementos de K^n são vetores-coluna X e Y. Seu produto escalar usual pode ser escrito como uma multiplicação de matrizes,

$$\langle X, Y \rangle = X^T Y.$$

Temos

$$\langle AX, Y \rangle = (AX)^T Y = X^T A^T Y = \langle X, A^T Y \rangle,$$

onde A^T indica agora a transposta da matriz A. Assim, quando lidamos com o produto escalar usual de n−uplas, o transposto do operador é representado pela transposta da matriz associada. Esse é o motivo pelo qual usamos a mesma notação em ambos os casos.

O operador transposto verifica as fórmulas seguintes:

Teorema 1.2. *Seja V um espaço vetorial de dimensão finita sobre o corpo K, munido de um produto escalar não-degenerado $\langle , \rangle$. Sejam A e B operadores de V, e $c \in K$. Então:*

$$\begin{aligned} (A+B)^T &= A^T + B^T, & (AB)^T &= B^T A^T \\ (cA)^T &= cA^T, & A^{TT} &= A. \end{aligned}$$

Demonstração. Vamos demonstrar somente a segunda fórmula. Para todos $v, w \in V$, temos

$$\langle ABv, w \rangle = \langle Bv, A^T w \rangle = \langle v, B^T A^T w \rangle.$$

Por definição, isso significa que $(AB)^T = B^T A^T$. As outras fórmulas são igualmente fáceis de demonstrar.

VII, §1. EXERCÍCIOS

1. (a) Diz-se que uma matriz é **anti-simétrica** se $A^T = -A$. Mostre que uma matriz M arbitrária pode ser expressa como uma soma de uma matriz simétrica com uma matriz anti-simétrica, e que essas matrizes são determinadas de modo único. [*Sugestão*: considere $A = \frac{1}{2}(M + M^T)$.]

    (b) Prove que se A é anti-simétrica, então A^2 é simétrica.

    (c) Seja A uma matriz anti-simétrica. Mostre que se A é uma matriz $n \times n$, com n ímpar, então $\text{Det}(A) = 0$.

2. Seja A uma matriz simétrica invertível. Mostre que A^{-1} é simétrica.

3. Mostre que uma matriz triangular simétrica é diagonal.

4. Mostre que os elementos da diagonal de uma matriz anti-simétrica são iguais a 0.

5. Seja V um espaço vetorial de dimensão finita sobre um corpo K, munido de um produto escalar não-degenerado. Sejam v_0 e w_0 elementos de V, e $A : V \to V$ a aplicação linear tal que $A(v) = \langle v_0, v \rangle w_0$. Descreva A^T.

6. Seja V um espaço vetorial, sobre $\mathbb{R}$, de funções infinitamente diferenciáveis e que se anulam para valores fora de algum intervalo. Considere o produto escalar definido de modo usual por

    $$\langle f, g \rangle = \int_0^1 f(t)g(t)\, dt.$$

    Seja D o operador-derivada. Mostre que podemos definir D^T e que $D^T = -D$.

7. Seja V um espaço vetorial de dimensão finita sobre um corpo K, munido de um produto escalar não-degenerado. Seja $A : V \to V$ a aplicação linear. Mostre que a imagem de A^T é o espaço ortogonal ao núcleo de A.

8. Considere V um espaço vetorial de dimensão finita sobre $\mathbb{R}$, munido de um produto escalar positivo. Seja $P : V \to V$ a aplicação linear tal que $PP = P$. Admita que $P^T P = P P^T$. Mostre que $P = P^T$.

9. Diz-se que uma matriz $n \times n$ simétrica real é **positiva definida** se $X^T A X > 0$ para todo $X \neq O$. Se A e B são simétricas (e do mesmo tipo), por definição dizemos que $A < B$ se $B - A$ é positiva definida. Mostre que se $A < B$ e $B < C$, então $A < C$.

10. Seja V um espaço vetorial de dimensão finita sobre $\mathbb{R}$, munido de um produto escalar positivo $\langle , \rangle$. Dizemos que um operador A de V é **semipositivo** se $\langle Av, v \rangle \geq 0$ para todo $v \in V$, $v \neq O$. Suponha que $V = W + W^\perp$ é a soma direta de um subespaço W e com seu complemento ortogonal. Seja P a projeção sobre W, e assuma que $W \neq \{O\}$. Mostre que P é simétrica e positiva.

11. Com a notação do Exercício 10, seja c um número real, e seja A o operador definido por
$$Av = cw,$$
se podemos escrever $v = w + w'$, com $w \in W$ e $w' \in W^\perp$. Mostre que A é simétrico.

12. Com a notação do Exercício 10, considere novamente a projeção P sobre W. Mostre que existe um operador simétrico A tal que $A^2 = I + P$.

13. Seja A uma matriz simétrica real. Mostre que existe um número real c de modo que $A + cI$ seja positivo.

14. Seja V um espaço vetorial de dimensão finita sobre K, munido de um produto escalar não-degenerado $\langle\,,\,\rangle$. Se $A : V \to V$ é uma aplicação linear tal que
$$\langle Av, Aw \rangle = \langle v, w \rangle$$
para todos $v, w \in V$, mostre que $\text{Det}(A) = \pm 1$. [*Sugestão*: Suponha primeiro que $V = K^n$, munido do produto escalar usual. A partir dessa suposição determine $A^T A$. O que é $\text{Det}(A^T A)$?]

15. Sejam A e B duas matrizes simétricas do mesmo tipo, sobre o corpo K. Mostre que AB é simétrica se, e somente se, $AB = BA$.

VII, §2. OPERADORES HERMITIANOS

Ao longo desta seção admitimos V como um espaço vetorial de dimensão finita sobre os números complexos. Supomos que V esteja munido de um produto hermitiano positivo definido fixo conforme foi apresentado no Capítulo V, §2. Indicamos esse produto por $\langle v, w \rangle$, para $v, w \in V$.

Um produto hermitiano também é denominado **forma hermitiana**. Se o leitor desejar, pode tomar $V = \mathbb{C}^n$, e admitir o produto hermitiano fixo como o produto usual
$$\langle X, Y \rangle = X^T \overline{Y},$$
onde X, Y são vetores-coluna de $\mathbb{C}^n$.

Seja $A : V \to V$ um operador, isto é, uma aplicação linear de V nele próprio. Para cada $w \in V$, a aplicação
$$L_w : V \to \mathbb{C}$$

tal que
$$L_w(v) = \langle Av, w \rangle$$
para todo $v \in V$, é um funcional.

Teorema 2.1. *Seja V um espaço vetorial de dimensão finita sobre $\mathbb{C}$, munido de uma forma hermitiana positiva definida $\langle\,,\,\rangle$. Dado um funcional L sobre V, existe um único $w' \in V$ tal que $L(v) = \langle v, w' \rangle$ para todo $v \in V$.*

Demonstração. A demonstração é análoga àquela dada para o caso real, ou seja, a do Teorema 6.2 do Capítulo 5. Assim, ela fica a cargo do leitor.

A partir do Teorema 2.1, concluímos que, dado w, existe um único w' tal que
$$\langle Av, w \rangle = \langle v, w' \rangle$$
para todo $v \in V$.

Observação. A associação $w \mapsto L_w$ não é isomorfismo entre V e seu espaço dual! Com efeito, se $\alpha \in \mathbb{C}$, então $L_{\alpha w} = \overline{\alpha} L_w$. No entanto, esta particularidade não afeta a existência do elemento w'.

A aplicação $w \mapsto w'$ de V nele próprio será indicada por A^*. Resumimos a propriedade básica de A^* como segue:

Lema 2.2. *Dado um operador $A : V \to V$, então existe um único operador $A^* : V \to V$ tal que para todos $v, w \in V$, temos*
$$\langle Av, w \rangle = \langle v, A^* w \rangle.$$

Demonstração. Similar à do Lema 1.1.

Operadores Simétricos, Hermitianos e Unitários

O operador A^* é chamado de o **adjunto** de A. Note que $A^* : V \to V$ é linear, não anti-linear, e não aparece nenhuma barra de conjugação para estragar a linearidade de A^*.

Exemplo. Seja $V = \mathbb{C}^n$ e consideremos que a forma utilizada é a forma usual dada por

$$(X, Y) \mapsto X^T \overline{Y} = \langle X, Y \rangle,$$

para vetores-coluna X e Y de $\mathbb{C}^n$. Nessas condições, para qualquer matriz A representativa de uma aplicação linear de V nele próprio, temos

$$\langle AX, Y \rangle = (AX)^T \overline{Y} = X^T A^T \overline{Y} = X^T \overline{(\overline{A}^T Y)}.$$

Além disso, por definição, o produto $\langle AX, Y \rangle$ é igual a

$$\langle X, A^* Y \rangle = X^T \overline{(A^* Y)}.$$

Isto significa que

$$\boxed{A^* = \bar{A}^T.}$$

Com isto, vemos que teria sido errôneo usar o mesmo símbolo t para indicar o adjunto de um operador sobre $\mathbb{C}$, assim como para a transposta sobre $\mathbb{R}$.

Um operador A é chamado **hermitiano** (ou **auto-adjunto**) se $A^* = A$. Isto significa que, para todos $v, w \in V$, temos

$$\langle Av, w \rangle = \langle v, Aw \rangle.$$

Em vista do exemplo precedente, dizemos que uma matriz quadrada A de números complexos é uma matriz **hermitiana** se $\bar{A}^T = A$, ou de forma equivalente, $A^T = \bar{A}$. Se A é uma matriz hermitiana, então definimos sobre $\mathbb{C}^n$ um produto hermitiano pela regra

$$(X, Y) \mapsto (AX)^T \overline{Y}.$$

(Verifique em detalhes que essa aplicação é um produto hermitiano.)

A operação $*$ satisfaz regras análogas àquelas da transposta, a saber:

Teorema 2.3. *Seja V um espaço vetorial de dimensão finita sobre o $\mathbb{C}$, munido de uma forma hermitiana $\langle\,,\,\rangle$ positiva, definida, fixa. Sejam A e B operadores de V, e $\alpha \in \mathbb{C}$. Então:*

$$(A+B)^* = A^* + B^*, \qquad (AB)^* = B^* A^*$$
$$(\alpha A)^* = \bar{\alpha} A^*, \qquad A^{**} = A.$$

Demonstração. Vamos demonstrar a terceira propriedade, deixando as demais para o leitor. Para todos $v, w \in V$, temos

$$\langle \alpha A v, w \rangle = \alpha \langle Av, w \rangle = \alpha \langle v, A^* w \rangle = \langle v, \bar{\alpha} A^* w \rangle.$$

Por definição, o último membro dessa igualdade é também igual a

$$\langle v, (\alpha A)^* w \rangle$$

e consequentemente $(\alpha A)^* = \bar{\alpha} A^*$, como afirmamos.

Vale a **identidade de polarização**:

$$\boxed{\langle A(v+w), v+w \rangle - \langle A(v-w), v-w \rangle = 2[\langle Aw, v \rangle + \langle Av, w \rangle]}$$

para quaisquer $v, w \in V$, ou também

$$\boxed{\langle A(v+w), v+w \rangle - \langle Av, v \rangle - \langle Aw, w \rangle = \langle Av, w \rangle + \langle Aw, v \rangle}$$

A verificação dessas identidades é trivial: basta expandir o membro esquerdo.

O próximo teorema depende essencialmente dos números complexos. Sobre o conjunto dos números reais, o resultado análogo seria falso.

Operadores Simétricos, Hermitianos e Unitários

Teorema 2.4. *Seja V como dado anteriormente. Se A é um operador tal que $\langle Av, v \rangle = 0$ para todo $v \in V$, então $A = O$.*

Demonstração. O membro esquerdo da identidade de polarização é igual a 0 para todos $v, w \in V$. Logo, obtemos

$$\langle Aw, v \rangle + \langle Av, w \rangle = 0$$

para quaisquer $v, w \in V$. Substituamos v por iv. Logo, pelas regras para o produto hermitiano, obtemos

$$-i\langle Aw, v \rangle + i\langle Av, w \rangle = 0,$$

donde

$$-\langle Aw, v \rangle + \langle Av, w \rangle = 0.$$

Somando essa relação àquela obtida anteriormente, resulta

$$2\langle Av, w \rangle = 0,$$

donde $\langle Av, w \rangle = 0$. Portanto $A = O$, como queríamos provar.

Teorema 2.5. *Seja V como dado anteriormente. Seja A um operador. Então A é hermitiano se, e somente se $\langle Av, v \rangle$ for real para todo $v \in V$.*

Demonstração. Suponhamos que A seja hermitiano. Então

$$\langle Av, v \rangle = \langle v, Av \rangle = \overline{\langle Av, v \rangle}.$$

Dado que um número complexo só pode ser igual a seu conjugado se ele for real, concluímos que $\langle Av, v \rangle$ seja real. Reciprocamente, suponhamos que $\langle Av, v \rangle$ seja real para todo $v \in V$. Logo,

$$\langle Av, v \rangle = \overline{\langle Av, v \rangle} = \langle v, Av \rangle = \langle A^*v, v \rangle.$$

Portanto, $\langle (A - A^*)v, v \rangle = 0$ para todo $v \in V$ e, pelo Teorema 2.4, concluímos $A - A^* = O$; donde $A = A^*$, como queríamos demonstrar.

VII, §2. EXERCÍCIOS

1. Seja A uma matriz hermitiana invertível. Mostre que A^{-1} é hermitiana.

2. Mostre que o correspondente do Teorema 2.4 para o caso do espaço V de dimensão finita sobre $\mathbb{R}$ é *falso*. Em outras palavras, é possível que Av seja perpendicular a todo v em V, sem que A seja a aplicação zero!

3. Mostre que o análogo do Teorema 2.4, quando V é um espaço de dimensão finita sobre $\mathbb{R}$, é verdadeiro se acrescentarmos que A é simétrica.

4. Quais das seguintes matrizes são hermitianas?

    (a) $\begin{pmatrix} 2 & i \\ -i & 5 \end{pmatrix}$ (b) $\begin{pmatrix} 1+i & 2 \\ 2 & 5i \end{pmatrix}$ (c) $\begin{pmatrix} 1 & 1+i & 5 \\ 1-i & 2 & i \\ 5 & -1 & 7 \end{pmatrix}$

5. Mostre que os elementos da diagonal de uma matriz hermitiana são reais.

6. Mostre que uma matriz hermitiana triangular é diagonal.

7. Sejam A e B duas matrizes hermitianas (do mesmo tipo). Mostre que $A + B$ é hermitiana. Se $AB = BA$, mostre que AB é hermitiana.

8. Seja V um espaço vetorial de dimensão finita sobre $\mathbb{C}$, munido de um produto hermitiano positivo definido. Seja $A : V \to V$ um operador hermitiano. Mostre que $I + iA$ e $I - iA$ são invertíveis. [*Sugestão*: se $v \neq O$, mostre que $\|(I + iA)v\| \neq 0$.]

9. Seja A uma matriz hermitiana. Mostre que A^T e $\overline{A}$ são hermitianas. Se A for invertível, mostre que A^{-1} é hermitiana.

10. Seja V um espaço vetorial de dimensão finita sobre $\mathbb{C}$, munido de uma forma hermitiana $\langle\,,\,\rangle$ positiva definida. Seja $A: V \to V$ uma aplicação linear. Mostre que as seguintes relações são equivalentes:

   (a) Vale $AA^* = A^*A$.

   (b) Para todo $v \in V$, $\|Av\| = \|A^*v\|$ (onde $\|v\| = \sqrt{\langle v, v \rangle}$).

   (c) Podemos escrever $A = B + iC$ onde B e C são hermitianas, tais que $BC = CB$.

11. Seja uma matriz hermitiana não-nula. Mostre que $\text{tr}(AA^*) > 0$.

VII, §3. OPERADORES UNITÁRIOS

Seja V um espaço vetorial de dimensão finita sobre $\mathbb{R}$, munido de um produto escalar positivo definido.

Seja $A: V \to V$ uma aplicação linear. Diremos que A é uma aplicação **unitária real** se
$$\langle Av, Aw \rangle = \langle v, w \rangle$$
para quaisquer $v, w \in W$. Podemos dizer que A é **unitária** no sentido de que A **preserva o produto**. O leitor encontrará em outros textos que uma aplicação unitária real também é denominada de aplicação **ortogonal**. O próximo teorema deixará claro por que empregamos a terminologia **unitária**.

Teorema 3.1. *Seja V como especificado acima. Seja $A: V \to V$ uma aplicação linear. As seguintes propriedades de A são equivalentes:*

(1) *A é unitária.*

(2) *A preserva a norma dos vetores, isto é, para cada $v \in V$, vale*
$$\|Av\| = \|v\|.$$

(3) *Para todo vetor unitário $v \in V$, o vetor Av também é unitário.*

Demonstração. Deixamos a equivalência entre (2) e (3) para o leitor verificar. É imediato que (1) implique (2), pois o quadrado da norma, $\|Av\|^2 = \langle Av, Av \rangle$, é um caso especial de produto. Reciprocamente, demonstremos que (2) acarreta (1). Temos

$$\langle A(v+w), A(v+w)\rangle - \langle A(v-w), A(v-w)\rangle = 4\langle Av, Aw\rangle.$$

Fazendo uso da hipótese (2), e notando que o membro esquerdo é formado de quadrados de normas, vemos que o lado esquerdo da nossa equação é igual a

$$\langle v+w, v+w\rangle - \langle v-w, v-w\rangle,$$

o que também é igual a $4\langle v, w\rangle$. Nosso teorema decorre imediatamente disto.

O Teorema 3.1 nos mostra por que essas aplicações são chamadas unitárias: elas são *caracterizadas* pelo fato de que transformam vetores unitários em vetores unitários.

É evidente que uma aplicação unitária U preserva o perpendicularismo, isto é, se v e w são perpendiculares, então, Uv e Uw também são perpendiculares, pois

$$\langle Uv, Uw\rangle = \langle v, w\rangle = 0.$$

Por outro lado, uma aplicação que preserva o perpendicularismo não é necessariamente unitária. Por exemplo, no caso de vetores sobre os números reais, a aplicação que a um vetor v associa o vetor $2v$ preserva o perpendicularismo, mas não é unitária. Infelizmente, na terminologia usual, aplicações unitárias são chamadas aplicações ortogonais. Enfatizamos que tais aplicações preservam mais que a ortogonalidade: *Também preservam as normas.*

Teorema 3.2. *Seja V um espaço vetorial de dimensão finita sobre $\mathbb{R}$, munido de um produto escalar positivo definido. Uma aplicação linear $A: V \to V$ é unitária se, e somente se,*

$$A^T A = I.$$

Demonstração. Um operador A é unitário se, e somente se,

$$\langle Av, Aw \rangle = \langle v, w \rangle$$

para quaisquer $v, w \in V$. Essa condição é equivalente a

$$\langle A^T A v, w \rangle = \langle v, w \rangle$$

para quaisquer $v, w \in V$ e, portanto, é equivalente a $A^T A = I$.

Só nos resta interpretar em termos de matrizes a condição unitária de A. Inicialmente, observamos que uma aplicação unitária é inversível. De fato, se A é unitário e $Av = O$, então $v = O$, pois A preserva a norma.

Se tomarmos $V = \mathbb{R}^n$ no Teorema 3.2, e tomarmos o produto escalar como sendo o produto escalar usual, então podemos representar A por meio de uma matriz real. Portanto, é natural definir uma matriz real A como **unitária** (ou ortogonal) se $A^T A = I_n$, ou de modo equivalente,

$$\boxed{A^T = A^{-1}.}$$

Exemplo. As únicas aplicações unitárias do plano $\mathbb{R}^2$ nele próprio são as aplicações cujas matrizes são do tipo

$$\begin{pmatrix} \cos\theta & -\sin\theta \\ \sin\theta & \cos\theta \end{pmatrix} \quad \text{ou} \quad \begin{pmatrix} \cos\theta & \sin\theta \\ \sin\theta & -\cos\theta \end{pmatrix}.$$

Se o determinante de uma tal aplicação for igual a 1, então a matriz que representa a aplicação, com respeito a uma base ortonormal, é necessariamente do primeiro tipo, e a aplicação é chamada **rotação**. Com um desenho simples mostra-se que esta terminologia é apropriada. Nos exercícios, será dada uma série de proposições a respeito de aplicações unitárias no plano. Será fácil verificá-las, o que constitue uma boa prática, que o leitor iria perder, se o autor inserisse no texto as mencionadas proposições. Estes exercícios deverão ser considerados em parte como exemplos adicionais para esta seção.

O caso complexo. Como de praxe, temos conceitos análogos para o caso complexo. *Seja V um espaço de dimensão finita sobre $\mathbb{C}$, munido de um produto hermitiano positivo definido.* Seja $A : V \to V$ uma aplicação linear. Definimos A como sendo **unitária complexa** se

$$\langle Av, Aw \rangle = \langle v, w \rangle,$$

para quaisquer $v, w \in V$. O Teorema 3.1 pode ser transcrito literalmente para o caso complexo: a aplicação A é unitária se, e somente se, preservar normas, e também se, e somente se, preservar vetores unitários, isto é, transforma vetores unitários em vetores unitários. Deixamos a demonstração como exercício.

Teorema 3.3. *Seja V um espaço vetorial de dimensão finita sobre $\mathbb{C}$, munido de um produto hermitiano positivo definido. Uma aplicação linear $A : V \to V$ é unitária se, e somente se,*

$$A^*A = I.$$

Novamente deixamos a demonstração como exercício.

Tomando $V = \mathbb{C}^n$ munido da forma hermitiana usual dada por

$$\langle X, Y \rangle = x_1 \bar{y}_1 + \cdots + x_n \bar{y}_n,$$

podemos representar A por meio de uma matriz complexa. Com isto, é natural definir uma matriz complexa **unitária** A como sendo a que verifica $\bar{A}^T A = I_n$, ou

$$\boxed{\bar{A}^T = A^{-1}.}$$

Teorema 3.4. *Seja V um espaço vetorial que pode estar definido tanto sobre $\mathbb{R}$, e munido de um produto escalar positivo definido, quanto pode estar definido sobre $\mathbb{C}$, e munido de um produto hermitiano positivo definido. Seja*

$$A : V \to V$$

uma aplicação linear. Seja $\{v_1, \ldots, v_n\}$ uma base ortonormal de V.

(a) *Se A é unitário, então $\{Av_1, \ldots, Av_n\}$ é uma base ortonormal.*

(b) *Seja $\{w_1, \ldots, w_n\}$ uma outra base ortonormal. Suponhamos que $Av_i = w_i$ para $i = 1, \ldots, n$. Então A é unitário.*

Demonstração: É imediata a partir das definições e será deixada como exercício. Ver os Exercícios 1 e 2.

VII, §3. EXERCÍCIOS

1. (a) Seja V um espaço vetorial de dimensão finita sobre $\mathbb{R}$, com um produto escalar positivo definido. Considere

    $\{v_1, \ldots, v_n\}$ e $\{w_1, \ldots, w_n\}$

    bases ortonormais de V, e $A : V \to V$ um operador de V tal que $Av_i = w_i$. Mostre que A é real unitário.

(b) Enuncie e prove resultados análogos para o caso complexo.

2. Seja V como no exercício 1. Suponha que $\{v_1, \ldots, v_n\}$ seja uma base ortonormal de V, e A um operador unitário de V. Mostre que $\{Av_1, \ldots, Av_n\}$ é uma base ortonormal.

3. Seja A uma matriz real unitária.

   (a) Mostre que A^T é unitária.

   (b) Mostre que A^{-1} existe e é unitária.

   (c) Se B é real unitária, mostre que AB é unitária, e $B^{-1}AB$ também.

4. Seja A uma matriz complexa unitária.

   (a) Mostre que A^T é unitária.

   (b) Mostre que A^{-1} existe e é unitária.

   (c) Se B é complexa unitária, mostre que AB é unitária, e $B^{-1}AB$ também.

5. (a) Seja V um espaço vetorial de dimensão finita sobre $\mathbb{R}$, com um produto escalar positivo definido. Considere $\{v_1, \ldots, v_n\} = \mathcal{B}$ e $\{w_1, \ldots, w_n\} = \mathcal{B}'$ bases ortonormais de V. Mostre que a matriz $M_{\mathcal{B}'}^{\mathcal{B}}(\text{id})$ é real unitária. [*Sugestão*: use o fato de $\langle w_i, w_i \rangle = 1$ e $\langle w_i, w_j \rangle = 0$ se $i \neq j$, e também que $w_i = \sum a_{ij} v_j$, com $a_{ij} \in \mathbb{R}$.]

   (b) Seja $F : V \to V$ tal que $F(v_i) = w_i$ para todo i. Mostre que $M_{\mathcal{B}'}^{\mathcal{B}}(F)$ é unitária.

6. Mostre que o valor absoluto do determinante de uma matriz real unitária é igual a 1. Conclua que se A é real unitária, então $\text{Det}(A) = 1$ ou -1.

Operadores Simétricos, Hermitianos e Unitários 273

7. Suponha que A é uma matriz complexa quadrada e mostre que $\text{Det}(\bar{A}) = \overline{\text{Det}(A)}$. Conclua que o valor absoluto do determinante de uma matriz complexa unitária é igual a 1.

8. Seja A uma matriz diagonal real unitária. Mostre que os elementos da diagonal de A são iguais a 1 ou -1.

9. Seja A uma matriz diagonal complexa unitária. Mostre que todo elemento da diagonal tem valor absoluto 1 e que, portanto, todo elemento da diagonal é da forma $e^{i\theta}$, sendo θ real.

Os exercícios seguintes descrevem várias propriedades de aplicações reais unitárias do plano $\mathbb{R}^2$.

10. Seja V um espaço vetorial bidimensional sobre $\mathbb{R}$, munido de um produto escalar positivo definido, e seja A uma aplicação unitária real de V nele próprio. Sejam $\{v_1, v_2\}$ e $\{w_1, w_2\}$ bases ortonormais de V tais que $Av_i = w_i$ para $i = 1, 2$. Sejam a, b, c, d números reais tais que

$$w_1 = av_1 + bv_2,$$
$$w_2 = cv_1 + dv_2.$$

Mostre que $a^2 + b^2 = 1$, $c^2 + d^2 = 1$, $ac + bd = 0$, $a^2 = d^2$ e $c^2 = b^2$.

11. Mostre que o determinante $ad - bc$ é igual a 1 ou -1. (Mostre que seu quadrado é igual a 1).

12. Definimos uma **rotação** de V como sendo uma aplicação unitária real A de V cujo determinante é 1. Mostre que a matriz de A, em relação a uma base ortogonal de V, é do tipo

$$\begin{pmatrix} a & -b \\ b & a \end{pmatrix}$$

para determinados números reais a e b tais que $a^2 + b^2 = 1$. Prove também a recíproca: toda aplicação linear de V nele próprio representada por uma tal matriz com respeito a uma base ortogonal é unitária, e seu determinante é 1. Por meio de conceitos de cálculo, pode-se então concluir que existe um número θ tal que a $= \cos\theta$ e b $= \sin\theta$.

13. Mostre que existe uma matriz complexa unitária U de modo que, se

$$A = \begin{pmatrix} \cos\theta & -\sin\theta \\ \sin\theta & \cos\theta \end{pmatrix} \quad \text{e} \quad B = \begin{pmatrix} e^{i\theta} & 0 \\ 0 & e^{-i\theta} \end{pmatrix}$$

então $U^{-1}AU = B$.

14. Seja $V = \mathbb{C}$ visto como um espaço vetorial de dimensão 2 sobre $\mathbb{R}$. Seja $\alpha \in \mathbb{C}$, e consideremos a aplicação $L_\alpha : \mathbb{C} \to \mathbb{C}$ dada por $z \mapsto \alpha z$. Mostre que L_α é uma aplicação $\mathbb{R}$-linear de V nele próprio. Para quais números complexos α, é L_α uma aplicação unitária com respeito ao produto escalar $\langle z, w \rangle = \text{Re}(z\overline{w})$? Qual é a matriz de L_α com respeito à base $\{1, i\}$ de $\mathbb{C}$ sobre $\mathbb{R}$?

Capítulo 8

Autovetores e Autovalores

Neste capítulo estabelecemos as propriedades elementares básicas de autovetores e autovalores. Veremos uma aplicação de determinantes no cálculo de polinômios característicos. No §3, veremos também uma mistura elegante de Cálculo e Álgebra Linear ao relacionarmos autovetores com o problema de encontrar o máximo e o mínimo de uma função na esfera. A maioria dos estudantes de Álgebra Linear já terão estudado um pouco de Cálculo, mas a demonstração usando números complexos no lugar do princípio do máximo pode ser usada para encontrar autovalores reais de uma matriz simétrica se o Cálculo tiver que ser evitado. As propriedades básicas dos números complexos estão relembradas no apêndice.

VIII, §1. AUTOVETORES E AUTOVALORES

Seja V um espaço vetorial, e consideremos

$$A : V \to V$$

um operador de V, isto é, uma aplicação linear de V nele próprio. Um elemento $v \in V$ é denominado **autovetor** de A se existe um número λ tal que $Av = \lambda v$. Se $v \neq O$, então λ está determinado de modo único, pois $\lambda_1 v = \lambda_2 v$ acarreta $\lambda_1 = \lambda_2$. Nesse caso, dizemos que λ é um autovalor de A pertencente ao autovetor v. Também dizemos que v é um autovetor com autovalor λ. No lugar de autovetor e autovalor, também usamos os termos **vetor característico** e **valor característico**.

Se A é uma matriz quadrada $n \times n$, então um **autovetor** de A é, por definição, um autovetor da aplicação linear de K^n nele próprio representada pela matriz A. Portanto, um autovetor X de A é um vetor (coluna) de K^n para o qual existe $\lambda \in K$ tal que $AX = \lambda X$.

Exemplo 1. Seja V o espaço vetorial sobre $\mathbb{R}$ formado por todas as funções infinitamente diferenciáveis. Seja $\lambda \in \mathbb{R}$. Então a função f tal que $f(t) = e^{\lambda t}$ é um autovetor da aplicação derivada d/dt pois $df/dt = \lambda e^{\lambda t}$.

Exemplo 2. Seja

$$A = \begin{pmatrix} a_1 & \cdots & 0 \\ \vdots & \ddots & \vdots \\ 0 & \cdots & a_n \end{pmatrix}$$

uma matriz diagonal. Então todo vetor unitário E^i ($i = 1, \ldots, n$) é um autovetor de A. De fato, temos $AE^i = a_i E^i$:

$$\begin{pmatrix} a_1 & 0 & \cdots & 0 \\ 0 & a_2 & \cdots & 0 \\ \vdots & \vdots & & \vdots \\ 0 & 0 & \cdots & a_n \end{pmatrix} \begin{pmatrix} 0 \\ \vdots \\ 1 \\ \vdots \\ 0 \end{pmatrix} = \begin{pmatrix} 0 \\ \vdots \\ a_i \\ \vdots \\ 0 \end{pmatrix}.$$

Exemplo 3. Se $A : V \to V$ é uma aplicação linear, e se v é um autovetor de A, então para qualquer escalar $c \neq 0$, cv é também um autovetor de A, com o mesmo autovalor.

Teorema 1.1. *Seja V um espaço vetorial, e seja $A : V \to V$ uma aplicação linear. Seja $\lambda \in K$. Seja V_λ o subespaço de V gerado por todos os autovetores de A tendo λ como autovalor. Então todo elemento não-nulo de V_λ é um autovetor de A tendo λ como autovalor.*

Demonstração. Sejam $v_1, v_2 \in V$ tais que $Av_1 = \lambda v_1$ e $Av_2 = \lambda v_2$. Então
$$A(v_1 + v_2) = Av_1 + Av_2 = \lambda v_1 + \lambda v_2 = \lambda(v_1 + v_2).$$
Se $c \in K$, então $A(cv_1) = cAv_1 = c\lambda v_1 = \lambda cv_1$. Isto demonstra nosso teorema.

O subespaço V_λ do Teorema 1.1 é chamado o **auto-espaço** de A associado a λ.

Nota . Se v_1, v_2 são autovetores de A com autovalores λ_1 e λ_2 tais que $\lambda_1 \neq \lambda_2$; então de forma clara $v_1 + v_2$ *não* é um autovetor de A. De fato, temos o seguinte teorema:

Teorema 1.2. *Seja V um espaço vetorial, e seja $A : V \to V$ uma aplicação linear operadora. Sejam $v_1, \ldots, v_m$ autovetores de A com, respectivamente, autovalores $\lambda_1, \ldots, \lambda_m$. Suponhamos que esses autovalores sejam distintos, isto é,*
$$\lambda_i \neq \lambda_j \quad se \quad i \neq j.$$
Então, nessas condições, $v_1, \ldots, v_m$ são linearmente independentes.

Demonstração. Por indução sobre m. Para $m = 1$, um elemento $v_1 \in V$,

$v_1 \neq O$ é linearmente independente. Tomamos $m > 1$ e supomos que a seguinte relação se verifica

(∗) $$c_1 v_1 + \cdots + c_m v_m = O$$

com c_i escalares. Devemos mostrar que todo $c_i = 0$. Multiplicamos a relação (∗) por λ_1 para obter

$$c_1 \lambda_1 v_1 + \cdots + c_m \lambda_1 v_m = O.$$

Também aplicamos A à relação (∗). Por linearidade, obtemos

$$c_1 \lambda_1 v_1 + \cdots + c_m \lambda_m v_m = O.$$

Subtraímos agora a penúltima expressão dessa última, e obtemos

$$c_2(\lambda_2 - \lambda_1)v_2 + \cdots + c_m(\lambda_m - \lambda_1)v_m = O.$$

Como $\lambda_j - \lambda_1 \neq 0$ para $j = 2, \ldots, m$, concluímos por indução que

$$c_2 = \cdots = c_m = 0.$$

Voltando a nossa relação inicial, vemos que $c_1 v_1 = 0$, donde $c_1 = 0$, e está provado nosso teorema.

Exemplo 4. Seja V o espaço vetorial formado por todas as funções diferenciáveis de uma variável real t. Sejam $\alpha_1, \ldots, \alpha_m$ números distintos. As funções
$$e^{\alpha_1 t}, \ldots, e^{\alpha_m t}$$
são autovetores da aplicação derivada, com autovalores $\alpha_1, \ldots, \alpha_m$, e portanto são linearmente independentes.

Observação 1. No Teorema 1.2 admita V como um espaço vetorial de dimensão n e $A : V \to V$ como uma aplicação linear tendo n autovetores $v_1, \ldots, v_n$ cujos autovalores $\lambda_1, \ldots, \lambda_n$ sejam distintos. Dessa forma, $\{v_1, \ldots, v_n\}$ é uma base de V.

Autovetores e Autovalores

Observação 2. Uma situação como a que é apresentada no Teorema 1.2 surge na teoria das equações diferenciais lineares. Sejam $A = (a_{ij})$ uma matriz $n \times n$ e

$$F(t) = \begin{pmatrix} f_1(t) \\ \vdots \\ f_n(t) \end{pmatrix}$$

um vetor-coluna que satisfaz a equação

$$\frac{dF}{dt} = AF(t).$$

Em termos das coordenadas, essa igualdade nos mostra que

$$\frac{df_i}{dt} = \sum_{j=1}^{n} a_{ij} f_j(t).$$

Suponhamos agora que A é a matriz diagonal

$$A = \begin{pmatrix} a_1 & 0 & \cdots & 0 \\ \vdots & \vdots & & \vdots \\ 0 & 0 & \cdots & a_n \end{pmatrix} \quad \text{com } a_i \neq 0 \quad \text{para todo } i.$$

Logo, cada função $f_i(t)$ satisfaz a equação

$$\frac{df_i}{dt} = a_i f_i(t).$$

Do Cálculo, concluímos que existem escalares $c_1, \ldots, c_n$ tais que para $i = 1, \ldots, n$, temos

$$f_i(t) = c_i e^{a_i t}.$$

Demonstração: se $df/dt = af(t)$, então a derivada de $f(t)/e^{at}$ é 0 e, portanto, $f(t)/e^{at}$ é constante. Reciprocamente, se $c_1, \ldots, c_n$ são escalares,

$$F(t) = \begin{pmatrix} c_1 e^{a_1 t} \\ \vdots \\ c_n e^{a_n t} \end{pmatrix},$$

então satisfazem a equação diferencial

$$\frac{dF}{dt} = AF(t).$$

Seja V o conjunto das soluções $F(t)$ para a equação diferencial

$$\frac{dF}{dt} = AF(t).$$

Então, sem dificuldade, mostra-se que V é um espaço vetorial, e os argumentos precedentes mostram que os n elementos

$$\begin{pmatrix} e^{a_1 t} \\ \vdots \\ 0 \\ 0 \end{pmatrix}, \begin{pmatrix} 0 \\ e^{a_2 t} \\ \vdots \\ 0 \end{pmatrix}, \ldots, \begin{pmatrix} 0 \\ 0 \\ \vdots \\ e^{a_n t} \end{pmatrix}$$

formam uma base para V. Além disso, esses elementos são autovetores de A e também da aplicação derivada (que é vista como uma aplicação linear). O resultado obtido acima é válido se A for uma matriz diagonal. Se A não for diagonal, então tentaremos encontrar uma base com a qual possamos representar a aplicação linear A por meio de uma matriz diagonal.

De uma forma geral, consideremos V um espaço vetorial de dimensão finita, e

$$L : V \to V$$

uma aplicação linear. Seja $\{v_1, \ldots, v_n\}$ uma base de V. Dizemos que essa base **diagonaliza** L se cada v_i for um autovetor de L, isto é, $Lv_i = c_i v_i$ para algum escalar c_i. Dessa forma, a matriz que representa L com respeito a esta base, é a matriz diagonal

$$A = \begin{pmatrix} c_1 & 0 & \cdots & 0 \\ 0 & c_2 & \cdots & 0 \\ \vdots & \vdots & \ddots & \vdots \\ 0 & 0 & \cdots & c_n \end{pmatrix}.$$

Dizemos que a **aplicação linear** L pode ser **diagonalizada** se existe uma base de V formada por autovetores. Mais adiante, ainda neste capítulo, mostraremos que se A é uma matriz simétrica e

$$L_A : \mathbb{R}^n \to \mathbb{R}^n$$

é a aplicação linear associada, então L_A pode ser diagonalizada. Dizemos que uma **matriz** A $n \times n$ pode ser **diagonalizada**, se a sua aplicação linear associada, L_A, puder ser diagonalizada.

VIII, §1. EXERCÍCIOS

1. Seja $a \in K$ e $a \neq 0$. Prove que os autovetores da matriz

$$\begin{pmatrix} 1 & a \\ 0 & 1 \end{pmatrix}$$

geram um espaço de dimensão 1 e formam uma base para esse espaço.

2. Prove que os autovetores da matriz

$$\begin{pmatrix} 2 & 0 \\ 0 & 2 \end{pmatrix}$$

geram um espaço de dimensão 2 e formam uma base para esse espaço. Quais são os autovalores dessa matriz?

3. Seja A uma matriz diagonal com elementos diagonais $a_{11}, \ldots, a_{nn}$. Qual é a dimensão do espaço gerado pelos autovetores de A? Exiba uma base para o espaço e dê os autovalores.

4. Seja $A = (a_{ij})$ uma matriz $n \times n$ tal que para cada $i = 1, \ldots, n$ temos

$$\sum_{j=1}^{n} a_{ij} = 0.$$

Mostre que 0 é um autovalor de A.

5. (a) Mostre que se $\theta \in \mathbb{R}$, então a matriz

$$A = \begin{pmatrix} \cos\theta & \sen\theta \\ \sen\theta & -\cos\theta \end{pmatrix}$$

possui sempre um autovetor em $\mathbb{R}^2$, e que de fato existe um vetor v_1 tal que $Av_1 = v_1$. [*Sugestão:* tome a primeira componente de v_1 como sendo

$$x = \frac{\sen\theta}{1-\cos\theta}$$

se $\cos\theta \neq 1$. Em seguida, calcule o y. O que acontece se $\cos\theta = 1$?]

(b) Seja v_2 um vetor de $\mathbb{R}^2$ perpendicular ao vetor v_1 encontrado em (a). Mostre que $Av_2 = -v_2$. Neste caso, por definição, dizemos que A é uma reflexão.

6. Seja

$$R(\theta) = \begin{pmatrix} \cos\theta & -\sen\theta \\ \sen\theta & \cos\theta \end{pmatrix}$$

a matriz de rotação. Mostre que $R(\theta)$ não possui nenhum autovalor real se não se verificar $R(\theta) = \pm I$. [Será facílimo fazer este exercício após a leitura da próxima seção.]

7. Seja V um espaço vetorial de dimensão finita. Sejam A e B aplicações lineares de V nele próprio. Assuma que $AB = BA$. Mostre que se v é um autovetor de A, com autovalor λ, então Bv é um autovetor de A também com autovalor λ se $Bv \neq O$.

VIII, §2. O POLINÔMIO CARACTERÍSTICO

Nesta seção veremos como podemos usar os determinantes para encontrar os autovalores de uma matriz.

Autovetores e Autovalores

Teorema 2.1. *Seja V um espaço vetorial, e λ um número. Se $A : V \to V$ é uma aplicação linear, então λ é um autovalor de A se, e somente se, $A - \lambda I$ não for invertível.*

Demonstração. Admitamos que λ é um autovalor de A. Então existe um elemento $v \in V$, $v \neq O$ tal que $Av = \lambda v$. Logo, $Av - \lambda v = O$, e assim $(A - \lambda I)v = O$. Portanto o núcleo de $A - \lambda I$ tem um elemento diferente de zero o que implica $A - \lambda I$ não ser invertível. De forma recíproca, suponhamos que $A - \lambda I$ não seja invertível. Pelo Teorema 3.3 do Capítulo III, vemos que $A - \lambda I$ deve ter um núcleo não-nulo, indicando assim que existe um elemento $v \in V$, $v \neq O$, tal que $(A - \lambda I)v = O$. Portanto $Av - \lambda v = O$, e $Av = \lambda v$. Logo, λ é um autovalor de A, e isto prova nosso teorema.

Seja A uma matriz $n \times n$, $A = (a_{ij})$. Definimos o **polinômio característico** P_A de A como sendo o determinante

$$P_A(t) = \text{Det}(tI - A),$$

ou escrito por extenso

$$P_A(t) = \begin{vmatrix} t - a_{11} & & -a_{ij} \\ & \ddots & \\ -a_{ij} & & t - a_{nn} \end{vmatrix}.$$

A matriz A também pode ser vista como uma aplicação linear de K^n em K^n, e também podemos dizer que $P_A(t)$ é o **polinômio característico desta aplicação linear**.

Exemplo 1. O polinômio característico da matriz

$$A = \begin{pmatrix} 1 & -1 & 3 \\ -2 & 1 & 1 \\ 0 & 1 & -1 \end{pmatrix}$$

é

$$\begin{vmatrix} t-1 & 1 & -3 \\ 2 & t-1 & -1 \\ 0 & -1 & t+1 \end{vmatrix}$$

que podemos expandir de acordo com a primeira coluna, para encontrar

$$P_A(t) = t^3 - t^2 - 4t + 6.$$

Para uma matriz arbitrária $A = (a_{ij})$, o polinômio característico pode ser determinado expandindo de acordo com a primeira coluna, e será sempre formado por uma soma

$$(t - a_{11}) \cdots (t - a_{nn}) + \cdots.$$

Cada um dos outros termos, além do que escrevemos, terá grau $< n$. Portanto, o polinômio característico é do tipo

$$P_A(t) = t^n + \text{termos de grau inferior.}$$

Teorema 2.2. *Seja A uma matriz $n \times n$. Um número λ é um autovalor de A se, e somente se, λ for uma raiz do polinômio característico de A.*

Demonstração. Suponhamos que λ seja um autovalor de A. Então, pelo Teorema 2.1, $\lambda I - A$ não é invertível e, portanto, $\text{Det}(\lambda I - A) = 0$, de acordo com o Teorema 5.3 do Capítulo VI. Conseqüentemente, λ é uma raiz do polinômio característico. De modo recíproco, se λ é uma raiz do polinômio característico, então

$$\text{Det}(\lambda I - A) = 0,$$

e, portanto, pelo mesmo Teorema 5.3 do Capítulo VI, concluímos que $\lambda I - A$ não é invertível. Logo, λ é um autovalor de A, segundo o Teorema 2.1.

Autovetores e Autovalores 285

O Teorema 2.2 nos fornece uma forma explícita de determinar os autovalores de uma matriz, sempre que possamos calcular explicitamente as raízes de seu polinômio característico. Algumas vezes isto é fácil, especialmente em exercícios no fim dos capítulos, onde as matrizes apresentadas estão numa forma que é possível achar as raízes, por inspeção ou métodos simples. É consideravelmente mais difícil em outros casos.

Por exemplo, para determinar as raízes do polinômio do Exemplo 1, teríamos que desenvolver a teoria dos polinômios do 3º grau. Isto pode ser feito, mas envolveria fórmulas muito mais difíceis do que a necessária à resolução de uma equação do 2º grau. Podemos também encontrar métodos para determinar as raízes aproximadamente. Em qualquer caso, a determinação de tais métodos pertence a um outro campo de idéias que está além das estudadas neste capítulo.

Exemplo 2. Achar os autovalores e uma base para os auto-espaços da matriz
$$\begin{pmatrix} 1 & 4 \\ 2 & 3 \end{pmatrix}.$$

O polinômio característico é o determinante
$$\begin{vmatrix} t-1 & -4 \\ -2 & t-3 \end{vmatrix} = (t-1)(t-3) - 8 = t^2 - 4t - 5 = (t-5)(t+1).$$

Portanto, os autovalores são 5 e -1.

Para qualquer autovalor λ, um autovetor corresponde é um vetor $\begin{pmatrix} x \\ y \end{pmatrix}$ tal que
$$x + 4y = \lambda x,$$
$$2x + 3y = \lambda y,$$
ou de forma equivalente
$$(1-\lambda)x + 4y = 0,$$
$$2x + (3-\lambda)y = 0.$$

Damos a x um valor arbitrário, digamos $x = 1$, e encontramos o valor de y a partir de alguma equação, por exemplo a segunda, na qual encontramos $y = -2/(3 - \lambda)$. Isto nos dá o autovetor

$$X(\lambda) = \begin{pmatrix} 1 \\ -2/(3 - \lambda) \end{pmatrix}.$$

Quando colocamos $\lambda = 5$ e $\lambda = -1$, são obtidos os dois autovetores

$$X^1 = \begin{pmatrix} 1 \\ 1 \end{pmatrix} \text{ para } \lambda = 5 \quad \text{e} \quad X^2 = \begin{pmatrix} 1 \\ -\frac{1}{2} \end{pmatrix} \text{ para } \lambda = -1.$$

O auto-espaço para 5 tem como base o conjunto formado por X^1 e o auto-espaço para -1 tem como base o conjunto formado por X^2. Notemos que os múltiplos escalares, não-nulos, desses vetores, também, seriam bases. Por exemplo, no lugar de X^2 poderíamos tomar

$$\begin{pmatrix} 2 \\ -1 \end{pmatrix}$$

Exemplo 3. Achar os autovalores e uma base para os auto-espaços da matriz

$$\begin{pmatrix} 2 & 1 & 0 \\ 0 & 1 & -1 \\ 0 & 2 & 4 \end{pmatrix}.$$

O polinômio característico é o determinante

$$\begin{vmatrix} t-2 & -1 & 0 \\ 0 & t-1 & 1 \\ 0 & -2 & t-4 \end{vmatrix} = (t-2)^2(t-3).$$

Portanto, os autovalores são 2 e 3.

Para os autovetores, precisamos resolver as equações

$$(2 - \lambda)x + y = 0,$$
$$(1 - \lambda)y - z = 0,$$
$$2y + (4 - \lambda)z = 0.$$

Observe o coeficiente $(2 - \lambda)$ de x.

Suponha que queremos encontrar o auto-espaço com autovalor $\lambda = 2$. Logo a primeira equação torna-se $y = 0$, e a partir da segunda equação encontramos $z = 0$. Podemos dar qualquer valor para x, por exemplo $x = 1$. Logo, o vetor

$$X^1 = \begin{pmatrix} 1 \\ 0 \\ 0 \end{pmatrix}$$

é uma base para o auto-espaço para o autovalor 2.

Suponhamos agora $\lambda \neq 2$, por exemplo $\lambda = 3$. Se colocarmos $x = 1$, então poderemos a partir da primeira equação encontrar $y = 1$ e obter a partir da segunda equação $z = -2$. Portanto

$$X^2 = \begin{pmatrix} 1 \\ 1 \\ -2 \end{pmatrix}$$

é uma base para o espaço de autovetores com autovalor 3. Qualquer múltiplo escalar não-nulo de X^2 seria também uma base.

Exemplo 4. O polinômio característico da matriz

$$\begin{pmatrix} 1 & 1 & 2 \\ 0 & 5 & -1 \\ 0 & 0 & 7 \end{pmatrix}$$

é $(t-1)(t-5)(t-7)$. Você pode generalizar isto?

Exemplo 5. Achar os autovalores e uma base para os auto-espaços da matriz do Exemplo 4.

Os autovalores são 1, 5, e 7. Seja X um autovetor não-nulo, digamos

$$X = \begin{pmatrix} x \\ y \\ z \end{pmatrix}, \quad \text{que também pode ser escrito como} \quad X^T = (x, y, z).$$

Logo, pela definição de um autovetor, existe um escalar λ tal que $AX = \lambda X$, ou seja

$$x + y + 2z = \lambda x,$$
$$5y - z = \lambda y,$$
$$7z = \lambda z.$$

Caso 1. $z = 0$ e $y = 0$. Como queremos um autovetor não-nulo, então devemos ter $x \neq 0$ e, neste caso, pela primeira equação, $\lambda = 1$. Considere $X^1 = E^1$ o primeiro vetor unitário, ou qualquer múltiplo escalar não-nulo, para encontrar um autovetor com autovalor 1.

Caso 2. $z = 0$ e $y \neq 0$. Pela segunda equação devemos ter $\lambda = 5$. Damos a y um valor específico, digamos $y = 1$. Em seguida resolvemos a primeira equação para encontrar x. Logo,

$$x + 1 = 5x \quad \text{que implica} \quad x = \frac{1}{4}.$$

Seja

$$X^2 = \begin{pmatrix} \frac{1}{4} \\ 1 \\ 0 \end{pmatrix}.$$

Logo, X^2 é um autovetor com autovalor 5.

Caso 3. $z \neq 0$. Dessa forma, pela terceira equação, devemos encontrar $\lambda = 7$. Fixamos um valor não-nulo para z, por exemplo, $z = 1$. Logo, reduzimos o problema à tarefa de resolver duas equações simultâneas

$$x + y + 2 = 7x,$$
$$5y - 1 = 7y.$$

Desse sistema obtemos $y = -\frac{1}{2}$ e $x = \frac{1}{4}$. Seja

$$X^3 = \begin{pmatrix} \frac{1}{4} \\ -\frac{1}{2} \\ 1 \end{pmatrix}.$$

Então X^3 é um autovetor com autovalor 7.

Os múltiplos escalares de X^1, X^2 e X^3 resultarão em autovetores com os mesmos autovalores de X^1, X^2 e X^3 respectivamente. Como esses três vetores têm autovalores distintos, eles são linearmente independentes e assim formam uma base de $\mathbb{R}^3$. Pelo Exercício 14, não existem outros autovetores.

Suponhamos agora que o corpo K de escalares seja o conjunto dos números complexos. Usamos então o fato demonstrado no apêndice.

Todo polinômio não-constante com coeficientes complexos tem uma raiz complexa.

Se A é uma matriz complexa $n \times n$, então o polinômio característico de A tem coeficientes complexos e grau $n \geq 1$ e dessa forma tem uma raiz complexa que é um autovalor. Logo, temos:

Teorema 2.3. *Seja A uma matriz $n \times n$ com componentes números complexos. Então A tem um autovetor não-nulo e um autovalor no conjunto dos números complexos.*

Isto nem sempre é verdade sobre o conjunto de números reais. (Exemplo?)

Na próxima seção veremos um caso importante quando uma matriz real sempre tem um autovalor real.

Teorema 2.4. *Sejam A e B duas matrizes $n \times n$, e suponhamos que B seja invertível. Então o polinômio característico de A é igual ao polinômio característico de $B^{-1}AB$.*

Demonstração. Por definição, e propriedades do determinante,
$$\begin{aligned}\operatorname{Det}(tI - A) &= \operatorname{Det}(B^{-1}(tI - A)B) = \operatorname{Det}(tB^{-1}B - B^{-1}AB) \\ &= \operatorname{Det}(tI - B^{-1}AB).\end{aligned}$$
Isto prova o queríamos.

Seja
$$L : V \to V$$
uma aplicação linear de um espaço vetorial de dimensão finita sobre ele mesmo, isto é, L é um operador. Selecionamos uma base para V e supomos que
$$A = M_{\mathcal{B}}^{\mathcal{B}}(L)$$
seja a matriz associada a L com respeito a essa base. Definimos então o **polinômio característico de L** como sendo o polinômio característico de A. Se mudamos a base, então A muda para $B^{-1}AB$ em que B é uma matriz invertível. Pelo Teorema 2.4, isto implica que o polinômio característico não depende da escolha da base.

O Teorema 2.3 pode ser interpretado para o operador L da seguinte forma:

Seja V um espaço vetorial de dimensão finita > 0 sobre $\mathbb{C}$. Seja $L : V \to V$ um operador. Então L tem um autovetor não-nulo e autovalor no conjunto dos números complexos.

Damos agora exemplos com cálculos usando números complexos para encontrar autovalores e autovetores, mesmo que a matriz envolvida só tenha componentes reais. Deve ser lembrado que, no caso de autovalores complexos, o espaço vetorial está definido sobre o corpo dos números complexos, e assim é formado de combinações lineares dos elementos da base dada com coeficientes complexos.

Exemplo 6. Achar os autovalores e uma base para os auto-espaços da matriz
$$A = \begin{pmatrix} 2 & -1 \\ 3 & 1 \end{pmatrix}.$$

O polinômio característico é o determinante
$$\begin{vmatrix} t-2 & 1 \\ -3 & t-1 \end{vmatrix} = (t-2)(t-1) + 3 = t^2 - 3t + 5.$$

Portanto os autovalores são
$$\frac{3 \pm \sqrt{9-20}}{2}.$$

Logo existem dois autovalores distintos (mas nenhum autovalor real):
$$\lambda_1 = \frac{3 + \sqrt{-11}}{2} \quad \text{e} \quad \lambda_2 = \frac{3 - \sqrt{-11}}{2}.$$

Seja $X = \begin{pmatrix} x \\ y \end{pmatrix}$ com x e y diferentes de 0. Logo X é um autovalor se, e somente se $AX = \lambda X$, isto é:

$$2x - y = \lambda x,$$
$$3x + y = \lambda y,$$

onde λ é um autovalor. Esse sistema é equivalente a

$$(2 - \lambda)x - y = 0,$$
$$3x + (1 - \lambda)y = 0.$$

Damos a x um valor arbitrário, digamos, $x = 1$, e resolvemos o sistema para encontrar y, obtendo a partir da primeira equação $y = (2 - \lambda)$. Obtemos então os autovetores

$$X(\lambda_1) = \begin{pmatrix} 1 \\ 2 - \lambda_1 \end{pmatrix} \quad \text{e} \quad X(\lambda_2) = \begin{pmatrix} 1 \\ 2 - \lambda_2 \end{pmatrix}.$$

Observação. Resolvemos o sistema para encontrar y a partir de uma das equações. Isto é consistente com a outra equação porque λ é um autovalor. De fato, se você substitui $x = 1$ e $y = 2 - \lambda$ no lado esquerdo da segunda equação, então é obtida a equação

$$3 + (1 - \lambda)(2 - \lambda) = 0$$

pois λ é uma raiz do polinômio característico.

Desta forma, $X(\lambda_1)$ é uma base para o auto-espaço de λ_1 com dimensão 1, e $X(\lambda_2)$ é uma base para o auto-espaço de λ_2 com dimensão 1.

Exemplo 7. Encontrar os autovalores e uma base para os auto-espaços da matriz

$$A = \begin{pmatrix} 1 & 1 & -1 \\ 0 & 1 & 0 \\ 1 & 0 & 1 \end{pmatrix}.$$

Calculamos o polinômio característico, que é dado pelo determinante

$$\begin{vmatrix} t - 1 & -1 & 1 \\ 0 & t - 1 & 0 \\ -1 & 0 & t - 1 \end{vmatrix}$$

de cálculo fácil e indicado por

$$P(t) = (t - 1)(t^2 - 2t + 2).$$

Autovetores e Autovalores 293

Agora nos deparamos com o problema de encontrar as raízes de $P(t)$ as quais podem ser números reais ou complexos. Pela fórmula para obter raízes da equação do segundo grau, as raízes de $t^2 - 2t + 2$ são dadas por

$$\frac{2 \pm \sqrt{4-8}}{2} = 1 \pm \sqrt{-1}.$$

Toda a teoria da Álgebra Linear poderia ter sido feita sobre o conjunto dos números complexos. Assim, os autovalores da matriz dada podem também ser definidos sobre os números complexos. Logo, a partir do cálculo das raízes acima, vemos que o único autovalor real é 1; e que existem dois autovalores complexos, a saber

$$1 + \sqrt{-1} \quad \text{e} \quad 1 - \sqrt{-1}.$$

Indicamos esses autovalores por

$$\lambda_1 = 1, \quad \lambda_2 = 1 + \sqrt{-1}, \quad \lambda_3 = 1 - \sqrt{-1}.$$

Seja

$$X = \begin{pmatrix} x \\ y \\ z \end{pmatrix}$$

um vetor não-nulo. Então X é um autovetor de A se, e somente se as seguintes equações forem satisfeitas para algum autovalor λ:

$$\begin{aligned} x + y - z &= \lambda x, \\ y &= \lambda y, \\ x \quad\quad + z &= \lambda z. \end{aligned}$$

Esse sistema é equivalente a

$$\begin{aligned} (1-\lambda)x + y - z &= 0, \\ (1-\lambda)y &= 0, \\ x + (1-\lambda)z &= 0. \end{aligned}$$

Caso 1. $\lambda = 1$. Então a segunda equação se verifica para qualquer valor de y. Coloquemos $y = 1$. Pela primeira equação obtemos $z = 1$ e pela terceira equação obtemos $x = 0$. Dessa forma, encontramos um primeiro autovetor

$$X^1 = \begin{pmatrix} 0 \\ 1 \\ 1 \end{pmatrix}.$$

Caso 2. $\lambda \neq 1$. Então a partir da segunda equação devemos ter $y = 0$. Agora podemos resolver o sistema que surge a partir da primeira e terceira equações:

$$(1 - \lambda)x - z = 0,$$
$$x + (1 - \lambda)z = 0.$$

Se essas equações fossem independentes, então as únicas soluções seriam $x = z = 0$. Isto não pode ocorrer, pois existe um autovetor não-nulo associado ao autovalor dado. Na verdade, você pode checar diretamente que a segunda equação é igual a $(\lambda - 1)$ vezes a primeira. Em qualquer caso, damos a uma das variáveis um valor arbitrário e resolvemos a equação para a outra. Por exemplo, seja $z = 1$. Logo $x = 1/(1 - \lambda)$. Assim, obtemos o autovetor

$$X(\lambda) = \begin{pmatrix} 1/(1-\lambda) \\ 0 \\ 1 \end{pmatrix}.$$

Podemos substituir $\lambda = \lambda_1$ e $\lambda = \lambda_2$ para obter os autovetores associados, com autovalores $\lambda = \lambda_1$ e $\lambda = \lambda_2$. Dessa forma encontramos três autovetores com autovalores distintos, a saber

$$X^1, \quad X(\lambda_1), \quad X(\lambda_2).$$

Exemplo 8. Encontrar os autovalores e uma base para os auto-espaços da matriz

$$A = \begin{pmatrix} 1 & -1 & 2 \\ -2 & 1 & 3 \\ 1 & -1 & 1 \end{pmatrix}.$$

O polinômio característico é

$$\begin{vmatrix} t-1 & 1 & -2 \\ 2 & t-1 & -3 \\ -1 & 1 & t-1 \end{vmatrix} = (t-1)^3 - (t-1) - 1.$$

Os autovalores são as raízes dessa equação cúbica. Em geral não é fácil achar as raízes, e este é o caso no presente exemplo. Seja $u = t - 1$. Em termos de u, o polinômio pode ser escrito como

$$Q(u) = u^3 - u - 1.$$

A partir da aritmética, as únicas raízes racionais devem ser números inteiros, e divisíveis por 1, de forma que as únicas raízes racionais possíveis são ± 1, e essas não são raízes. Portanto, não existe autovalor racional. Entretanto, uma função cúbica tem, em geral, uma representação gráfica como mostra a figura:

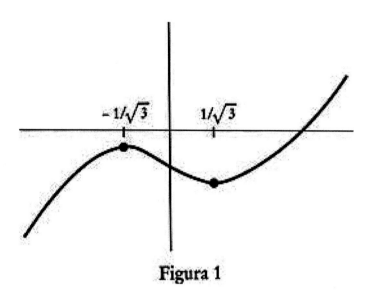

Figura 1

Isto nos revela que existe no mínimo uma raiz real. Se o leitor já estudou Cálculo, então tem instrumentos que possibilitam determinar o máximo relativo e o mínimo relativo. Com o uso do Cálculo o leitor verificará que a função $u^3 - u - 1$ tem seu máximo relativo em $u = -1/\sqrt{3}$, e que $Q(-1/\sqrt{3})$ é negativo. Portanto, existe somente uma raiz real. As outras duas raízes são complexas. Isto é tudo que estamos habilitados a dizer com os meios que temos. De qualquer forma, damos a estas raízes um nome; elas são os autovalores

$$\lambda_1, \lambda_2, \lambda_3.$$

São todos distintos.

Podemos, entretanto, encontrar os autovetores em termos dos autovalores. Seja

$$X = \begin{pmatrix} x \\ y \\ z \end{pmatrix}$$

um vetor não nulo. Então X é um autovetor se, e somente se, $AX = \lambda X$, isto é:
$$x - y + 2z = \lambda x,$$
$$-2x + y + 3z = \lambda y,$$
$$x - y + z = \lambda z.$$

Esse sistema de equações é equivalente a
$$(1 - \lambda)x - y + 2z = 0,$$
$$-2x + (1 - \lambda)y + 3z = 0,$$
$$x - y + (1 - \lambda)z = 0.$$

Damos a z um valor arbitrário, digamos $z = 1$, e usamos as duas primeiras equações para encontrar os valores de x e y. Dessa forma, devemos resolver o sistema:
$$(\lambda - 1)x + y = 2,$$
$$2x + (\lambda - 1)y = 3.$$

Multiplicamos a primeira equação por 2, a segunda por $(\lambda - 1)$ e subtraímos. Podemos então resolver para y, e obter
$$y(\lambda) = \frac{3(\lambda - 1) - 4}{(\lambda - 1)^2 - 2}.$$

Pela primeira equação encontramos
$$x(\lambda) = \frac{2 - y}{\lambda - 1}.$$

Portanto os autovetores são
$$X(\lambda_1) = \begin{pmatrix} x(\lambda_1) \\ y(\lambda_1) \\ 1 \end{pmatrix}, \quad X(\lambda_2) = \begin{pmatrix} x(\lambda_2) \\ y(\lambda_2) \\ 1 \end{pmatrix} \quad X(\lambda_3) = \begin{pmatrix} x(\lambda_3) \\ y(\lambda_3) \\ 1 \end{pmatrix}$$

onde λ_1, λ_2 e λ_3 são os três autovalores. Isto é uma resposta explícita na medida que você está apto a determinar os autovalores. Por meio de uma calculadora ou um computador, você pode usar meios para obter aproximações para λ_1, λ_2 e λ_3, que lhe darão aproximações dos três autovalores. Observe que encontramos aqui os autovalores complexos. Seja λ_1 o autovalor real (vimos que existe apenas um). Logo, a partir das fórmulas que determinam as coordenadas de $X(\lambda)$, vemos que $y(\lambda)$ ou $x(\lambda)$ será real se, e somente se, λ for real. Portanto, existe somente um autovetor real, a saber $X(\lambda_1)$. Os outros dois autovetores são complexos. Cada autovetor é uma base para o auto-espaço correspondente.

VIII, §2. EXERCÍCIOS

1. Seja A uma matriz diagonal,

$$A = \begin{pmatrix} a_1 & 0 & \cdots & 0 \\ 0 & a_2 & \cdots & 0 \\ \vdots & \vdots & & \vdots \\ 0 & 0 & \cdots & a_n \end{pmatrix}.$$

   (a) Qual é o polinômio característico de A?

   (b) Quais são seus autovalores?

2. Seja A uma matriz triangular,

$$A = \begin{pmatrix} a_{11} & 0 & \cdots & 0 \\ a_{21} & a_{22} & \cdots & 0 \\ \vdots & \vdots & & \vdots \\ a_{n1} & a_{n2} & \cdots & a_{nn} \end{pmatrix}.$$

Qual é o polinômio característico de A, e quais são seus autovalores?

Encontre o polinômio característico, os autovalores, e as bases para os auto-espaços das seguintes matrizes:

3. (a) $\begin{pmatrix} 1 & 2 \\ 3 & 2 \end{pmatrix}$ (b) $\begin{pmatrix} 3 & 2 \\ -1 & 0 \end{pmatrix}$

(c) $\begin{pmatrix} -2 & -7 \\ 1 & 2 \end{pmatrix}$ (d) $\begin{pmatrix} 1 & 4 \\ 2 & 3 \end{pmatrix}$

4. (a) $\begin{pmatrix} 4 & 0 & 1 \\ -2 & 1 & 0 \\ -2 & 0 & 1 \end{pmatrix}$ (b) $\begin{pmatrix} 1 & -3 & 3 \\ 3 & -5 & 3 \\ 6 & -6 & 4 \end{pmatrix}$

(c) $\begin{pmatrix} 3 & 1 & 1 \\ 2 & 4 & 2 \\ 1 & 1 & 3 \end{pmatrix}$ (d) $\begin{pmatrix} 1 & 2 & 2 \\ 1 & 2 & -1 \\ -1 & 1 & 4 \end{pmatrix}$

5. Encontre os autovalores e os autovetores das matrizes seguintes. Mostre que os autovetores formam um espaço de dimensão 1.

(a) $\begin{pmatrix} 2 & -1 \\ 1 & 0 \end{pmatrix}$ (b) $\begin{pmatrix} 1 & 1 \\ 0 & 1 \end{pmatrix}$ (c) $\begin{pmatrix} 2 & 0 \\ 1 & 2 \end{pmatrix}$ (d) $\begin{pmatrix} 2 & -3 \\ 1 & -1 \end{pmatrix}$

6. Encontre os autovalores e os autovetores das matrizes seguintes. Mostre que os autovetores formam um espaço de dimensão 1.

(a) $\begin{pmatrix} 1 & 1 & 1 \\ 0 & 1 & 1 \\ 0 & 0 & 1 \end{pmatrix}$ (b) $\begin{pmatrix} 1 & 1 & 0 \\ 0 & 1 & 1 \\ 0 & 0 & 1 \end{pmatrix}$

7. Encontre os autovalores e uma base para os auto-espaços das matrizes seguintes.

(a) $\begin{pmatrix} 0 & 1 & 0 & 0 \\ 0 & 0 & 1 & 0 \\ 0 & 0 & 0 & 1 \\ 1 & 0 & 0 & 0 \end{pmatrix}$ (b) $\begin{pmatrix} -1 & 0 & 1 \\ -1 & 3 & 0 \\ -4 & 13 & -1 \end{pmatrix}$

8. Encontre os autovalores e uma base para os auto-espaços das matrizes seguintes.

(a) $\begin{pmatrix} 2 & 4 \\ 5 & 3 \end{pmatrix}$ (b) $\begin{pmatrix} 1 & 2 \\ 2 & -2 \end{pmatrix}$ (c) $\begin{pmatrix} 3 & 2 \\ -2 & 3 \end{pmatrix}$ (d) $\begin{pmatrix} -1 & 2 & 2 \\ 2 & 2 & 2 \\ -3 & -6 & -6 \end{pmatrix}$

(e) $\begin{pmatrix} 3 & 2 & 1 \\ 0 & 1 & 2 \\ 0 & 1 & -1 \end{pmatrix}$ (f) $\begin{pmatrix} -1 & 4 & -2 \\ -3 & 4 & 0 \\ -3 & 1 & 3 \end{pmatrix}$

9. Considere um espaço vetorial de dimensão n e suponha que o polinômio característico de uma aplicação linear $A : V \to V$ possua n raízes distintas. Mostre que V possui uma base formada de autovetores de A.

10. Considere uma matriz quadrada A. Mostre que os autovalores de A^T são os mesmos de A.

11. Considere uma matriz invertível A. Mostre que se λ será autovalor, então $\lambda \neq 0$ e λ^{-1} será um autovalor de A^{-1}.

12. Suponha que V seja um espaço vetorial sobre $\mathbb{R}$ gerado pelas funções $\operatorname{sen} t$ e $\cos t$. A derivada (vista como uma aplicação linear de V nele próprio) possui seus autovetores não-nulos em V? Quais são esses autovetores?

13. Indique por D a derivada, que é vista como um operador linear sobre o espaço das funções diferenciáveis. Considere um número inteiro $k \neq 0$. Mostre que as funções $\operatorname{sen} kx$ e $\cos kx$ são autovetores para o operador D^2. Quais são os autovalores?

14. Suponha que $A : V \to V$ será uma aplicação linear, e que $\{v_1, \ldots, v_n\}$ é uma base de V formada por autovetores com autovalores distintos

$c_1, \ldots, c_n$. Mostre que qualquer autovetor v de A em V é um múltiplo escalar de algum v_i.

15. Sejam A e B duas matrizes quadradas do mesmo tipo. Mostre que os autovalores de AB são iguais aos autovalores de BA.

VIII, §3. AUTOVALORES E AUTOVETORES DE MATRIZES SIMÉTRICAS

Daremos duas demonstrações para o próximo teorema.

Teorema 3.1. *Seja A uma matriz real simétrica $n \times n$. Então existe um autovetor real para A.*

A primeira demonstração usa os números complexos. Pelo Teorema 2.3, sabemos que A tem um autovalor λ em $\mathbb{C}$, e um autovetor Z com componentes complexas. Com esses fatos, agora é suficiente provar que:

Teorema 3.2. *Se A é uma matriz real simétrica e λ um autovalor em $\mathbb{C}$. Então λ é real. Se $Z \neq O$ é um autovetor complexo com autovalor λ, e $Z = X + iY$, onde $X, Y \in \mathbb{R}^n$, então X e Y são autovetores reais de A, ambos com autovalor λ; além disso $X \neq O$ ou $Y \neq O$.*

Demonstração. Seja $Z = (z_1, \ldots, z_n)^T$ com coordenadas complexas z_i.

$$Z \cdot \bar{Z} = \bar{Z} \cdot Z = \bar{Z}^T Z = \bar{z}_1 z_1 + \cdots + \bar{z}_n z_n = |z_1|^2 + \cdots + |z_n|^2 > 0.$$

Por hipótese, temos $AZ = \lambda Z$. Então

$$\bar{Z}^T A Z = \bar{Z}^T \lambda Z = \lambda \bar{Z}^T Z.$$

A transposta de uma matriz 1×1 é a própria e assim também obtemos

$$Z^T A^T \bar{Z} = \bar{Z}^T A Z = \lambda \bar{Z}^T Z.$$

Mas $\overline{AZ} = \bar{A}\bar{Z} = A\bar{Z}$ e $\overline{AZ} = \overline{\lambda Z} = \bar{\lambda}\bar{Z}$. Portanto

$$\lambda \bar{Z}^T Z = \bar{\lambda} Z^T \bar{Z}.$$

Como $\bar{Z}^T Z \neq 0$ segue-se que $\lambda = \bar{\lambda}$ e, portanto, λ é real.

Agora, a partir de $AZ = \lambda Z$ obtemos

$$AX + iAY = \lambda X + i\lambda Y,$$

e como A, X e Y são reais, segue-se que $AX = \lambda X$ e $AY = \lambda Y$. Isto prova o teorema.

Em seguida daremos uma demonstração usando o cálculo de várias variáveis. Definimos a função

$$f(X) = X^T A X \qquad \text{para} \qquad X \in \mathbb{R}^n.$$

Esta função f é chamada de **forma quadrática associada com** A. Se $X^T = (x_1, \ldots, x_n)$ é escrito em termos de coordenadas, e $A = (a_{ij})$, então

$$f(X) = \sum_{i,j=1}^n a_{ij} x_i x_j.$$

Exemplo. Seja

$$A = \begin{pmatrix} 3 & -1 \\ -1 & 2 \end{pmatrix}.$$

Seja $X^T = (x, y)$. Então

$$X^T A X = (x, y) \begin{pmatrix} 3 & -1 \\ -1 & 2 \end{pmatrix} \begin{pmatrix} x \\ y \end{pmatrix} = 3x^2 - 2xy + 2y^2.$$

Em geral, se
$$\begin{pmatrix} a & b \\ b & d \end{pmatrix},$$
então
$$(x,y) \begin{pmatrix} a & b \\ b & d \end{pmatrix} \begin{pmatrix} x \\ y \end{pmatrix} = ax^2 + 2bxy + dy^2.$$

Exemplo. Suponhamos que seja dada a expressão quadrática
$$f(x,y) = 3x^2 + 5xy - 4y^2.$$
Então essa expressão é a forma quadrática associada à matriz simétrica
$$A = \begin{pmatrix} 3 & \frac{5}{2} \\ \frac{5}{2} & -4 \end{pmatrix}.$$

Em muitas aplicações, deseja-se encontrar um máximo para uma determinada função f na esfera unitária. Lembremos que a **esfera unitária** é o conjunto de todos os pontos X tais que $\|X\| = 1$, onde $\|X\| = \sqrt{X \cdot X}$. Em cursos de análise é mostrado que uma função contínua, como a que foi definida acima, tem um máximo na esfera. Um **máximo** na esfera é um ponto P tal que $\|P\| = 1$ e
$$f(P) \geq f(X) \quad \text{para todo } X \text{ com} \quad \|X\| = 1.$$

O próximo teorema relaciona esse problema com o problema de encontrar autovetores.

Teorema 3.3. *Seja A uma matriz real simétrica, e seja $f(X) = X^T A X$ a forma quadrática associada. Seja P um ponto na esfera unitária tal que $f(P)$ é um máximo para f na esfera. Então P é um autovetor para A. Em outras palavras, existe um número λ tal que $AP = \lambda P$.*

Demonstração. Seja W o subespaço de $\mathbb{R}^n$ ortogonal no ponto P, isto é, $W = P^\perp$. Logo, $\dim W = n - 1$. Para qualquer elemento $w \in W$, $\|w\| = 1$, definimos a curva

$$C(t) = (\cos t)P + (\operatorname{sen} t)w.$$

As direções dos vetores unitários $w \in W$ são as direções tangentes à esfera no ponto P, como mostra a figura

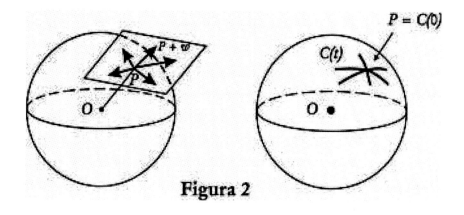

Figura 2

A curva $C(t)$ está contida na esfera pois $\|C(t)\| = 1$, como você pode verificar ao tomar o produto escalar $C(t) \cdot C(t)$ e usar a hipótese de que $P \cdot w = 0$. Além disso, $C(0) = P$. Logo, $C(t)$ é uma curva na esfera que passa por P. Também temos a derivada

$$C'(t) = (-\operatorname{sen} t)P + (\cos t)w,$$

e assim $C'(0) = w$. Dessa forma, a direção da curva está na direção de w, e é perpendicular à esfera em P pois $w \cdot P = 0$. Considere a função

$$g(t) = f(C(t)) = C(t) \cdot AC(t).$$

Usando as coordenadas, e a regra para a derivada de um produto, que se aplica neste caso (como você deve saber a partir do Cálculo), você encontra a derivada:

$$\begin{aligned} g'(t) &= C'(t) \cdot AC(t) + C(t) \cdot AC'(t) \\ &= 2C'(t) \cdot AC(t), \end{aligned}$$

pois A é simétrica. Como $f(P)$ é um máximo e $g(0 = f(P)$, segue-se que $g'(0) = 0$. Então obtemos:

$$0 = g'(0) = 2C'(0) \cdot AC(0) = 2w \cdot AP.$$

Logo, AP é perpendicular a w para todo $w \in W$. Entretanto, $W^\perp$ é o espaço unidimensional gerado por P. Portanto, existe um número λ tal que $AP = \lambda P$, provando assim o teorema.

Corolário 3.4. *O valor máximo de f na esfera unitária é igual ao maior autovalor de A.*

Demonstração. Seja λ um autovalor qualquer e seja P um autovetor na esfera unitária, de forma que $\|P\| = 1$. Então

$$f(P) = P^T AP = P^T \lambda P = \lambda P^T P = \lambda.$$

Assim, o valor da função f em um autovetor na esfera unitária é igual ao autovalor. O Teorema 3.3 nos diz que o máximo de f na esfera unitária ocorre em um autovetor. Dessa forma, o máximo de f na esfera unitária é igual ao maior autovalor, conforme foi afirmado.

Exemplo. Sejam $f(x,y) = 2x^2 - 3xy + y^2$ e A, a matriz simétrica associada a f. Achar os autovetores de A no círculo unitário, e o máximo de f no mesmo círculo.

Inicialmente, notamos que f é a forma quadrática associada com a matriz

$$A = \begin{pmatrix} 2 & -\frac{3}{2} \\ -\frac{3}{2} & 1 \end{pmatrix}.$$

Pelo Teorema 3.3, um máximo para f deverá ocorrer em um autovetor, e portanto devemos primeiro achar os autovalores e autovetores.

O polinômio característico é o determinante

$$\begin{vmatrix} t-2 & \frac{3}{2} \\ \frac{3}{2} & t-1 \end{vmatrix} = t^2 - 3t - \frac{1}{4}.$$

Então os autovalores são

$$\lambda = \frac{3 \pm \sqrt{10}}{2}.$$

Para encontrar os autovetores, devemos resolver

$$2x - \tfrac{3}{2}y = \lambda x,$$
$$-\tfrac{3}{2}x + y = \lambda y.$$

Colocando $x = 1$ isto dá os possíveis autovetores:

$$X(\lambda) = \begin{pmatrix} 1 \\ \frac{2}{3}(2-\lambda) \end{pmatrix}.$$

Logo, existem dois autovetores, a menos de múltiplos escalares não-nulos. Esses autovetores estão no círculo unitário e portanto são da forma

$$P(\lambda) = \frac{X(\lambda)}{\|X(\lambda)\|} \quad \text{com} \quad \lambda = \frac{3+\sqrt{10}}{2} \quad \text{e} \quad \lambda = \frac{3-\sqrt{10}}{2}.$$

Pelo Corolário 3.4 f assume o valor máximo no maior autovalor, e deverá portanto ser o ponto

$$P(\lambda) \quad \text{com} \quad \lambda = \frac{3+\sqrt{10}}{2}.$$

O valor máximo de f sobre o círculo unitário é $(3+\sqrt{10})/2$.

Com os mesmos argumentos pode-se mostrar que o valor mínimo de f sobre o círculo unitário é $(3-\sqrt{10})2$.

VIII, §3. EXERCÍCIOS

1. Encontre os autovalores das matrizes seguintes e o valor máximo das formas quadráticas associadas sobre o círculo unitário.

    (a) $\begin{pmatrix} 2 & -1 \\ -1 & 2 \end{pmatrix}$ (b) $\begin{pmatrix} 1 & 1 \\ 1 & 0 \end{pmatrix}$

2. Com o mesmo enunciado, exceto quanto ao máximo sobre o círculo unitário.

    (a) $\begin{pmatrix} 1 & -1 & 0 \\ -1 & 2 & -1 \\ 0 & -1 & 1 \end{pmatrix}$ (b) $\begin{pmatrix} 2 & -1 & 0 \\ -1 & 2 & -1 \\ 0 & -1 & 2 \end{pmatrix}$

3. Encontre o máximo e o mínimo da função

$$f(x,y) = 3x^2 + 5xy - 4y^2$$

    sobre o círculo unitário.

VIII, §4. DIAGONALIZAÇÃO DE UMA APLICAÇÃO LINEAR SIMÉTRICA

Ao longo desta seção, a menos que seja especificado de outra forma, consideraremos V como um espaço vetorial de dimensão n sobre $\mathbb{R}$, com um produto escalar positivo definido.

Daremos um aplicação da existência de autovetores provada no §3. Consideramos
$$A : V \to V$$
como aplicação linear. Lembramos que A é **simétrica (com respeito ao produto escalar)** se tivermos a relação
$$\langle Av, w \rangle = \langle v, Aw \rangle$$
para todo $v, w \in V$.

Podemos reformular o Teorema 3.1 como segue:

Teorema 4.1. *Seja V um espaço vetorial com dimensão finita e um produto escalar positivo definido. Suponha que $A : V \to V$ seja uma aplicação linear simétrica. Então A tem um autovetor não-nulo.*

Seja W um subespaço de V, e suponhamos que $A : V \to V$ seja uma aplicação linear simétrica. Dizemos que W é **estável sob** A se $A(W) \subset W$, isto é, para todo $u \in W$ temos $Au \in W$. Às vezes também se diz que W é **invariante** sob A.

Teorema 4.2. *Seja $A : V \to V$ uma aplicação linear simétrica, e suponhamos que v seja um autovetor não-nulo de A. Se w é um elemento de V, perpendicular a v, então Aw também é perpendicular a v.*

Se W é um subespaço de V, que é estável sob A, então $W^\perp$ também será estável sob A.

Demonstração. Supomos primeiro que v é um autovetor de A. Assim,
$$\langle Aw, v \rangle = \langle w, Av \rangle = \langle w, \lambda v \rangle = \lambda \langle w, v \rangle = 0.$$

Portanto, Aw também é perpendicular a v.

No segundo passo, supomos que W seja estável sob A. Seja $u \in W^\perp$. Logo, para todo $w \in W$, temos:

$$\langle Au, w \rangle = \langle u, Aw \rangle = 0$$

pela hipótese de que $Aw \in W$. Portanto $Au \in W^\perp$, provando dessa forma a segunda afirmação.

Teorema 4.3 (Teorema Espectral). *Seja V um espaço vetorial de dimensão finita $n > 0$ sobre os números reais e com um produto escalar positivo definido. Seja*
$$A : V \to V$$
uma aplicação linear, simétrica em relação ao produto escalar. Então V tem uma base ortonormal formada por autovetores de A.

Demonstração. Pelo Teorema 3.1, existe um autovetor não-nulo v para A. Seja W um espaço unidimensional gerado por v. Então W é estável sob A. Pelo Teorema 4.2, $W^\perp$ também é estável sob A e é um espaço vetorial de dimensão $n - 1$. Dessa forma, devemos ver o operador A como uma aplicação linear simétrica de $W^\perp$ nele próprio. Podemos então repetir o procedimento. Colocamos $v = v_1$, e por indução podemos encontrar uma base $\{v_1, v_2, \ldots, v_n\}$ de $W^\perp$ formada por autovetores. Logo

$$\{v_1, v_2, \ldots, v_n\}$$

é uma base ortogonal de V formada de autovetores. Dividimos cada vetor pela sua norma para obter uma base ortonormal, como desejávamos.

Se $\{e_1, \ldots, e_n\}$ é uma base ortonormal de V tal que e_i é um autovetor, então a matriz de A com respeito a essa base é diagonal, e os elementos da diagonal são precisamente os autovalores:

$$\begin{pmatrix} \lambda_1 & 0 & \cdots & 0 \\ 0 & \lambda_2 & \cdots & 0 \\ \vdots & \vdots & & \vdots \\ 0 & 0 & \cdots & \lambda_n \end{pmatrix}.$$

Em uma representação simples como essa, o efeito de A se torna então muito mais claro do que quando A é representada, com respeito a uma outra base, por uma matriz mais complicada.

Uma base $\{v_1, \ldots, v_n\}$ tal que cada v_i é um autovetor para A é chamada **base espectral** para A. Dizemos também que esta base **diagonaliza** A, pois a matriz de A com respeito a essa base é uma matriz diagonal.

Exemplo. Damos uma aplicação às equações diferenciais lineares. Seja A uma matriz real simétrica $n \times n$. Queremos encontrar as soluções em $\mathbb{R}^n$ da equação diferencial

$$\frac{dX(t)}{dt} = AX(t),$$

onde

$$X(t) = \begin{pmatrix} x_1(t) \\ \vdots \\ x_n(t) \end{pmatrix}$$

é dada em termos de coordenadas que são funções de t, e

$$\frac{dX(t)}{dt} = \begin{pmatrix} dx_1(t)/dt \\ \vdots \\ dx_n(t)dt \end{pmatrix}.$$

Essa equação escrita em termos de coordenadas arbitrárias torna-se confusa. Assim, esqueçamos primeiro as coordenadas, e vejamos $\mathbb{R}^n$ como um espaço vetorial de dimensão n com um produto escalar positivo definido. Escolhemos uma base ortonormal de V (normalmente diferente da base original) formada por autovetores de A. Agora, *com respeito a essa nova base*, podemos identificar V com $\mathbb{R}^n$ com novas coordenadas as quais indicamos por $y_1, \ldots, y_n$. Em relação a essas novas coordenadas, a matriz da aplicação linear L_A é

$$\begin{pmatrix} \lambda_1 & 0 & \cdots & 0 \\ 0 & \lambda_2 & \cdots & 0 \\ \vdots & \vdots & \ddots & \vdots \\ 0 & 0 & \cdots & \lambda_n \end{pmatrix},$$

onde $\lambda_1, \ldots, \lambda_n$ são os autovalores. Entretanto, em termos dessas convenientes coordenadas, nossa equação diferencial é lida simplesmente como

$$\frac{dy_1}{dt} = \lambda_1 y_1, \ \ldots, \ \frac{dy_n}{dt} = \lambda_n y_n.$$

Logo a solução mais geral é da forma

$$y_i(t) = c_i e^{\lambda_i t}, \quad \text{para alguma constante } c_i.$$

A moral desse exemplo é que a escolha da base deve ser muito bem pensada, deve-se usar sempre que possível uma notação sem coordenadas, até que a escolha de coordenadas se torne imperativa para solucionar um problema mais simples.

Teorema 4.4. *Seja A uma matriz real simétrica $n \times n$. Então existe uma matriz U real unitária $n \times n$ tal que*

$$U^T A U = U^{-1} A U$$

seja a matriz diagonal.

Demonstração. Vemos A como a matriz associada a uma aplicação linear simétrica

$$F : \mathbb{R}^n \to \mathbb{R}^n$$

e relativa à base canônica $\mathcal{B} = \{e^1, \ldots, e^n\}$. Pelo Teorema 4.3 podemos encontrar uma base $\mathcal{B}' = \{w_1, \ldots, w_n\}$ de $\mathbb{R}^n$ tal que

$$M_{\mathcal{B}'}^{\mathcal{B}'}(F)$$

é diagonal. Seja $U = M_{\mathcal{B}'}^{\mathcal{B}}(\text{id})$. Então $U^{-1}AU$ é diagonal. Além disso, U é unitário. De fato, seja $U = (c_{ij})$. Então

$$w_i = \sum_{j=1}^{n} c_{ji} e_j \qquad \text{para } i = 1, \ldots, n.$$

As condições $\langle w_i, w_i \rangle = 1$ e $\langle w_i, w_j \rangle = 0$ se $i \neq j$ são imediatamente verificadas para indicar que

$$U^T U = I \qquad \text{isto é} \qquad U^T = U^{-1}.$$

Isto prova o Teorema 4.4.

Observação. O Teorema 4.4 nos mostra como obter *todas* as matrizes reais simétricas. Toda matriz real simétrica A pode ser escrita na forma

$$U^T B U,$$

onde B é uma matriz diagonal e U é real unitária.

VIII, §4. EXERCÍCIOS

1. Suponha que A seja uma matriz diagonal $n \times n$. Se $X \in \mathbb{R}^n$, então, em termos das coordenadas de X e elementos da diagonal de A, o que é $X^t A X$?

2. Seja
$$A = \begin{pmatrix} \lambda_1 & 0 & \cdots & 0 \\ 0 & \lambda_2 & \cdots & 0 \\ \vdots & & & \vdots \\ 0 & 0 & \cdots & \lambda_n \end{pmatrix}$$

uma matriz diagonal com $\lambda_1 \geq 0, \ldots, \lambda_n \geq 0$. Mostre que existe uma matriz diagonal $n \times n$ B tal que $B^2 = A$.

3. Sejam V um espaço vetorial com dimensão finita e um produto escalar positivo definido, e $A : V \to V$ uma aplicação linear simétrica. Dizemos que A é **positiva definida** se $\langle Av, v \rangle > 0$ para todo $v \in V$ e $v \neq O$. Prove as seguintes afirmações:

    (a) Se A é positiva definida, então todos os autovalores são > 0.

    (b) Se A é positiva definida, então existe uma aplicação linear simétrica B tal que $B^2 = A$ e $BA = AB$. Quais são os autovalores de B?
    [*Sugestão*: use uma base de V constituída por autovetores.]

4. Dizemos que A é **semipositivo** se $\langle Av, v \rangle \geq 0$ para todo $v \in V$. Prove as afirmações análogas às de (a) e (b) do Exercício 3, quando A é considerado apenas semipositivo. Logo, os autovalores são ≥ 0, e existe uma aplicação linear simétrica B tal que $B^2 = A$.

5. Considere que A é simétrico positivo definido. Mostre que A^2 e A^{-1} são simétricos positivos definidos.

6. Seja $A : \mathbb{R}^n \to \mathbb{R}^n$ uma aplicação linear invertível.

    (a) Mostre que $A^T A$ é simétrico positivo definido.

    (b) Pelo Exercício 3b, existe uma aplicação linear simétrica positiva definida tal que $B^2 = A^T A$. Seja $U = AB^{-1}$. Mostre que U é unitário.

    (c) Mostre que $A = UB$.

7. Seja B uma aplicação linear simétrica positiva definida e também unitária. Mostre que $B = I$.

8. Prove que uma matriz real simétrica A é positiva definida se, e somente se, existir uma matriz real não-singular N tal que $A = N^T N$.

[*Sugestão*: utilize o Teorema 4.4 e escreva $U^T A U$ como o quadrado de uma matriz diagonal, digamos B^2. Considere $N = UB^{-1}$.]

9. Encontre uma base ortogonal de $\mathbb{R}^2$ formada por autovetores da matriz dada.

    (a) $\begin{pmatrix} 1 & 3 \\ 3 & 2 \end{pmatrix}$
    (b) $\begin{pmatrix} -1 & 1 \\ 1 & 2 \end{pmatrix}$
    (c) $\begin{pmatrix} 2 & 0 \\ 0 & 2 \end{pmatrix}$

    (d) $\begin{pmatrix} 1 & 1 \\ 1 & 1 \end{pmatrix}$
    (e) $\begin{pmatrix} 1 & -1 \\ -1 & 1 \end{pmatrix}$
    (f) $\begin{pmatrix} 2 & -3 \\ -3 & 1 \end{pmatrix}$

10. Seja A uma matriz simétrica real 2×2. Mostre que se os autovalores de A são distintos, então seus autovetores formam uma base ortogonal de $\mathbb{R}^2$.

11. Seja V como no §4. Considere $A : V \to V$ uma aplicação linear simétrica. Sejam v_1 e v_2 autovetores de A com autovalores λ_1 e λ_2, respectivamente. Se $\lambda_1 \neq \lambda_2$, mostre que v_1 é perpendicular a v_2.

12. Seja V como no §4. Considere $A : V \to V$ uma aplicação linear simétrica. Se A possui somente um autovalor, então mostre que *toda* base ortogonal de V é formada por autovetores de A.

13. Seja V como no §4. Considere $A : V \to V$ uma aplicação linear simétrica. Suponha que $\dim V = n$ assuma que existem n autovetores de A distintos. Mostre que seus autovetores formam uma base ortogonal de V.

14. Seja V como no §4. Considere $A : V \to V$ uma aplicação linear simétrica. Se o núcleo de A é $\{O\}$, então A não possui autovalor igual a 0, e reciprocamente.

15. Seja V como no §4. Considere $A : V \to V$ uma aplicação linear simétrica. Prove que as condições seguintes sobre A são equivalentes.

    (a) Todos os autovalores de A são > 0.

    (b) Para todos os elementos $v \in V$, $v \neq O$, vale que $\langle Av, v \rangle > 0$.

    Se a aplicação A satisfizer essas duas condições, então diremos que A é **positiva definida**. A partir disto, a segunda condição em termos dos vetores coordenadas, e do produto escalar usual em $\mathbb{R}^n$, é lida da seguinte forma:

    (b') Para todos vetores $X \in \mathbb{R}^n$, $X \neq O$, vale
    $$X^T A X > 0.$$

16. Determine quais das seguintes matrizes são positivas definidas.

    (a) $\begin{pmatrix} 1 & 2 \\ 2 & 1 \end{pmatrix}$
    (b) $\begin{pmatrix} 1 & -1 \\ -1 & 2 \end{pmatrix}$
    (c) $\begin{pmatrix} 3 & 2 \\ 2 & 1 \end{pmatrix}$

    (d) $\begin{pmatrix} 1 & 2 & 3 \\ 2 & 0 & 1 \\ 3 & 1 & 1 \end{pmatrix}$
    (e) $\begin{pmatrix} 1 & -1 & 0 \\ -1 & 0 & 1 \\ 0 & 1 & 2 \end{pmatrix}$

17. Prove que as condições seguintes, relativas a uma matriz simétrica real, são equivalentes. Uma matriz que satisfaça essas condições será chamada de **negativa definida**.

    (a) Todos os autovalores de A são < 0.

    (b) Para todos vetores $X \in \mathbb{R}^n$, $X \neq O$, vale $X^T A X < 0$.

18. Seja A uma matriz simétrica real não-singular $n \times n$. Prove as seguintes afirmações:

(a) Se λ é um autovalor de A, então $\lambda \neq 0$.

(b) Se λ é um autovalor de A, então λ^{-1} é um autovalor de A^{-1}.

(c) As matrizes A e A^{-1} têm o mesmo conjunto de autovetores.

19. Seja A uma matriz simétrica real positiva definida. Mostre que A^{-1} existe e é positiva definida.

20. Seja V como no §4. Se A e B são dois operadores simétricos de V tais que $AB = BA$, então mostre que existe uma base ortogonal de V formada de autovetores de A e B. [*Sugestão*: se λ é um autovalor de A, e V_λ consiste em todos os $v \in V$ tais que $Av = \lambda v$, então mostre que BV_λ está contido em V_λ. Isto reduz o problema ao caso em que $A = \lambda I$.]

21. Seja V como no §4, e $A : V \to V$ um operador simétrico. Sejam $\lambda_1, \ldots, \lambda_r$ autovalores distintos de A. Suponha λ é um autovalor de A e que V_λ consiste em todos os $v \in V$ tais que $Av = \lambda v$.

    (a) Mostre que $V_\lambda(A)$ é um subespaço de V, e que A aplica $V_\lambda(A)$ sobre ele próprio.

    Chamamos $V_\lambda(A)$ de **auto-espaço** de V associado a λ.

    (b) Mostre que V é a soma direta dos espaços

    $$V = V_{\lambda_1}(A) \oplus \cdots \oplus V_{\lambda_r}(A).$$

    Isto significa que cada elemento $v \in V$ é expresso de maneira única como uma soma

    $$v = v_1 + \cdots + v_r \qquad v_i \in V_{\lambda_i}.$$

    (c) Sejam λ_1 e λ_2 dois autovalores distintos. Mostre que V_{λ_1} é ortogonal a V_{λ_2}.

22. Se P_1 e P_2 são duas matrizes simétricas reais positivas definidas (do mesmo tipo), e t e u são números reais positivos, então mostre que $tP_1 + uP_2$ é simétrica positiva definida.

23. Seja V como no §4, e $A : V \to V$ um operador simétrico. Sejam $\lambda_1, \ldots, \lambda_r$ autovalores distintos de A. Mostre que
$$(A - \lambda_1 I) \cdots (A - \lambda_r I) = O.$$

24. Seja V como no §4, e $A : V \to V$ um operador simétrico. Um subespaço W de V é dito **invariante** ou **estável** sob A, se $Aw \in W$ para todo $w \in W$, isto é, $AW \cap W$. Prove que se A não tem um subespaço invariante diferente de $\{O\}$ e de V, então $A = \lambda I$ para algum número λ. [*Sugestão*: primeiro, mostre que A tem somente um autovalor.]

25. (Para aqueles que já leram o Teorema de Sylvester.) Seja $A : V \to V$ uma aplicação linear simétrica. Recorrendo ao Teorema de Sylvester, mostre que o índice de nulidade da forma
$$(v, w) \mapsto \langle Av, w \rangle$$
é igual à dimensão do núcleo de A. Mostre que o índice de positividade é igual ao número de autovetores numa base espectral que tem autovalores positivos.

VIII, §5. CASO HERMITIANO

Em toda esta seção vamos admitir V como um espaço vetorial de dimensão finita sobre $\mathbb{C}$ com um produto hermitiano positivo definido.

No próximo resultado será revelado que o caso hermitiano é na verdade não só análogo mas quase igual ao caso real.

Teorema 5.1. *Seja $A: V \to V$ um operador hermitiano. Então todo autovalor de A é real.*

Demonstração. Seja v um autovetor com um autovalor λ. Pelo Teorema 2.4 do Capítulo 7, sabemos que $\langle Av, v \rangle$ é real. Como $Av = \lambda v$, obtemos

$$\langle Av, v \rangle = \lambda \langle v, \rangle v.$$

Mas, por hipótese, $\langle v, v \rangle$ é real e > 0. Portanto λ é real, provando assim o teorema.

Sabemos que sobre $\mathbb{C}$ todo operador tem um autovetor e um autovalor. Logo o resultado análogo ao Teorema 4.1 é feito de forma cuidadosa no presente caso. Temos então a seguir os análogos dos Teoremas 4.2 e 4.3.

Teorema 5.2. *Seja $A : V \to V$ um operador hermitiano, e v um autovetor não-nulo de A. Se w é um elemento de V perpendicular a v, então Aw é também perpendicular a v.*

Se W é um subespaço de V estável sob o operador A, então $W^\perp$ é também estável sob A.

A demonstração é idêntica a do Teorema 4.2.
vspace0.3cm

Teorema 5.3 (Teorema Espectral). *Seja $A : V \to V$ uma aplicação linear hermitiana. Então V tem uma base ortogonal formada por autovetores de A.*

vspace0.3cm

Mais uma vez, a demonstração é a mesma do Teorema 4.3.
vspace0.3cm

Observação. Se $\{v_1, \ldots, v_n\}$ é uma base como no teorema, então a matriz de A relativa à base é uma matriz diagonal *real*. Esse fato nos mostra

Autovetores e Autovalores 319

que a teoria das aplicações hermitianas (ou matrizes) podem ser tratadas como no caso real.

vspace0.3cm

Teorema 5.4. *Seja A uma matriz hermitiana complexa $n \times n$. Então uma matriz unitária complexa U tal que*

$$U^*AU = U^{-1}AU$$

é uma matriz diagonal.

A demonstração é igual a do Teorema 4.4.

VIII, §5. EXERCÍCIOS

Em todos estes exercícios, assumimos que V é um espaço vetorial de dimensão finita sobre $\mathbb{C}$, com um produto hermitiano positivo definido. Assumimos também que $\dim V > 0$.

Seja $A : V \to V$ um operador hermitiano. Por definição A é **positivo definido** se

$$\langle Av, v \rangle \geq 0 \quad \text{para todo} \quad v \in V, v \neq O.$$

Também por definição, A é **semipositivo** ou **semidefinido** se

$$\langle Av, v \rangle \geq 0 \quad \text{para todo} \quad v \in V.$$

1. Prove:

   (a) Se A é positivo definido, então todos os autovalores são > 0.

   (b) Se A é positivo definido, então existe uma aplicação linear hermitiana B tal que $B^2 = A$ e $BA = AB$. Quais são os autovalores de B? [*Sugestão*: veja o Exercício 3 do §4.]

2. Prove os análogos de (a) e (b) no Exercício 1, quando A é assumido como sendo apenas semidefinido.

3. Suponha que A seja positivo definido hermitiano. Mostre que A^2 e A^{-1} são do tipo positivo definido hermitiano.

4. Seja $A : V \to V$ um operador invertível arbitrário. Mostre que existe um operador unitário complexo U e um operador positivo definido hermitiano P tal que $A = UP$. [*Sugestão:* considere P como um operador positivo definido hermitiano tal que $P^2 = A^*A$. Suponha que $U = AP^{-1}$ e mostre que U é unitário.]

5. Seja A uma matriz não-singular complexa. Mostre que A hermitiana, é positiva definida se, e somente se, existir uma matriz não-singular N tal que $A = N^*N$.

6. Mostre que a matriz
$$A = \begin{pmatrix} 1 & i \\ -i & 1 \end{pmatrix}$$
é semipositiva e encontre uma raiz quadrada.

7. Encontre uma matriz unitária U tal que U^*AU é diagonal, quando A é igual a:

(a) $\begin{pmatrix} 2 & 1+i \\ 1-i & 1 \end{pmatrix}$ (b) $\begin{pmatrix} 1 & i \\ -i & 1 \end{pmatrix}$

8. Seja $A : V \to V$ um operador hermitiano. Mostre que existem operadores P_1 e P_2 semipositivos tais que $A = P_1 - P_2$.

9. Um operador $A : V \to V$ é dito **normal** se $AA^* = A^*A$.

   (a) Sejam A e B dois operadores normais tais que $AB = BA$. Mostre que AB é normal.

(b) Suponha A normal. Enuncie e demonstre o teorema espectral para A. [*Sugestão para a demonstração:* encontre um autovetor comum para A e A^*.]

10. Mostre que a matriz complexa

$$A = \begin{pmatrix} i & -i \\ -i & i \end{pmatrix}$$

é normal, mas não é hermitiana e também não é unitária.

VIII, §6. OPERADORES UNITÁRIOS

No teorema espectral da seção anterior encontramos uma base ortogonal para o espaço vetorial, formada por autovetores para um operador hermitiano. Trataremos agora do caso análogo para um operador unitário.

O caso complexo é mais fácil de entender e de enxergar, assim, começaremos por ele. O caso real será tratado mais adiante.

Admitamos V como um espaço vetorial de dimensão finita sobre $\mathbb{C}$ com um produto escalar hermitiano positivo definido.

Tomemos

$$U : V \to V$$

como um operador unitário. Isto significa que U satisfaz qualquer uma das seguintes condições equivalentes:

U *preserva normas, isto é,* $\|Uv\| = \|v\|$ *para todo* $v \in V$.
U *preserva produtos escalares, isto é,* $\langle Uv, Uw \rangle = \langle v, w \rangle$ *para* $u, w \in V$.
U *associa vetores unitários com vetores unitários.*

Como já dominamos os números complexos, sabemos que U tem um autovetor v com um autovalor $\lambda \neq 0$ (pois U é invertível). O subespaço unidimensional gerado por v é um subespaço (também dizemos estável) invariante.

Lema 6.1. *Seja W um subespaço U-invariante de V. Então $W^\perp$ também é U-invariante.*

Demonstração. Seja $v \in W^\perp$ tal que $\langle w, v \rangle = 0$ para todo $w \in W$. Lembramos que $U^* = U^{-1}$. Como $U: W \to W$ aplica W em si mesmo e tem por núcleo $\{O\}$, segue-se que U^{-1} também aplica W em si mesmo. Agora
$$\langle w, Uv \rangle = \langle U^*w, v \rangle = \langle U^{-1}w, v \rangle = 0,$$
provando assim o nosso lema.

Teorema 6.2. *Seja V um espaço vetorial de dimensão finita não-nula sobre o corpo dos números complexos, com um produto hermitiano positivo definido. Se $U: V \to V$ é um operador unitário, então V tem uma base ortogonal formada de autovetores de U.*

Demonstração. Seja v_1 um autovetor não-nulo, e consideremos V_1 como o espaço de dimensão 1 gerado por v_1. Assim como no Lema 6.1, vemos que o complemento ortogonal $V_1^\perp$ é U-invariante e, por indução, podemos encontrar uma base ortogonal $\{v_2, \ldots, v_n\}$ de $V_1^\perp$ formada por autovetores de U. Logo $\{v_1, \ldots, v_n\}$ é a base que se procura para V.

A seguir vamos lidar com o caso real.

Teorema 6.3. *Seja V um espaço vetorial de dimensão finita > 0 sobre* o corpo dos números reais, e com um produto escalar positivo. Se T é um operador real unitário em V, então V pode ser expresso na soma direta

$$V = V_1 \oplus \cdots \oplus V_r$$

de subespaços T-invariantes, que são mutuamente ortogonais (isto é, V_i é ortogonal a V_j se $i \neq j$) e com $\dim V_i$ igual a 1 ou 2, para cada i.

Demonstração. Após fixarmos uma base ortonormal para V sobre $\mathbb{R}$, observamos que estamos em condições de supor $V = \mathbb{R}^n$ com o produto escalar positivo definido sendo o produto escalar usual. Podemos então representar T por uma matriz, que indicamos por M. Dessa forma, M é uma matriz unitária.

Agora identificamos M como um operador sobre $\mathbb{C}^n$. Como M é real e $M^T = M^{-1}$, obtemos também

$$\overline{M}^T = M^{-1}$$

e portanto M é também unitário complexo.

Seja Z um autovetor não-nulo de M em $\mathbb{C}^n$ com autovalor λ, logo

$$MZ = \lambda Z.$$

Desde que $\|MZ\| = \|Z\|$ segue-se que $|\lambda| = 1$. Portanto existe um número real θ tal que $\lambda = e^{i\theta}$. Assim, temos

$$MZ = e^{i\theta} Z.$$

Escrevemos

$$Z = X + iY \quad \text{com } X, Y \in \mathbb{R}^n.$$

Caso 1. $\lambda = e^{i\theta}$ é real, logo $e^{i\theta} = 1$ ou -1. Então

$$MX = \lambda X \quad \text{e} \quad MY = \lambda Y.$$

Como $Z \neq O$ segue-se que pelo menos um dos dois vetores X e Y é $\neq O$. Assim, encontramos um autovetor v não-nulo para T. Dessa forma, seguimos o procedimento usual. Suponhamos que $V_1 = (v)$ é o subespaço gerado por v sobre $\mathbb{R}$. Então

$$V = V_1 \oplus V_1^\perp.$$

O Lema 6.1 se aplica da mesma forma ao caso real, logo T aplica $V_1^\perp$ em $V_1^\perp$. Podemos então usar a indução para concluir a demonstração.

Caso 2. $\lambda = e^{i\theta}$ não é real. Logo $\lambda \neq \bar{\lambda}$, e $\bar{\lambda} = e^{-i\theta}$. Como M é real devemos notar que

$$M\bar{Z} = \bar{\lambda}\bar{Z},$$

e portanto $\bar{Z} = X - iY$ é também um autovetor com autovalor $\bar{\lambda}$.

Se escrevemos

$$e^{i\theta} = \cos\theta + i\,\text{sen}\,\theta$$

então

$$\begin{aligned} MZ = MX + iMY &= (\cos\theta + i\,\text{sen}\,\theta)(X + iY) \\ &= ((\cos\theta)X - (\text{sen}\,\theta)Y) + i\,((\cos\theta)Y + (\text{sen}\,\theta)X), \end{aligned}$$

donde após considerarmos as partes real e imaginária, obtemos

$$\begin{aligned} MX &= (\cos\theta)X - (\text{sen}\,\theta)Y, \\ MY &= (\text{sen}\,\theta)X + (\cos\theta)Y. \end{aligned}$$

Os dois vetores X e Y são linearmente independentes sobre $\mathbb{R}$, pois, caso contrário, Z e $\bar{Z}$ não teriam autovalores distintos para M. Consideremos

$$V_1 = \text{subespaço gerado por } X \text{ e } Y \text{ sobre } \mathbb{R}.$$

Logo, as fórmulas para MX e MY acima mostram que V_1 é invariante sob T. Dessa forma, encontramos um subespaço T-invariante de dimensão 2.

De acordo com o Lema 6.1, que se aplica ao caso real, concluímos que $V_1^\perp$ também é T-invariante, e

$$V = V_1 \oplus V_1^\perp.$$

Podemos concluir a demonstração por indução. Na verdade, provamos ainda mais, ao mostrar que a matriz de T, com respeito a uma base apropriada, tem a forma apresentada no teorema a seguir.

Teorema 6.4. *Seja V um espaço vetorial de dimensão finita > 0 sobre o corpo dos números reais, e com um produto escalar positivo definido. Se T é um operador real unitário sobre V, então existe uma base de V tal que a matriz de T em relação a essa base consiste em blocos, isto é,*

$$\begin{pmatrix} M_1 & O & \cdots & O \\ O & M_2 & \cdots & O \\ \vdots & \vdots & & \vdots \\ O & O & \cdots & M_r \end{pmatrix},$$

onde cada M_i é uma matriz 1×1 ou uma matriz 2×2, dos seguintes tipos:

$$(1), \quad (-1), \quad \begin{pmatrix} \cos\theta & -\operatorname{sen}\theta \\ \operatorname{sen}\theta & \cos\theta \end{pmatrix}$$

Observamos que, em cada componente V_i, na decomposição

$$V = V_1 \oplus \ldots \oplus V_r$$

a aplicação linear T é sempre a identidade I, ou a reflexão $-I$, ou a rotação. Esse é o conteúdo geométrico dos Teoremas 6.3 e 6.4.

Capítulo 9

Polinômios e Matrizes

IX, §1. POLINÔMIOS

Seja K um corpo. Por um **polinômio** sobre K, entende-se uma expressão formal
$$f(t) = a_n t^n + \cdots + a_0,$$
em que t é a " variável ". Vamos agora explicar como fazemos a soma e o produto de tais expressões. Seja
$$g(t) = b_m t^m + \cdots + b_0$$
um outro polinômio com $b_j \in K$. Se, digamos, $n \geq m$, então podemos escrever $b_j = 0$ se $j > m$, isto é
$$g(t) = 0t^n + \cdots + b_m t^m + \cdots + b_0$$
e nestas condições podemos expressar $f + g$ por
$$(f+g)(t) = (a_n + b_n)t^n + \cdots + (a_0 + b_0).$$
Assim, $f + g$ é também um polinômio. Se $c \in K$, então
$$(cf)(t) = ca_n t^n + \cdots + ca_0,$$

e, portanto, cf é um polinômio. Logo, os polinômios formam um espaço vetorial sobre o corpo K.

Também podemos formar o produto fg, de dois polinômios, sendo,

$$(fg)(t) = (a_n b_m)t^{n+m} + \cdots + a_0 b_0,$$

de modo que fg seja, por sua vez, um polinômio. Na verdade, se escrevermos

$$(fg)(t) = c_{n+m}t^{n+m} + \cdots + c_0,$$

então

$$c_k = \sum_{i=0}^{k} a_i b_{k-i} = a_0 b_k + a_1 b_{k-1} + \cdots + a_k b_0.$$

Certamente, as regras que enunciamos já são conhecidas pelo leitor, e só as relembramos para dar a forma correta de usá-las.

Quando escrevemos um polinômio f sob a forma

$$f(t) = a_n t^n + \cdots + a_0$$

com $a_i \in K$, os números $a_0, \ldots, a_n$ são chamados de **coeficientes** do polinômio. Se n é o maior inteiro tal que $a_n \neq 0$, então dizemos que n é o **grau** de f e escrevemos $n = \operatorname{gr} f$. Também dizemos que a_n é o **coeficiente dominante** de f. Dizemos que a_0 é o **termo constante** de f. Se f é o polinômio nulo, então devemos usar, por convenção, $\operatorname{gr} f = -\infty$. Convencionamos também que

$$-\infty + -\infty = -\infty,$$
$$-\infty + a = -\infty, \qquad -\infty < a$$

para qualquer inteiro a, e que *nenhuma outra operação com $-\infty$ está definida*.

O motivo de nossas convenções é que, com elas, o próximo teorema é verdadeiro em todos os casos.

Teorema 1.1. *Sejam f e g dois polinômios com coeficientes em K. Então*
$$\operatorname{gr}(fg) = \operatorname{gr} f + \operatorname{gr} g.$$

Demonstração. Sejam
$$f(t) = a_n t^n + \cdots + a_0 \quad \text{e} \quad g(t) = b_m t^m + \cdots + b_0,$$
com $a_n \neq 0$ e $b_m \neq 0$. Então, pela regra de multiplicação para fg, vemos que
$$f(t)g(t) = a_n b_m t^{n+m} + \text{termos de grau inferior,}$$
e $a_n b_m \neq 0$. Logo, $\operatorname{gr} fg = n + m = \operatorname{gr} f + \operatorname{gr} g$. Se f ou g for 0, então nossa convenção a respeito de $-\infty$ tornará a nossa asserção válida.

Um polinômio de grau 1 também tem o nome de polinômio **linear**.

Dizemos que um número α é uma **raiz** de f se $f(\alpha) = 0$. Admitimos sem demonstração o seguinte resultado:

Teorema 1.2. *Seja f um polinômio com coeficientes complexos, de grau ≥ 1. Então f tem uma raiz em $\mathbb{C}$.*

Iremos demonstrar o teorema num apêndice, usando alguns fatos da análise.

Teorema 1.3. *Seja f um polinômio com coeficientes complexos, com coeficiente dominante 1, e de grau $n \geq 1$. Então existem números complexos $\alpha_1, \ldots, \alpha_n$ tais que*
$$f(t) = (t - \alpha_1) \cdots (t - \alpha_n).$$
Os números $\alpha_1, \ldots, \alpha_n$ são determinados de modo único a menos de uma permutação. Toda raiz α de f é igual a algum α_i, e reciprocamente.

Demonstração. Daremos a demonstração do Teorema 1.3 na íntegra (admitindo o Teorema 1.2) no Capítulo 11. Como no presente capítulo, e nos dois próximos capítulos, não necessitamos de outros conceitos referentes a polinômios exceto as propriedades elementares enunciadas neste parágrafo, achamos que é mais conveniente adiar a demonstração para o Capítulo 12. Além disso, a teoria aprofundada dos polinômios desenvolvida no Capítulo 12 terá aplicações adicionais na teoria das aplicações lineares e matrizes.

Apresentamos um item de terminologia. Sejam $\alpha_1, \ldots, \alpha_n$ as raízes distintas do polinômio f em $\mathbb{C}$. Então podemos escrever

$$f(t) = (t - \alpha_1)^{m_1} \cdots (t - \alpha_r)^{m_r},$$

com inteiros $m_1, \ldots, m_r > 0$ determinados de modo único. Dizemos que m_i é a **multiplicidade** de α_i em f.

IX, §2. POLINÔMIOS DE MATRIZES E DE APLICAÇÕES LINEARES

O conjunto de polinômios com coeficientes em K será representado por $K[t]$.

Seja A uma matriz quadrada com coeficientes em K. Seja $f \in K[t]$, dado por

$$f(t) = a_n t^n + \cdots + a_0$$

com $a_i \in K$. Definimos

$$f(A) = a_n A^n + \cdots + a_0 I.$$

Exemplo 1. Seja $f(t) = 3t^2 - 2t + 5$. Se $A = \begin{pmatrix} 1 & -1 \\ 2 & 0 \end{pmatrix}$. Então

$$f(A) = 3\begin{pmatrix} 1 & -1 \\ 2 & 0 \end{pmatrix}^2 - \begin{pmatrix} 2 & -2 \\ 4 & 0 \end{pmatrix} + \begin{pmatrix} 5 & 0 \\ 0 & 5 \end{pmatrix} = \begin{pmatrix} 0 & -1 \\ 2 & -1 \end{pmatrix}.$$

Teorema 2.1. *Sejam $f, g \in K[t]$. Seja A uma matriz quadrada com coeficientes em K. Então*

$$(f+g)(A) = f(A) + g(A),$$
$$(fg)(A) = f(A)g(A).$$

Se $c \in K$, então $(cf)(A) = cf(A)$.

Demonstração. Sejam $f(t)$ e $g(t)$ escritos sob a forma

$$f(t) = a_n t^n + \cdots + a_0$$

e

$$g(t) = b_m t^m + \cdots + b_0 I$$

com $a_i, b_j \in K$. Então

$$(fg)(t) = c_{m+n} t^{m+n} + \cdots + c_0,$$

onde

$$c_k = \sum_{i=0}^{k} a_i b_{k-i}.$$

Por definição

$$(fg)(A) = c_{m+n} A^{m+n} + \cdots + c_0 I.$$

Por outro lado,

$$f(A) = a_n A^n + \cdots + a_0 I$$

e
$$g(A) = b_m A^m + \cdots + b_0 I.$$

Logo

$$f(A)g(A) = \sum_{i=0}^{n}\sum_{j=0}^{m} a_i A^i b_j A^j = \sum_{i=0}^{n}\sum_{j=0}^{m} a_i b_j A^{i+j} = \sum_{k=0}^{m+n} c_k A^k.$$

Portanto, $f(A)g(A) = (fg)(A)$.

Para a soma, suponhamos que $n \geq m$, e seja $b_j = 0$ se $j > m$. Dessa forma, teremos

$$\begin{aligned}(f+g)(A) &= (a_n + b_n)A^n + \cdots + (a_0 + b_0)I, \\ &= a_n A^n + b_n A^n + \cdots + a_0 I + b_0 I. \\ &= f(A) + g(A).\end{aligned}$$

Se $c \in K$, então

$$(cf)(A) = ca_n A^n + \cdots + ca_0 I = cf(A).$$

Isto prova nosso teorema.

Exemplo 2. Seja $f(t) = (t-1)(t+3) = t^2 + 2t - 3$. Então

$$f(A) = A^2 + 2A - 3I = (A-I)(A+3I).$$

Se multiplicarmos o último produto diretamente, empregando as regras de multiplicação de matrizes, obteremos efetivamente

$$A^2 - IA + 3AI - 3I^2 = A^2 + 2A - 3I.$$

Exemplo 3. Sejam números $\alpha_1, \ldots, \alpha_n$. Se

$$f(t) = (t - \alpha_1) \cdots (t - \alpha_n),$$

então

$$f(A) = (A - \alpha_1 I) \cdots (A - \alpha_n I).$$

Consideremos um espaço vetorial V sobre K, e seja $A: V \to V$ um operador (isto é, uma aplicação linear de V nele próprio). Então podemos formar $A^2 = A \circ A = AA$ e, em geral, $A^n =$ interação de A tomada n vezes para qualquer inteiro positivo n. Definimos $A^0 = I$ (onde I representa agora a aplicação identidade). Temos

$$A^{m+n} = A^m A^n$$

para todos os inteiros $m, n \geq 0$. Se f é um polinômio em $K[t]$, então podemos formar $f(A)$ da mesma maneira que fizemos para matrizes, e valem as mesmas regras enunciadas no Teorema 2.1. As demonstrações são idênticas. O fato principal é que empregamos as leis usuais de adição e multiplicação e essas leis também são válidas para aplicações lineares.

Teorema 2.2. *Seja A uma matriz $n \times n$ num corpo K. Então existe um polinômio não-nulo $f \in K[t]$ tal que $f(A) = O$.*

Demonstração. O espaço vetorial das matrizes $n \times n$ sobre K tem dimensão finita, sendo sua dimensão igual a n^2. Portanto, as potências

$$I, A, A^2, \ldots, A^N$$

são linearmente independentes para $N > n^2$. Isto significa que existem números $a_0, \ldots, a_N \in K$ tais que nem todos $a_i = 0$, e

$$a_N A^N + \cdots + a_0 I = O.$$

Tomamos $f(t) = a_N t^N + \cdots + a_0 = O$ para obter a conclusão desejada.

Observamos que, como no Teorema 2.1, o Teorema 2.2 é verdadeiro também para uma aplicação linear A de um espaço vetorial de dimensão finita sobre K. Novamente, a demonstração é a mesma, e passaremos a empregar o Teorema 2.2 de forma indistinta para matrizes ou aplicações lineares.

Posteriormente, vamos determinar no Capítulo 10, §2, um polinômio $P(t)$ que possa ser calculado explicitamente de modo que $P(A) = O$.

Se dividirmos o polinômio f do Teorema 2.2 por seu coeficiente dominante, então obteremos um polinômio g com coeficiente dominante 1, tal que $g(A) = O$. Em geral, é conveniente trabalhar com polinômios cujo coeficiente dominante é 1, pois assim simplificamos a notação.

IX, §2. EXERCÍCIOS

1. Calcule $f(A)$ quando $f(t) = t^3 - 2t + 1$ e $A = \begin{pmatrix} -1 & 1 \\ 2 & 4 \end{pmatrix}$.

2. Seja A uma matriz simétrica, e seja f um polinômio com coeficientes reais. Mostre que $f(A)$ também é simétrica.

3. Seja A uma matriz hermitiana, e seja f um polinômio com coeficientes reais. Mostre que $f(A)$ também é hermitiana.

4. Sejam A e B duas matrizes $n \times n$ num corpo K, e suponhamos que B seja invertível. Mostre que

$$(B^{-1}AB)^n = B^{-1}A^n B,$$

para todos os inteiros positivos n.

5. Sejam $f \in K[t]$, e A e B como no Exercício 4. Mostre que

$$f(B^{-1}AB) = B^{-1}f(A)B.$$

Capítulo 10

Triangulação de Matrizes e de Aplicações Lineares

X, §1. EXISTÊNCIA DE TRIANGULAÇÃO

Seja V um espaço vetorial de dimensão finita sobre o corpo K, e suponhamos que $n = \dim V \geq 1$. Sejam $A : V \to V$ uma aplicação linear e W um subespaço de V. Diremos que W é um subespaço **invariante** de A, ou é **A-invariante**, se A leva W nele próprio. Isto significa que se $w \in W$, então Aw é também um elemento de W. Expressamos também essa propriedade escrevendo $AW \subset W$. Chamamos **leque** de A (em V) a uma cadeia de subespaços $\{V_1, \ldots, V_n\}$ tais que V_i esteja contido em V_{i+1}, para cada $i = 1, \ldots, n-1$, tais que $\dim V_i = i$, e, por fim, tais que V_i seja A-invariante. Vemos que as dimensões dos subespaços $V_1, \ldots, V_n$ aumentam de 1 quando passamos de um subespaço ao subespaço imediatamente seguinte. Além disso, $V = V_n$.

Vamos apresentar uma interpretação de leques em termos de matrizes. Seja $\{V_1, \ldots, V_n\}$ um leque para A. Por uma **base associada ao leque** entendemos uma base $\{v_1, \ldots, v_n\}$ de V tal que $\{v_1, \ldots, v_i\}$ é uma base de V_i. Vemos de imediato que existe uma base associada ao leque. Por exemplo, seja $\{v_1\}$ uma base de V_1. Estendemos $\{v_1\}$ até completar uma base $\{v_1, v_2\}$ de V_2 (o que é possível devido a um teorema já conhecido); em seguida, estendemos $\{v_1, v_2\}$ para uma base $\{v_1, v_2, v_3\}$ de V_3, e assim por diante, por indução, até chegar a uma base $\{v_1, \ldots, v_n\}$ de V_n.

Teorema 1.1. *Seja $\{v_1, \ldots, v_n\}$ uma base associada a um leque de A. Então a matriz associada a A, com respeito a essa base, é uma matriz triangular superior.*

Demonstração. Desde que AV_i está contido em V_i, para cada $i = 1, \ldots, n$, existem números a_{ij} tais que

$$\begin{aligned} Av_1 &= a_{11}v_1, \\ Av_2 &= a_{12}v_1 + a_{22}v_2, \\ &\vdots \\ Av_i &= a_{1i}v_1 + a_{2i}v_2 + \cdots + a_{ii}v_i, \\ &\vdots \\ Av_n &= a_{1n}v_1 + a_{2n}v_2 + \quad \cdots \quad + a_{nn}v_n. \end{aligned}$$

Isto significa que a matriz associada a A com respeito à nossa base é a matriz triangular

$$\begin{pmatrix} a_{11} & a_{12} & \cdots & a_{1n} \\ 0 & a_{22} & \cdots & a_{2n} \\ \vdots & \vdots & & \vdots \\ 0 & 0 & \cdots & a_{nn} \end{pmatrix}$$

como queríamos mostrar.

Observação. Seja A uma matriz triangular superior, como acima. Vejamos A como sendo uma aplicação linear de K^n nele próprio. Então os

Triangulação de Matrizes e de Aplicações Lineares 337

vetores-coluna unitários $e^1, \ldots, e^n$ constituem uma base associada a algum leque para A. Se considerarmos V_i como sendo o espaço gerado por $e^1, \ldots, e^i$, então $\{V_1, \ldots, V_n\}$ será o leque correspondente. Logo, a recíproca do Teorema 1.1 é, também, obviamente verdadeira.

Lembramos que nem sempre é possível encontrar um autovetor (ou autovalor) para uma aplicação linear se o corpo dado K não for o corpo complexo. Analogamente, não é sempre verdade que podemos achar um leque para uma aplicação linear quando K é o corpo de números reais. Se $A : V \to V$ for uma aplicação linear, e se existir uma base de V em relação à qual a matriz associada a A é triangular, então diremos que A é **triangulável**. Analogamente, se A for uma matriz $n \times n$ sobre o corpo K, diremos que A é **triangulável sobre** K se A, vista como aplicação linear de K^n nele próprio, for triangulável. Isto equivale a dizer que existe uma matriz B não-singular em K tal que $B^{-1}AB$ é uma matriz triangular superior.

Fazendo uso da existência de autovetores sobre os números complexos, vamos provar que qualquer matriz ou aplicação linear pode ser triangulada sobre os números complexos.

Teorema 1.2. *Seja V um espaço vetorial de dimensão finita sobre os números complexos, e suponhamos que $\dim V \geq 1$. Seja $A : V \to V$ uma aplicação linear. Então existe um leque de A em V.*

Demonstração. Vamos provar o teorema por indução. Se $\dim V = 1$, então não há nada a demonstrar. Suponhamos que o teorema é verdadeiro para $\dim V = n - 1$, $n > 1$. Pelo Teorema 2.3 do Capítulo 9, existe um autovetor não-nulo v_1 de A. Consideramos V_1 como sendo o subespaço de dimensão 1 gerado por v_1. Podemos escrever V como uma soma direta $V = V_1 \oplus W$ para algum subespaço W (em virtude do Teorema 4.2 do

Capítulo 1, que afirma essencialmente que podemos estender vetores linearmente independentes até obter uma base). O problema agora é que A não aplica necessariamente W nele próprio. Seja P_1 a projeção de V sobre V_1, e seja P_2 a projeção de V sobre W. Então $P_2 A$ é uma aplicação linear de V em V, que aplica W em W (pois P_2 transforma qualquer elemento de V num elemento de W). Logo, vemos $P_2 A$ como aplicação linear de W nele próprio. Por indução, existe um leque para $P_2 A$ em W, digamos $\{W_1, \ldots, W_{n-1}\}$. Façamos

$$V_i = V_1 + W_{i-1}$$

para $i = 2, \ldots, n$. Então V_i está contido em V_{i+1} para cada $i = 1, \ldots, n$ e verifica-se imediatamente que $\dim V_i = i$.

(Se $\{u_1, \ldots, u_{n-1}\}$ for uma base de W tal que $\{u_1, \ldots, u_j\}$ seja uma base de W_j, então $\{v_1, u_1, \ldots, u_{i-1}\}$ será uma base de V_i, para $i = 2, \ldots, n$.)

Para provar que $\{V_1, \ldots, V_n\}$ é um leque para A em V, será suficiente provar que AV_i está contido em V_i. Para isto, notemos que

$$A = IA = (P_1 + P_2)A = P_1 A + P_2 A.$$

Seja $v \in V_i$. Podemos escrever $v = cv_1 + w_{i-1}$, com $c \in \mathbb{C}$ e $w_{i-1} \in W_{i-1}$. Então $P_1 Av = P_1(Av)$ está contido em V_1 e, portanto, pertence a V_i. Além disso,

$$P_2 Av = P_2 A(cv_1) + P_2 A w_{i-1}.$$

Como $P_2 A(cv_1) = cP_2 Av_1$, e sendo v_1 um autovetor de A, digamos $Av_1 = \lambda_1 v_1$, concluímos que $P_2 A(cv_1) = P_2(c\lambda_1 v_1) = O$. Pela hipótese de indução, $P_2 A$ é uma aplicação de W_i nele próprio e, portanto, $P_2 A w_{i-1}$ pertence a W_{i-1}. Logo, $P_2 Av$ está em V_i, provando assim nosso teorema.

Corolário 1.3. *Seja V um espaço vetorial de dimensão finita sobre os números complexos, e suponhamos que $\dim V \geq 1$. Seja $A : V \to V$ uma* *aplicação linear. Então existe uma base de V tal que a matriz de A com respeito a essa base é uma matriz triangular.*

Demonstração. Os argumentos já foram apresentados nas linhas precedentes ao Teorema 1.1.

Corolário 1.4. *Seja M uma matriz de números complexos. Existe uma matriz não-singular B tal que $B^{-1}MB$ é uma matriz triangular.*

Demonstração. Isto é a interpretação usual da alteração de matrizes quando mudamos as bases, na situação descrita no Corolário 1.3.

X, §1. EXERCÍCIOS

1. Seja A uma matriz triangular superior:

$$A = \begin{pmatrix} a_{11} & a_{12} & \cdots & a_{1n} \\ 0 & a_{22} & \cdots & a_{2n} \\ \vdots & \vdots & & \vdots \\ 0 & 0 & \cdots & a_{nn} \end{pmatrix}.$$

Olhando A como uma aplicação linear, quais são os valores próprios de A^2, A^3 e, de um modo geral, de A^r, onde r é um inteiro $r \geq 1$?

2. Seja A uma matriz quadrada. Dizemos que A é **nilpotente** se existir um inteiro $r \geq 1$ tal que $A^r = O$. Mostre que se A é nilpotente, então todos os autovalores de A são iguais a 0.

3. Seja V um espaço vetorial de dimensão finita sobre os números complexos, e seja $A : V \to V$ uma aplicação linear. Suponhamos que todos os autovalores de A sejam iguais a 0. Mostre que A é nilpotente.

(Nos dois exercícios acima, faça tentativas explícitas, inicialmente com matrizes 2×2 .)

4. Usando leques, prove que a inversa de uma matriz triangular é também uma matriz triangular. Na verdade, se V é um espaço vetorial n-dimensional, se $A : V \to V$ é uma aplicação linear invertível, e se $\{V_1, \ldots, V_n\}$ é um leque para A, mostre que $\{V_1, \ldots, V_n\}$ também é um leque para A^{-1}.

5. Seja A uma matriz quadrada de números complexos tal que $A^r = I$ para algum inteiro positivo r. Se α é um autovalor de A, mostre que $\alpha^r = 1$.

6. Encontre uma base leque para as aplicações de $\mathbb{C}^2$ representadas pelas matrizes

   (a) $\begin{pmatrix} 1 & 1 \\ 1 & 1 \end{pmatrix}$ (b) $\begin{pmatrix} 1 & i \\ 1 & i \end{pmatrix}$ (c) $\begin{pmatrix} 1 & 2 \\ i & i \end{pmatrix}$

7. Prove que um operador $A : V \to V$, em que V é um espaço vetorial de dimensão finita sobre o corpo dos números complexos pode ser escrito como uma soma $A = D + N$, onde D é diagonalizável e N é nilpotente.

A seguir daremos uma aplicação de triangulação para um tipo especial de matriz.

Seja $A = (a_{ij})$ uma matriz complexa $n \times n$. Se a soma dos elementos de cada coluna for 1, então A será chamada de **matriz de Markov**. Assim, para cada j temos

$$\sum_i a_{ij} = 1\,.$$

Deixamos como exercício demonstrar as seguintes propriedades.

Propriedade 1. Se A e B são matrizes de Markov, então AB também é. Em particular, se A é uma matriz de Markov, então A^k é uma matriz de Markov para todo inteiro positivo k.

Propriedade 2. Se A e B são matrizes de Markov tais que $|a_{ij}| \leq 1$ e $|b_{ij}| \leq 1$ para todo i,j, e se $AB = C = (c_{ij})$, então $|c_{ij}| \leq 1$ para todo i,j.

Teorema 1.5. *Seja A uma matriz de Markov tal que $|a_{ij}| \leq 1$ para todo i,j. Então todo autovalor de A tem valor absoluto ≤ 1.*

Demonstração. Pelo Corolário 1.4 existe uma matriz B tal que BAB^{-1} é triangular. Sejam $\lambda_1, \ldots, \lambda_n$ os elementos da diagonal. Então

$$BA^k B^{-1} = (BAB^{-1})^k$$

e assim

$$BA^k B^{-1} = \begin{pmatrix} \lambda_1^k & & & \\ & \lambda_2^k & & * \\ & & \ddots & \\ & 0 & & \lambda_n^k \end{pmatrix}.$$

Notemos que A^k é uma matriz de Markov para cada k e, pela Propriedade 2, cada componente de A^k tem valor absoluto ≤ 1. Assim as componentes de $BA^k B^{-1}$ têm valor absoluto limitado. Suponhamos que $|\lambda_i| > 1$ para algum i; então $|\lambda_i^k| \to \infty$ quando $k \to \infty$, o que contradiz a afirmação precedente e conclui a demonstração.

X, §2. TEOREMA DE HAMILTON-CAYLEY

Consideremos um espaço vetorial V de dimensão finita sobre um corpo K, e seja $A: V \to V$ uma aplicação linear. Suponhamos que V tenha uma base formada por autovetores de A, digamos $\{v_1, \ldots, v_n\}$. Sejam $\{\lambda_1, \ldots, \lambda_n\}$ os autovalores correspondentes. Então o polinômio característico de A é

$$P(t) = (t - \lambda_1) \cdots (t - \lambda_n),$$

e

$$P(A) = (A - \lambda_1 I) \cdots (A - \lambda_n I).$$

Se agora aplicarmos $P(A)$ a qualquer vetor v_i, então o fator $A - \lambda_i I$ eliminará v_i. Em outras palavras, $P(A)v_i = O$. Conseqüentemente, $P(A) = O$.

Em geral não podemos encontrar uma base do tipo acima. Contudo, mediante o uso de leques, podemos construir uma generalização do argumento empregado no caso diagonal.

Teorema 2.1. *Seja V um espaço vetorial de dimensão finita sobre os números complexos, de dimensão ≥ 1, e seja $A : V \to V$ uma aplicação linear. Se P é seu polinômio característico, então $P(A) = O$.*

Demonstração. A partir do Teorema 1.2, podemos encontrar um leque para A, digamos $\{V_1, \ldots, V_n\}$. Seja

$$\begin{pmatrix} a_{11} & \cdots & a_{1n} \\ 0 & \cdots & a_{2n} \\ \vdots & & \vdots \\ 0 & \cdots & a_{nn} \end{pmatrix}$$

a matriz associada a A com respeito a uma base associada ao leque $\{v_1, \ldots, v_n\}$. Então

$$Av_i = a_{ii}v_i + \text{ um elemento de } V_{i-1},$$

ou, em outras palavras, desde que $(A - a_{ii}I)v_i = Av_i - a_{ii}v_i$, concluímos que

$$(A - a_{ii}I)v_i \quad \text{pertence a } V_{i-1}.$$

Além disso, o polinômio característico de A é dado por

$$P(t) = (t - a_{11}) \cdots (t - a_{nn}),$$

de forma que temos

$$P(A) = (A - a_{11}I) \cdots (A - a_{nn}I).$$

Vamos provar por indução que

$$(A - a_{11}I) \cdots (A - a_{ii}I)v = O$$

para todo v em V_i, $i = 1, \ldots, n$. Quando $i = n$, estará provado nosso teorema.

Seja $i = 1$. Então $(A - a_{11}I)v_1 = Av_1 - a_{11}v_1 = O$, e assim concluímos.

Seja $i > 1$, e suponhamos que nossa afirmação seja verdadeira para $i - 1$. Qualquer elemento de V_i pode ser escrito como uma soma $v' + cv_i$ com v' em V_{i-1}, e algum escalar c. Observamos que $(A - a_{ii}I)v'$ está em V_{i-1} pois AV_{i-1} está contido em V_{i-1}, e também em $a_{ii}v'$. Por indução,

$$(A - a_{11}I) \cdots (A - a_{i-1,i-1}I)(A - a_{ii}I)v' = O.$$

Por outro lado, $(A - a_{ii}I)cv_i$ está em V_{i-1} e, assim, por indução,

$$(A - a_{11}I) \cdots (A - a_{i-1,i-1}I)(A - a_{ii}I)cv_i = O.$$

Portanto, para v em V_i, temos

$$(A - v_{11}I) \cdots (A - a_{ii}I)v = O,$$

provando nosso teorema.

Corolário 2.2. *Seja A uma matriz $n \times n$ de números complexos, e seja P o seu polinômio característico. Então $P(A) = O$.*

Demonstração. Vemos A como uma aplicação linear de $\mathbb{C}^n$ nele mesmo, e aplicamos o teorema.

Corolário 2.3. *Seja V um espaço vetorial de dimensão finita sobre o corpo K, e seja $A : V \to V$ uma aplicacão linear. Se P é o polinômio característico de A, então $P(A) = O$.*

Demonstração. Fixemos uma base de V, e seja M a matriz que representa A em relação à base. Então $P_M = P_A$, e isso basta provar que $P_M(M) = O$. Mas podemos aplicar o Teorema 2.1 para tirar essa conclusão.

Observação. Pode-se demonstrar o Teorema 2.1 a partir de um argumento de continuidade. Dada uma matriz A, pode-se, por meio de vários métodos que não vamos analisar aqui, provar que existem matrizes Z, do mesmo tipo de A, a uma distância arbitrariamente pequena de A (isto é, cada componente de Z está numa vizinhança da componente correspondente de A) de modo que todas as raízes de P_Z tenham multiplicidade 1. Na verdade, dentre todos os polinômios, são raros os polinômios complexos que têm raízes de multiplicidade > 1. Então, se Z for como descrevemos acima, a aplicação linear, representada por Z, será diagonalizável (pois Z possui autovalores distintos), e portanto $P_Z(Z) = O$ trivialmente, como se observou no início deste parágrafo. Entretanto, $P_Z(Z)$ se aproxima de $P_A(A)$ à medida que Z se aproxima de A. Portanto, $P_A(A) = O$.

X, §3. DIAGONALIZAÇÃO DE APLICAÇÕES UNITÁRIAS

Aplicando os métodos deste capítulo, daremos uma nova demonstração para o teorema a seguir, já demonstrado no Capítulo VIII.

Triangulação de Matrizes e de Aplicações Lineares   345

Teorema 3.1. *Seja V um espaço vetorial de dimensão finita sobre os números complexos, e consideremos $\dim V \geq 1$. Suponhamos que V esteja munido de um produto hermitiano positivo definido. Seja $A : V \to V$ uma aplicação linear unitária. Nessas condições, existe uma base ortonormal de V constituída por vetores próprios de A.*

Demonstração. Inicialmente, observamos que se w é um autovetor de A, com autovalor λ, então $Aw = \lambda w$ e $\lambda \neq 0$, pois A preserva o comprimento.

Em virtude do Teorema 1.2, podemos achar um leque para A, digamos $\{V_1, \ldots, V_n\}$. Seja $\{v_1, \ldots, v_n\}$ uma base associada a esse leque. Podemos introduzir o processo de ortogonalização de Gram-Schmidt para torná-la ortogonal. Recordamos o processo:

$$v'_1 = v_1$$
$$v'_2 = v_2 - \frac{\langle v_2, v_1 \rangle}{\langle v_1, v_1 \rangle} v_1$$
$$\ldots$$

Com essa construção, vemos que $\{v'_1, \ldots, v'_n\}$ é uma base ortogonal e é também uma base associada ao leque, pois $\{v'_1, \ldots, v'_n\}$ e $\{v_1, \ldots, v_n\}$ são bases de um mesmo espaço V_i. Dividindo cada v'_i por sua norma, obtemos uma base $\{w_1, \ldots, w_n\}$ associada ao leque e que é ortonormal. Afirmamos que cada w_i é um autovetor de A. Procedemos por indução. Como Aw_1 está em V_1, existe um escalar λ_1 tal que $Aw_1 = \lambda_1 w_1$, de forma que w_1 é um autovetor, e $\lambda_1 \neq 0$. Suponhamos que já provamos que $w_1, \ldots, w_{i-1}$ são autovetores de A com autovalores não-nulos. Existem escalares $c_1, \ldots, c_i$ tais que

$$Aw_i = c_1 w_1 + \cdots + c_i w_i.$$

Dado que A preserva o perpendicularismo, Aw_i é perpendicular a Aw_k para todo $k < i$. Mas $Aw_k = \lambda_k w_k$. Logo Aw_i é perpendicular ao próprio w_k, e segue-se que $c_k = 0$. Portanto, $Aw_i = c_i w_i$, e $c_i \neq 0$ pois A preserva o comprimento. Assim, podemos variar i de 1 até n para concluir nosso teorema.

Corolário 3.2. *Seja A uma matriz unitária complexa. Então existe uma matriz unitária U tal que $U^{-1}AU$ seja uma matriz diagonal.*

Demonstração. Seja $\{e_1, \ldots, e_n\} = \mathcal{B}$ uma base canônica ortonormal de $\mathbb{C}^n$, e seja $\{w_1, \ldots, w_n\} = \mathcal{B}'$ uma base ortonormal que diagonaliza A, vista como uma aplicação linear de $\mathbb{C}^n$ nele próprio. Consideremos

$$U = M_{\mathcal{B}}^{\mathcal{B}'}(\text{id}).$$

Então U é unitária (cf. Exercício 5 do Capítulo 7, §3), e se M' é a matriz de A relativa à base $\mathcal{B}'$, então

$$M' = U^{-1}AU.$$

Isto prova o corolário.

X, §3. EXERCÍCIOS

1. Seja A uma matriz unitária complexa. Mostre que cada autovalor de A pode ser escrito sob a forma $e^{i\theta}$, para algum θ real.

2. Seja A uma matriz unitária complexa. Mostre que existem uma matriz diagonal B e uma matriz unitária complexa U tais que $A = U^{-1}BU$.

Capítulo 11

Polinômios e Decomposição Primária

XI, §1. O ALGORITMO EUCLIDIANO

Já definimos polinômios e o grau de um, no Capítulo IX. No presente capítulo, vamos abordar outras propriedades de polinômios. A propriedade básica é o algoritmo Euclidiano, ou a divisão por etapas, ensinado (presumivelmente) em todos os colégios.

Teorema 1.1. *Sejam f e g dois sobre o corpo K, isto é, elementos de $K[t]$, e suponhamos que $\operatorname{gr} g \geq 0$. Então existem polinômios q e r em $K[t]$ tais que*

$$f(t) = q(t)g(t) + r(t),$$

e $\operatorname{gr} r < \operatorname{gr} g$. Os polinômios q e r são determinados de maneira única por essas condições.

Demonstração. Seja $m = \operatorname{gr} g \geq 0$. Escrevemos

$$f(t) = a_n t^n + \cdots + a_0,$$
$$g(t) = b_m t^m + \cdots + b_0,$$

com $b_m \neq 0$. Se $n < m$, tomamos $q = 0$ e $r = f$. Se $n \geq m$, seja

$$f_1(t) = f(t) - a_n b_m^{-1} t^{n-m} g(t).$$

(Esse é o primeiro passo no processo da divisão por etapas). Então $\operatorname{gr} f_1 < \operatorname{gr} f$. Continuando dessa forma ou, de maneira mais formal, por indução sobre n, podemos encontrar polinômios q_1 e r satisfazendo

$$f_1 = q_1 g + r,$$

com $\operatorname{gr} r < \operatorname{gr} g$. Então

$$\begin{aligned} f(t) &= a_n b_m^{-1} t^{n-m} g(t) + f_1(t) \\ &= a_n b_m^{-1} t^{n-m} g(t) + q_1(t) g(t) + r(t) \\ &= (a_n b_m^{-1} t^{n-m} + q_1(t)) g(t) + r(t), \end{aligned}$$

e, assim, nosso polinômio está expresso sob a forma desejada.

Para demonstrar a unicidade, suponhamos que

$$f_1 = q_1 g + r_1 = q_2 g + r_2,$$

com $\operatorname{gr} r_1 < \operatorname{gr} g$ e $\operatorname{gr} r_2 < \operatorname{gr} g$. Então

$$(q_1 - q_2) g = r_2 - r_1.$$

O grau do membro esquerdo é sempre $\geq \operatorname{gr} g$, ou o membro do lado esquerdo é igual a 0. O grau do membro direito é sempre $< \operatorname{gr} g$, ou o membro do lado direito é igual a 0, e por conseguinte

$$q_1 = q_2 \quad \text{e} \quad r_1 = r_2$$

como queríamos demonstrar.

Corolário 1.2. *Seja f um polinômio não-nulo em $K[t]$. Seja $\alpha \in K$ tal que $f(\alpha) = 0$. Então existe um polinômio $q(t)$ em $K[t]$ tal que*

$$f(t) = (t - \alpha)q(t).$$

Demonstração. Podemos escrever

$$f(t) = q(t)(t - \alpha) + r(t),$$

onde $\operatorname{gr} r < \operatorname{gr}(t - \alpha)$. Mas $\operatorname{gr}(t - \alpha) = 1$. Logo r é constante. Como

$$0 = f(\alpha) = q(\alpha)(\alpha - \alpha) + r(\alpha) = r(\alpha),$$

segue que $r = 0$, como queríamos mostrar.

Corolário 1.3. *Seja K um corpo tal que todo polinômio não-constante de $K[t]$ tenha uma raiz em K. Se f é um tal polinômio, então existem elementos $\alpha_1, \ldots, \alpha_n \in K$ e $c \in K$ tais que*

$$f(t) = c(t - \alpha_1) \cdots (t - \alpha_n).$$

Demonstração. No Corolário 1.2, observamos que $\operatorname{gr} q = \operatorname{gr} f - 1$. Seja $\alpha = \alpha_1$ no Corolário 1.2. Por hipótese, se q não é constante, podemos achar uma raiz α_2 de q, e escrever

$$f(t) = q_2(t)(t - \alpha_1)(t - \alpha_2).$$

Procedendo por indução, continuamos até chegar a um q_n constante.

Estamos supondo que os números complexos satisfazem a hipótese do Corolário 1.3. Com essa suposição, provamos a existência de uma fatoração de um polinômio sobre os números complexos, com fatores de grau 1. A unicidade será provada na próxima seção.

Corolário 1.4. *Seja f um polinômio de grau n em $K[t]$. Existem no máximo n raízes de f em K.*

Demonstração. No caso contrário, se $m > n$, e $\alpha_1, \ldots, \alpha_m$ são raízes distintas de f em K, então

$$f(t) = (t - \alpha_1) \cdots (t - \alpha_m) g(t)$$

para algum polinômio g, e portanto $\operatorname{gr} f \geq m$, o que é uma contradição.

XI, §1. EXERCÍCIOS

1. Em cada um dos casos seguintes, expresse $f = qg + r$, com $\operatorname{gr} r < \operatorname{gr} g$.

    (a) $f(t) = t^2 - 2t + 1$, $g(t) = t - 1$

    (b) $f(t) = t^3 + t - 1$, $g(t) = t^2 + 1$

    (c) $f(t) = t^3 + t$, $g(t) = t$

    (d) $f(t) = t^3 - 1$, $g(t) = t - 1$

2. Se $f(t)$ tem coeficientes inteiros, e se $g(t)$ tem coeficientes inteiros e coeficiente dominante 1, mostre que, ao expressarmos $f = qg + r$ com $\operatorname{gr} r < \operatorname{gr} g$, os polinômios q e r também terão coeficientes inteiros.

3. Usando o teorema do valor intermediário, do Cálculo, mostre que todo polinômio de grau ímpar sobre os números reais admite uma raiz nos números reais.

4. Seja $f(t) = t^n + \cdots + a_0$ um polinômio com coeficientes complexos, de grau n, e seja α uma raiz. Mostre que $|\alpha| \leq n \cdot \max_i |a_i|$. [*Sugestão*: escreva $-\alpha^n = a_{n-1}\alpha^{n-1} + \cdots + a_0$. Se $|\alpha| > n \cdot \max_i |a_i|$, divida por α^n e tome o valor absoluto; junto com uma estimativa simples isto gera uma contradição.]

XI, §2. MÁXIMO DIVISOR COMUM

Vamos definir um conceito que tem a mesma relação com o conjunto $K[t]$ de polinômios que um subespaço tem com um espaço vetorial.

Denominamos **ideal de** $K[t]$, ou **ideal de polinômios**, ou mais sucintamente **ideal**, um subconjunto J de $K[t]$ que satisfaz às seguintes condições:

O polinômio zero pertence a J. Se f e g pertencem a J, então $f + g$ pertence a J. Se f é um elemento de J, e g é um polinômio arbitrário, então gf pertence a J.

A partir da última condição, observamos que se $c \in K$, e f está em J, então cf também está em J. Portanto, um ideal pode ser interpretado como um espaço vetorial sobre K. Mas é muito mais do que isto, devido ao fato de que seus elementos podem ser multiplicados não apenas por números, mas também por elementos arbitrários de $K[t]$.

Exemplo 1. Sejam $f_1, \ldots, f_n$ polinômios em $K[t]$. Seja J o conjunto de todos os polinômios que podem ser escritos na forma

$$g = g_1 f_1 + \cdots + g_n f_n$$

com algum $g_i \in K[t]$. Então J é um ideal. De fato, se

$$h = h_1 f_1 + \cdots + h_n f_n$$

com $h_i \in K[t]$, então

$$g + h = (g_1 + h_1)f_1 + \cdots + (g_n + h_n)f_n$$

também pertence a J. Além disso, $0 = 0f_1 + \cdots + 0f_n$ está em J. Se f é um polinômio qualquer em $K[t]$, então

$$fg = (fg_1)f_1 + \cdots + (fg_n)f_n$$

também pertence a J. Logo, todas as nossas condições estão satisfeitas.

Dizemos que o ideal J do Exemplo 1 é **gerado por** $f_1, \ldots, f_n$, e também que $f_1, \ldots, f_n$ formam um **conjunto de geradores**.

No Exemplo 1, notamos que cada f_i pertence ao ideal J. Por exemplo,

$$f_1 = 1 \cdot f_1 + 0f_2 + \cdots + 0f_n.$$

Exemplo 2. O conjunto unitário $\{0\}$ é um ideal. Da mesma forma, o próprio $K[t]$ é um ideal. Observamos que 1 é um gerador para $K[t]$, e que é chamado de **ideal unidade**.

Exemplo 3. Consideremos o ideal gerado pelos dois polinômios $t-1$ e $t-2$. Afirmamos que se trata do ideal unidade, pois

$$(t-1) - (t-2) = 1$$

é um elemento do ideal. Logo, pode ocorrer de termos vários geradores para um ideal, e ainda assim pode ser possível encontrar um único gerador para o ideal. Vamos descrever a situação com mais precisão nos teoremas subseqüentes.

Teorema 2.1. *Seja J um ideal de $K[t]$. Então existe um polinômio g que é um gerador de J.*

Demonstração. Suponhamos que J é diferente do ideal $\{0\}$. Seja g um polinômio em J que não é 0, e que tem o menor grau. Afirmamos que g é um gerador para J. Seja f um elemento qualquer de J. Pelo algoritmo euclidiano, podemos encontrar polinômios q e r tais que

$$f = qg + r$$

com $\operatorname{gr} r < \operatorname{gr} g$. Então $r = f - qg$, e pela definição de um ideal, resulta que r também pertence a J. Como $\operatorname{gr} r < \operatorname{gr} g$, nós devemos ter $r = 0$. Portanto, $f = qg$, e g é um gerador para J, como queríamos provar.

Observação. Seja g_1 um gerador não-nulo para um ideal J, e seja g_2 um outro gerador. Então existe um polinômio q tal que $g_1 = qg_2$. Pelo fato de

$$\operatorname{gr} g_1 = \operatorname{gr} q + \operatorname{gr} g_2$$

segue que $\operatorname{gr} g_2 \leq \operatorname{gr} g_1$. Por simetria, temos que ter

$$\operatorname{gr} g_2 = \operatorname{gr} g_1.$$

Logo, q é constante. Podemos escrever

$$g_1 = cg_2$$

para alguma constante c. Seja

$$g_2(t) = a_n t^n + \cdots + a_0$$

com $a_n \neq 0$. Tomemos $b = a_n^{-1}$. Então bg_2 também é um gerador de J, e seu coeficiente dominante é igual a 1. Assim, sempre podemos achar um gerador com coeficiente dominante 1 para um ideal ($\neq 0$). Além disso, é fácil ver que esse gerador é determinado de modo único.

Sejam f e g polinômios não-nulos. Dizemos que g **divide** f, e escreveremos $g|f$, se existir um polinômio q tal que $f = gq$. Sejam f_1 e f_2 polinômios

$\neq 0$. Por **máximo divisor comum** de f_1 e f_2 estaremos definindo um polinômio g tal que g divida f_1 e f_2, e além disso, se h dividir f_1 e f_2, então h divide g.

Teorema 2.2. *Sejam f_1 e f_2 polinômios não-nulos em $K[t]$. Se g é um gerador do ideal gerado por f_1 e f_2, então g é um máximo divisor comum de f_1 e f_2.*

Demonstração. Como f_1 pertence ao ideal gerado por f_1 e f_2, existe um polinômio q_1 tal que
$$f_1 = q_1 g,$$
donde, g divide f_1. Analogamente, g divide f_2. Seja h um polinômio que divide f_1 e f_2. Escrevemos
$$f_1 = h_1 h \quad \text{e} \quad f_2 = h_2 h$$
para determinados polinômios h_1 e h_2. Como g está no ideal gerado por f_1 e f_2, existem polinômios g_1 e g_2 tais que $g = g_1 f_1 + g_2 f_2$. Logo,
$$g = g_1 h_1 h + g_2 h_2 h = (g_1 h_1 + g_2 h_2) h.$$
Conseqüentemente, h divide g, e está demonstrado nosso teorema.

Observação 1. O máximo divisor comum é determinado a menos de um fator constante não-nulo. Se escolhemos um máximo divisor comum com coeficiente dominante 1, então esse divisor é determinado de modo único.

Observação 2. Aplicamos exatamente a mesma demonstração quando estamos diante de mais de dois polinômios. Por exemplo, se $f_1, \ldots, f_n$ são polinômios não-nulos, e se g é um gerador do ideal gerado por $f_1, \ldots, f_n$, então g é um máximo divisor comum de $f_1, \ldots, f_n$.

Dizemos que os polinômios $f_1, \ldots, f_n$ são **primos entre si**, se o máximo divisor comum entre eles é 1.

XI, §2. EXERCÍCIOS

1. Mostre que $t^n - 1$ é divisível por $t - 1$.

2. Mostre que $t^4 + 4$ pode ser fatorado como um produto de polinômios de grau 2 com coeficientes inteiros.

3. Se n é ímpar, encontre o quociente de $t^n + 1$ por $t + 1$.

4. Seja A uma matriz $n \times n$ sobre um corpo K, e J o conjunto de todos os polinômios $f(t)$ em $K[t]$ tais que $f(A) = O$. Mostre que J é um ideal.

XI, §3. UNICIDADE DA FATORAÇÃO

Um polinômio p em $K[t]$ será dito **irredutível** (sobre K) se ele for de grau≥ 1, e se dada uma fatoração $p = fg$ com $f, g \in K[t]$, então gr$f$ ou gr$g = 0$ (isto é, f ou g é constante). Assim, a menos de um fator constante não-nulo, os únicos divisores de p são o próprio p e 1.

Exemplo 1. Os únicos polinômios irredutíveis sobre os números complexos são os de grau 1, isto é, os múltiplos por uma constante não-nula dos do tipo $t - \alpha$, com $\alpha \in \mathbb{C}$.

Exemplo 2. O polinômio $t^2 + 1$ é irredutível sobre $\mathbb{R}$.

Teorema 3.1. *Todo polinômio em $K[t]$ de grau ≥ 1 pode ser expresso por um produto $p_1, \ldots, p_m$ de irredutíveis. Num tal produto, os $p_1, \ldots, p_m$*

são determinados de modo único a menos de uma permutação e a menos de fatores constantes não-nulos.

Demonstração. Inicialmente, demonstramos a existência da decomposição num produto de polinômios irredutíveis. Seja f um elemento de $K[t]$, de grau ≥ 1. Se f for irredutível, então não há mais nada a demonstrar. Se f não for irredutível, poderemos escrever

$$f = gh,$$

onde $\operatorname{gr} g < \operatorname{gr} f$ e $\operatorname{gr} h < \operatorname{gr} f$. Se g e h forem irredutíveis, então não há mais nada a demonstrar. Caso contrário, podemos decompor g e h em produtos de polinômios de grau inferior. Não podemos repetir esse processo indefinidamente, e portanto existe uma fatoração para f. (De forma óbvia, pode-se apresentar a demonstração utilizando-se a indução.)

Precisamos agora provar a unicidade. Para tanto, necessitamos de um lema.

Lema 3.2. *Seja p um polinômio irredutível em $K[t]$. Sejam $f, g \in K[t]$ dois polinômios não-nulos, e suponhamos que p divida fg. Então p divide f ou p divide g.*

Demonstração. Suponhamos que p não divida f. Então, o máximo divisor comum de p e f é 1, e existem polinômios $h_1, h_2 \in K[t]$ tais que

$$1 = h_1 p + h_2 f.$$

(Usamos o Teorema 2.2) Multiplicando por g, obtemos

$$g = g h_1 p + h_2 f g.$$

Mas $fg = ph_3$ para algum h_3, donde

$$g = (gh_1 + h_2h_3)p,$$

e p divide g, como queríamos demonstrar.

O lema será aplicado quando p dividir um produto de polinômios irredutíveis $q_1, \ldots, q_s$. Nesse caso, p divide q_1 ou p divide $q_2, \ldots, q_s$. Logo, existe uma constante c tal que $p = cq_1$, ou p divide $q_2, \ldots, q_s$. No último caso, podemos utilizar a indução, e concluir que, qualquer que seja o caso, existe algum i tal que p e q_i diferem por um fator constante.

Suponhamos agora que temos dois produtos de polinômios irredutíveis

$$p_1 \cdots p_r = q_1 \cdots q_s.$$

Após uma renumeração dos q_i, podemos supor que $p_1 = c_1 q_1$ para alguma constante c_1. Cancelando q_1, obtemos

$$c_1 p_2 \cdots p_r = q_2 \cdots q_s.$$

Repetindo nosso argumento por indução, concluímos que existem constantes c_i tais que $p_i = c_i q_i$ para todo i, após uma eventual permutação de $q_1, \ldots, q_s$. Isto demonstra a unicidade.

Corolário 3.3. *Seja f um polinômio em $K[t]$, de grau ≥ 1. Então f pode ser fatorado como $f = c_1 p_1 \cdots p_s$, onde $p_1 \cdots p_s$ são polinômios irredutíveis com coeficiente dominante 1, determinados de forma única a menos de uma permutação.*

Corolário 3.4. *Seja f um polinômio em $\mathbb{C}[t]$, de grau ≥ 1. Então f pode ser fatorado como*

$$f(t) = c(t - \alpha_1) \cdots (t - \alpha_n),$$

com $\alpha_i \in \mathbb{C}$ e $c \in \mathbb{C}$. Os fatores $t - \alpha_i$ são determinados de modo único a menos de uma permutação.

Vamos trabalhar de forma acentuada com polinômios que têm coeficiente dominante 1. Seja f um tal polinômio, de grau ≥ 1. Sejam $p_1 \cdots p_r$ os polinômios irredutíveis *distintos* (com coeficiente dominante 1) que aparecem na fatoração de f. Então podemos expressar f como um produto

$$f = p_1^{i_1} \cdots p_r^{i_r},$$

onde $i_1 \cdots i_r$ são inteiros positivos, determinados de modo único por $p_1 \cdots p_r$. Essa fatoração será chamada de fatoração normalizada para f. Em particular, no caso complexo, podemos escrever

$$f(t) = (t - \alpha_1)^{i_1} \cdots (t - \alpha_r)^{i_r}.$$

Um polinômio com coeficiente dominante 1 algumas vezes é chamado de **polinômio unitário** ou **mônico**.

Se p for irredutível, e $f = p^m g$, onde p não divide g, e m é um inteiro ≥ 0, então diremos que m é a **multiplicidade** de p em f. (Definimos p^0 como sendo 1). Indicamos esta multiplicidade por $\text{ord}_p f$, e também a chamamos de **ordem** de f em p.

Se α é uma raiz de f, e

$$f(t) = (t - \alpha)^m g(t),$$

com $g(\alpha) \neq 0$, então $t - \alpha$ não divide $g(t)$, e m é **a multiplicidade de α em f**.

Existe um critério simples para verificar se $m > 1$ usando derivada.

Seja $f(t) = a_n t^n + \cdots + a_0$ um polinômio. Definimos sua derivada (formal) como sendo

$$Df(t) = f'(t) = n a_n t^{n-1} + n - 1 a_{n-1} t^{n-2} \cdots + a_1.$$

Então são válidas as seguintes regras, cujas demonstrações deixamos como exercício.

(a) Se f e g são polinômios, então
$$(f+g)' = f' + g'$$
e
$$(fg)' = f'g + fg'.$$
Se c é constante, então $(cf)' = cf'$.

(b) Seja α uma raiz de f, e suponha que $\operatorname{gr} f \geq 1$. Mostre que a multiplicidade de α em f é > 1 se, e somente se, $f'(\alpha) = 0$. Portanto, se $f'(\alpha) \neq 0$, a multiplicidade de α é 1.

XI, §3. EXERCÍCIOS

1. Seja f um polinômio de grau 2 sobre um corpo K. Mostre que ou f é irredutível sobre K, ou f pode ser fatorado em termos de fatores lineares sobre K.

2. Seja f um polinômio de grau 3 sobre um corpo K. Se f não for irredutível sobre K, mostre que f tem uma raíz em K.

3. Seja $f(t)$ um polinômio irredutível com coeficiente dominante 1 sobre os números reais. Suponha que $\operatorname{gr} f = 2$. Mostre que $f(t)$ pode ser escrito na forma
$$f(t) = (t-a)^2 + b^2$$
com determinados $a, b \in \mathbb{R}$ e $b \neq 0$. Reciprocamente, mostre que todo polinômio do tipo acima é irredutível sobre $\mathbb{R}$.

4. Seja $f(t)$ um polinômio com coeficientes complexos,
$$f(t) = \alpha_n t^n + \cdots + \alpha_0.$$

Definimos seu conjugado complexo

$$\bar{f}(t) = \overline{\alpha}_n t^n + \cdots + \overline{\alpha}_0$$

tomando o conjugado complexo de cada coeficiente. Mostre que se f e g são elementos de $\mathbb{C}[t]$, então

$$\overline{(f+g)} = \bar{f} + \bar{g}, \qquad \overline{(fg)} = \bar{f}\bar{g},$$

e se $\beta \in \mathbb{C}$, então $\overline{(\beta f)} = \bar{\beta}\bar{f}$.

5. Seja $f(t)$ um polinômio com coeficientes reais. Seja α uma raíz de f, sendo α complexo mas não real. Mostre que $\overline{\alpha}$ também é uma raíz de f.

6. Com o enunciado do Exercício 5, mostre que a multiplicidade de α em f é a mesma que a de $\overline{\alpha}$ em f.

7. Seja A uma matriz $n \times n$ sobre um corpo K. Seja J o conjunto dos polinômios f de $K[t]$ tais que $f(A) = O$. Mostre que J é um ideal. O polinômio mônico gerador de J é chamado de **polinômio mínimal** de A sobre K. Uma definição similar é dada no caso de A ser uma aplicação linear de V em V, sendo V um espaço vetorial de dimensão finita.

8. Seja V um espaço vetorial de dimensão finita sobre K. Seja $A : V \to V$ uma aplicação linear. Seja f seu polinômio minimal. Se A pode ser diagonalizado (isto é, existe uma base de V formada por autovetores de A), mostre que o polinômio minimal é dado pelo produto

$$(t - \alpha_1) \cdots (t - \alpha_r),$$

onde $\alpha_1, \ldots, \alpha_r$ são autovalores de A.

9. Mostre que os polinômios seguintes não possuem raízes múltiplas em $\mathbb{C}$.

   (a) $t^4 + t$ \hspace{2cm} (b) $t^5 - 5t + 1$

   (c) qualquer polinômio $t^2 + bt + c$ se b e c forem números tais que $b^2 - 4c$ seja diferente de 0.

10. Mostre que o polinômio $t^n - 1$ não possui raízes múltiplas em $\mathbb{C}$. É possível determinar todas as raízes desse polinômio e dar sua decomposição num produto de fatores de grau 1?

11. Considere f e g dois polinômios de $K[t]$, e suponha que sejam primos entre si. Mostre que é possível encontrar f_1 e g_1 tais que o determinante

    $$\begin{vmatrix} f & g \\ f_1 & g_1 \end{vmatrix}$$

    seja igual a 1.

12. Considere os polinômios $f_1, f_2, f_3 \in K[t]$, e suponha que gerem o ideal unidade. Mostre que é possível achar f_{ij} de $K[t]$ tais que o determinante

    $$\begin{vmatrix} f_1 & f_2 & f_3 \\ f_{21} & f_{22} & f_{23} \\ f_{31} & f_{32} & f_{33} \end{vmatrix}$$

    seja igual a 1.

13. Seja α um número complexo, e J o conjunto de todos os polinômios $f(t)$ em $K[t]$ tais que $f(\alpha) = 0$. Mostre que J é um ideal. Suponha que J não é o ideal zero e mostre que o polinômio mônico gerador de J é irredutível.

14. Sejam dois polinômios f e g escritos sob a forma

$$f = p_1^{i_1} \cdots p_r^{i_r}$$

e

$$g = p_1^{j_1} \cdots p_r^{j_r},$$

onde i_ν, j_ν são inteiros ≥ 0, e $p_1 \ldots p_r$ são irredutíveis distintos.

(a) Mostre que o máximo divisor comum de f e g pode ser expresso como um produto $p_1^{k_1} \cdots p_r^{k_r}$ onde $k_1 \ldots k_r$ são inteiros ≥ 0. Expresse k_ν em termos de i_ν e j_ν.

(b) Definimos o mínimo múltiplo comum do polinômio, e expressamos o mínimo múltiplo comum de f e g por um produto $p_1^{k_1} \cdots p_r^{k_r}$ com inteiros $k_\nu \geq 0$. Expresse k_ν em termos de i_ν e j_ν.

15. Determine o máximo divisor comum e o mínimo múltiplo comum dos seguintes pares de polinômios:

(a) $(t-2)^3(t-3)^4(t-i)$ e $(t-1)(t-2)(t-3)^3$

(b) $(t^2+1)(t^2-1)$ e $(t+i)^3(t^3-1)$

XI, §4. APLICAÇÃO À DECOMPOSIÇÃO DE UM ESPAÇO VETORIAL

Consideramos um espaço vetorial V sobre o corpo K, e seja $A : V \to V$ um operador de V. Seja W um subespaço de V. Diremos que W é um **subespaço invariante** por A se Aw pertencer a W para cada w em W, ou seja, se AW estiver contido em W.

Exemplo 1. Seja v_1 um autovetor não-nulo de A, e seja V_1 o espaço de dimensão 1, gerado por v_1. Então V_1 é um subespaço invariante por A.

Polinômios e Decomposição Primária

Exemplo 2. Seja λ um autovalor de A, e seja V_λ o subespaço de V formado por todos os $v \in V$ tais que $A\lambda = \lambda v$. Então V_λ é um subespaço invariante por A, denominado **auto-espaço** de λ.

Exemplo 3. Seja $f(t) \in K[t]$ um polinômio, e seja W o núcleo de $f(A)$. Então W é um subespaço invariante por A.

Demonstração. Suponhamos que $f(A)w = O$. Como $tf(t) = f(t)t$, resulta que
$$Af(A) = f(A)A,$$
donde
$$f(A)(Aw) = f(A)Aw = Af(A)w = O.$$
Logo, Aw também pertence ao núcleo de $f(A)$, e com isso fica provada nossa asserção. Observemos que, em geral, para dois f e g quaisquer, vale
$$f(A)g(A) = g(A)f(A)$$
pois $f(t)g(t) = g(t)f(t)$. Esse fato será empregado com freqüência no que se segue.

Passamos agora a descrever como a decomposição de um polinômio num produto de dois fatores cujo máximo divisor comum é 1 dá origem a uma decomposição do espaço vetorial V numa soma direta de subespaços invariantes.

Teorema 4.1. *Seja $f(t) \in K[t]$ um polinômio, e suponhamos que $f = f_1 f_2$, onde f_1 e f_2 são de grau ≥ 1, e têm o máximo divisor comum igual a 1. Seja $A : V \to V$ um operador, e suponhamos que $f(A) = O$. Indiquemos por*
$$W_1 = \text{núcleo de } f_1(A) \qquad e \qquad W_2 = \text{núcleo de } f_2(A).$$

Então V é a soma direta de W_1 e W_2.

Demonstração. Por hipótese, existem g_1 e g_2 tais que

$$g_1(t)f_1(t) + g_2(t)f_2(t) = 1.$$

Portanto

(*) $$g_1(A)f_1(A) + g_2(A)f_2(A) = I.$$

Se $v \in V$, então
$$v = g_1(A)f_1(A)v + g_2(A)f_2(A)v.$$

O primeiro termo dessa soma pertence a W_2, pois

$$f_2(A)g_1(A)f_1(A)v = g_1(A)f_1(A)f_2(A)v = g_1(A)f(A)v = O.$$

Analogamente, o segundo termo é um elemento de W_1. Logo V é a soma de W_1 e W_2.

Para mostrar que a soma é direta, precisamos provar que uma expressão

$$v = w_1 + w_2$$

com $w_1 \in W_1$ e $w_2 \in W_2$ está determinada de modo único por v. Aplicando $g_1(A)f_1(A)$ à soma, obtemos

$$g_1(A)f_1(A)v = g_1(A)f_1(A)w_2,$$

pois $f_1(A)w_1 = O$. Aplicando a expressão (*) apenas em w_2, obtemos

$$w_2 = g_1(A)f_1(A)w_2$$

pois $f_2(A)w_2 = O$. Conseqüentemente,

$$w_2 = g_1(A)f_1(A)v,$$

e portanto w_2 está determinado de maneira única. De modo análogo, $w_1 = g_2(A)f_2(A)v$ está determinado de modo único e, portanto, a soma é direta. Dessa forma nosso teorema fica demonstrado.

O Teorema 4.1 também é válido quando f é expresso como um produto de vários fatores. O próximo resultado é sobre os números complexos.

Teorema 4.2. *Seja V um espaço vetorial sobre $\mathbb{C}$, e seja $A : V \to V$ um operador. Considere o polinômio $P(t)$ tal que $P(A) = O$, e com a seguinte fatoração:*
$$P(t) = (t - \alpha_1)^{m_1} \cdots (t - \alpha_r)^{m_r},$$
sendo $\alpha_1, \ldots, \alpha_r$ suas raízes distintas. Se W_i é o núcleo de $(A - \alpha_i I)^{m_i}$, então V é a soma direta dos subespaços $W_1, \ldots, W_r$.

Demonstração. A demonstração pode ser feita por meio de uma indução que isola os fatores $(t - \alpha_1)^{m_1}(t - \alpha_2)^{m_2}, \ldots$ um a um. Sejam
$$\begin{aligned} W_1 &= \text{Núcleo de } (A - \alpha_1 I)^{m_1}, \\ W &= \text{Núcleo de } (A - \alpha_2 I)^{m_2} \cdots (A - \alpha_r I)^{m_r}. \end{aligned}$$
A partir do Teorema 4.1, obtemos uma decomposição em soma direta para V, isto é, $V = W_1 \oplus W$. A seguir, por indução, podemos supor que W esteja expresso como uma soma direta
$$W = W_2 \oplus \cdots \oplus W_r,$$
onde W_j ($j = 2, \ldots, r$) é o núcleo de $(A - \alpha_j I)^{m_j}$ em W. Então,
$$V = W_1 \oplus W_2 \oplus \cdots \oplus W_r$$
é uma soma direta. Ainda temos de provar que W_j ($j = 2, \ldots, r$) seja o núcleo de $(A - \alpha_j I)^{m_j}$ em V. Seja
$$V = w_1 + w_2 + \cdots + w_r$$

um elemento de V, com $w_i \in W_i$, e tal que v esteja no núcleo de $(A-\alpha_j I)^{m_j}$. Então, em particular, v está no núcleo de

$$(A - \alpha_2 I)^{m_2} \cdots (A - \alpha_r I)^{m_r},$$

donde v está necessariamente em W, e conseqüentemente $w_1 = 0$. Como v está em W, podemos agora concluir que $v = w_j$ pois W é soma direta de $W_2, \ldots, W_r$.

Exemplo 4. Equações diferenciais. Seja V o espaço das soluções (infinitamente diferenciáveis) da equação diferencial

$$D^n f + a_{n-1} D^{n-1} f + \cdots + a_0 f = 0,$$

com coeficientes complexos constantes a_i.

Teorema 4.3. *Seja*

$$P(t) = t^n + a_{n-1} t^{n-1} + \cdots + a_0.$$

Fatoremos $P(t)$ como no Teorema 5.2, isto é,

$$P(t) = (t - \alpha_1)^{m_1} \cdots (t - \alpha_r)^{m_r}.$$

Então V é a soma direta dos espaços das soluções das equações diferenciais

$$(D - \alpha_i I)^{m_i} f = 0,$$

para $i = 1, \ldots, r$.

Demonstração. A demonstração se reduz a uma aplicação direta do Teorema 4.2.

Logo, o estudo da equação diferencial original se reduz ao estudo de um caso muito mais simples, de equação,

$$(D - \alpha I)^m f = 0.$$

As soluções dessa equação são encontradas facilmente.

Teorema 4.4. *Seja α um número complexo, e seja W o espaço das soluções da equação diferencial*

$$(D - \alpha I)^m f = 0.$$

Então W é o espaço gerado pelas funções

$$e^{\alpha t}, te^{\alpha t}, \ldots, t^{m-1}e^{\alpha t},$$

que formam uma base para esse espaço, conseqüentemente com dimensão m.

Demonstração. Para qualquer complexo α, temos

$$(D - \alpha I)^m f = e^{\alpha t} D^m (e^{-\alpha t} f).$$

(A prova é uma indução simples.) Logo, f está no núcleo de $(D - \alpha I)^m f$ se, e somente se,

$$D^m(e^{-\alpha t} f) = 0.$$

As únicas funções cuja m-ésima derivada é 0, são as funções polinomiais de grau $\leq m-1$. Portanto, o espaço das soluções de $(D - \alpha)^m f = 0$ é o espaço gerado pelas funções

$$e^{\alpha t}, te^{\alpha t}, \ldots, t^{m-1}e^{\alpha t}.$$

Para terminar, devemos mostrar que essas funções são linearmente independentes. Suponhamos a seguinte relação linear

$$c_0 e^{\alpha t} + c_1 te^{\alpha t} + \cdots + c_{m-1} t^{m-1} e^{\alpha t} = 0,$$

para todo t, e constantes $c_0, \ldots, c_{m-1}$. Seja

$$Q(t) = c_0 + c_1 t + \cdots + c_{m-1} t^{m-1}.$$

Logo, $Q(t)$ é um polinômio não-nulo e vale

$$Q(t) e^{\alpha t} = 0 \quad \text{para todo } t.$$

Mas, $e^{\alpha t} \neq 0$ para todo t, donde temos $Q(t) = 0$ também para todo t. Como Q é , devemos ter $c_i = 0$ para $i = 0, \ldots, m-1$, concluindo assim a demonstração do teorema.

XI, §4. EXERCÍCIOS

1. No Teorema 4.1 mostre que a imagem de $f_1(A)$ =núcleo de $f_2(A)$.

2. Seja $A : V \to V$ um operador, e V um espaço vetorial de dimensão finita. Suponha que $A^3 = A$. Mostre que V é a soma direta

$$V = V_0 \oplus V_1 \oplus V_{-1},$$

onde $V_0 = \text{Nuc} A$, V_1 é o $(+1)$-auto-espaço de A, e V_{-1} é o (-1)-auto-espaço de A.

3. Seja $A : V \to V$ um operador, e V um espaço vetorial de dimensão finita. Suponha que o polinômio característico de A tenha a fatoração

$$P_A(t) = (t - \alpha_1) \cdots (t - \alpha_n),$$

onde $\alpha_1 \ldots \alpha_n$ sejam elementos distintos no corpo K. Mostre que V tem uma base formada de autovetores de A.

XI, §5. LEMA DE SCHUR

Consideremos V um espaço vetorial sobre K, e seja S um conjunto de operadores de V. Seja W um subespaço de V. Diremos que W é um subespaço S-**invariante** se BW estiver contido em W para todo B em S. Diremos que V é um S-**espaço simples** se $V \neq \{O\}$ e se os únicos subespaços S-invariante forem o próprio V e o subespaço zero.

Observação 1. *Seja $A : V \to V$ um operador tal que $AB = BA$ para todo $B \in S$. Então a imagem e o núcleo de A são subespaços invariantes de V.*

Demonstração. Seja w um elemento da imagem de A, digamos $w = Av$ para algum $v \in V$. Então $Bw = BAv = ABv$. Isto mostra que Bw também está na imagem de A e, portanto, a imagem de A é S-invariante. Seja u um elemento do núcleo de A. Então $ABu = BAu = O$. Logo, Bu também está no núcleo de A, que é portanto um subespaço S-invariante.

Observação 2. *Seja S como descrito acima, e seja $A : V \to V$ um operador. Suponhamos que $AB = BA$ para todo $B \in S$. Se f é um polinômio em $K[t]$, então $f(A)B = Bf(A)$ para todo $B \in S$.*

Prove esse exercício simples.

Teorema 5.1. *Seja V um espaço vetorial sobre o corpo K, e seja S o conjunto de operadores de V. Suponhamos que V seja um S-espaço simples. Seja $A : V \to V$ uma aplicação linear tal que $AB = BA$ para todo $B \in S$. Assim, A é invertível, ou A é a aplicação zero.*

Demonstração. Suponhamos que $A \neq O$. Pela Observação 1, o núcleo de A é $\{O\}$, e sua imagem é todo espaço V. Portanto A é invertível.

Teorema 5.2. *Seja V um espaço vetorial de dimensão finita sobre os números complexos. Seja S o conjunto de operadores de V, e suponhamos que V seja um S-espaço simples. Seja $A : V \to V$ uma aplicação linear tal que $AB = BA$ para todo $B \in S$. Nessas condições, existe um número λ tal que $A = \lambda I$.*

Demonstração. Seja J um ideal de f em $\mathbb{C}[t]$, tais que $f(A) = O$. Seja g um gerador desse ideal, com coeficiente dominante 1. Então $g \neq 0$. Afirmamos que g é irredutível. Pois, caso contrário, poderíamos escrever $g = h_1 h_2$, com h_1 e h_2 de graus $<\operatorname{gr} g$. Conseqüentemente, $h_1(A) \neq O$. Pelo Teorema 5.1, e Observações 1 e 2, concluímos que $h_1(A)$ é invertível. De maneira análoga, $h_2(A)$ é invertível. Logo, $h_1(A)h_2(A)$ é invertível, uma impossibilidade que prova que g é necessariamente irredutível. Mas, os únicos irredutíveis sobre os números complexos são os de grau 1 e, portanto, $g(t) = t - \lambda$ para algum $\lambda \in \mathbb{C}$. Como $g(A) = O$, concluímos que $A - \lambda I = O$, e assim segue que $A = \lambda I$, como queríamos mostrar.

XI, §5. EXERCÍCIOS

1. Seja V um espaço vetorial de dimensão finita sobre o corpo K, e considere o conjunto S de todas as aplicações lineares nele próprio. Mostre que V é um S-espaço simples.

2. Seja $V = \mathbb{R}^2$, e seja S formado pela matriz $\begin{pmatrix} 1 & a \\ 0 & 1 \end{pmatrix}$ que é interpretada como uma aplicação linear de V nele próprio. O elemento

a, na matriz, é um número real fixo e não-nulo. Determine todos os subespaços S-invariantes de V.

3. Seja V um espaço vetorial sobre o corpo K, e seja $\{v_1, \ldots, v_n\}$ uma base de V. Para cada permutação σ de $\{1, \ldots, n\}$, seja $A_\sigma : V \to V$ a aplicação linear dada por

$$A_\sigma(v_i) = v_{\sigma(i)}.$$

   (a) Mostre que para duas permutações σ, τ quaisquer, temos $A_\sigma A_\tau = A_{\sigma\tau}$, e $A_{\text{id}} = I$.

   (b) Mostre que o subespaço gerado por $v = v_1 + \cdots + v_n$ é um subespaço invariante com respeito ao conjunto S_n de todas as A_σ.

   (c) Mostre que o elemento v da parte (b) é um autovetor de cada A_σ. Qual é o valor próprio de A_σ correspondente a v?

   (d) Seja $n = 2$, e seja σ a permutação que não é identidade. Mostre que $v_1 - v_2$ gera um subespaço de dimensão 1 que é invariante por A_σ. Mostre que $v_1 - v_2$ é um autovetor de A_σ. Qual é o seu autovalor?

4. Seja V um espaço vetorial sobre o corpo K, e seja $A_\sigma : V \to V$ um operador. Suponha que $A^r = I$ para algum inteiro $r \geq 1$. Seja $T = I + A + \cdots + A^{r-1}$. Seja v_0 um elemento de V. Mostre que o espaço gerado por Tv_0 é um subespaço invariante de A, e que Tv_0 é um autovetor de A. Se $Tv_0 \neq O$, qual é seu autovalor?

5. Seja V um espaço vetorial sobre o corpo K, e seja S o conjunto de operadores de V. Sejam U e W subespaços S-invariantes de V. Mostre que $U + W$ e $U \cap W$ são subespaços S-invariantes.

XI, §6. FORMA NORMAL DE JORDAN

No §1 do Capítulo X, provamos que uma aplicação linear sobre os números complexos pode sempre ser triangularizada. Esse resultado é suficiente para muitas aplicações, mas é possível obter um resultado melhor e encontrar uma base na qual a matriz da aplicação linear tenha excepcionalmente uma forma triangular. Faremos isto agora, usando a decomposição primária.

Primeiro vamos considerar um caso especial, que, no final, se mostra como um caso comum. Seja V um espaço vetorial sobre os números complexos. Seja $A: V \to V$ uma aplicação linear. Sejam $\alpha \in \mathbb{C}$ e $v \in V$, com $v \neq O$. Diremos que v é $(A - \alpha I)$-**cíclico** se existir um inteiro $r \geq 1$ tal que $(A - \alpha I)^r v = O$. O menor inteiro positivo tendo essa propriedade será então chamado **período** de v relativo à $A - \alpha I$. Se r é um desses períodos, então temos $(A - \alpha I)^k v \neq O$ para todo k tal que $0 \leq k < r$.

Lema 6.1. *Se $v \neq O$ é $(A - \alpha I)$-cíclico, com período r, então os elementos*

$$v, \quad (A - \alpha I)v, \quad \ldots, \quad (A - \alpha I)^{r-1}v$$

são linearmente independentes.

Demonstração. Para simplificar, consideremos $B = A - \alpha I$. Uma relação de dependência linear entre os elementos acima pode ser escrita como

$$f(B)v = O,$$

onde f é um polinômio $\neq 0$ de grau $\leq r - 1$, ou seja,

$$c_0 v + c_1 Bv + \cdots + c_s B^s v = O,$$

com $f(t) = c_0 + c_1 t + \cdots + c_s t^s$ e $s \leq r - 1$. Por hipótese também temos $B^r v = O$. Seja $g(t) = t^r$. Se h é o máximo divisor comum de f e g, então podemos escrever

$$h = f_1 f + g_1 g,$$

onde f_1, g_1 são polinômios e, portanto, $h(B) = f_1(B)f(B) + g_1(B)g(B)$. Pode-se concluir que $h(B)v = O$. Como $h(t)$ divide t^r e é de grau $\leq r - 1$, tem-se que $h(t) = t^d$ com $d < r$. Isto contradiz a hipótese de que r é um período de v e conclui o lema.

O espaço vetorial V será denominado **cíclico** se existir algum número α e um elemento $v \in V$ que acarrete em $(A - \alpha I)$–cíclico e V gerado por $v, Av, \ldots, A^{r-1}v$. Se esse é o caso, então o lema 6.1 nos faz concluir que

(*) $$\{(A - \alpha I)^{r-1}v, \ldots, (A - \alpha I)v, v\}$$

seja uma base para V. Em relação a essa base, a matriz de A é particularmente simples. De fato, para cada k temos

$$A(A - \alpha I)^k v = (A - \alpha I)^{k+1} v + \alpha (A - \alpha I)^k v.$$

Por definição, segue que a matriz associada ao operador linear A com respeito à base é igual à matriz triangular

$$\begin{pmatrix} \alpha & 1 & 0 & \cdots & 0 & 0 \\ 0 & \alpha & 1 & \cdots & 0 & 0 \\ \vdots & \vdots & \ddots & \ddots & \vdots & \vdots \\ 0 & 0 & 0 & \cdots & \alpha & 1 \\ 0 & 0 & 0 & \cdots & 0 & \alpha \end{pmatrix}.$$

Essa matriz tem α sobre a sua diagonal principal, 1 acima dessa diagonal, e 0 nas demais posições. O leitor deve observar que $(A - \alpha I)^{r-1}v$ é um autovetor de A, com autovalor α.

A base (*) é denominada **base de Jordan para V com respeito a A**.

Suponhamos que V seja dado como uma soma direta de subespaços A–invariantes,

$$V = V_1 \oplus \cdots \oplus V_m,$$

com V_i cíclico. Se selecionarmos uma base de Jordan para cada V_i, então a seqüência de bases forma uma base de V, novamente chamada de **base de Jordan para V com respeito a A**. Em relação a essa base, a matriz de A divide-se portanto em blocos (Fig. 1).

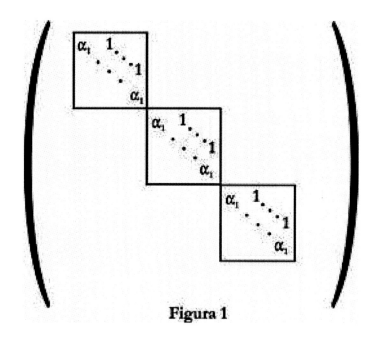

Figura 1

Em cada bloco há um autovalor α_i na diagonal. Também temos 1 nas posições acima da diagonal e 0 nas demais posições. Essa matriz é chamada de **forma normal de Jordan para A**. Nosso principal teorema nesta seção estabelece que a forma normal de Jordan pode sempre ser encontrada, ou seja:

Teorema 6.2. *Seja V um espaço vetorial de dimensão finita sobre os números complexos, e $V \neq \{O\}$. Seja $A : V \to V$ um operador. Então V pode ser expresso como uma soma direta de subespaços A–invariantes cíclicos.*

Demonstração. Pelo Teorema 4.2 podemos assumir sem perda de generalidade que existem um número α e um inteiro $r \geq 1$ tal que $(A-\alpha I)^r = O$. Seja $B = A - \alpha I$. Então $B^r = O$. Assumimos que r é o menor desses inteiros. Então $B^{r-1} \neq O$. O subespaço BV não é igual a V pois sua dimensão é estritamente menor que a de V. (Por exemplo, existe algum $w \in V$ tal que $B^{r-1}w \neq O$. Seja $v = B^{r-1}w$. Então $Bv = O$. Nossa asserção segue da relação entre as dimensões

$$\dim BV + \dim \operatorname{Nuc} B = \dim V).$$

Por indução, podemos escrever BV como uma soma direta de subespaços A–invariantes (ou B–invariantes) cíclicos, digamos

$$BV = W_1 \oplus \cdots \oplus W_m,$$

onde W_i tem uma base formada por elementos $B^k w_i$ para algum vetor cíclico $w_i \in W_i$ de período r_i. Seja $v_i \in V$ tal que $Bv_i = w_i$. Então cada v_i é um vetor cíclico, pois

$$\text{se} \quad B^{r_i} w_i = O, \quad \text{então} \quad B^{r_i+1} w_i = O.$$

Seja V_i o subespaço de V gerado pelos elementos $B^k v_i$ para $k = 0, \ldots, r_i$. Afirmamos que o subespaço V', igual à soma

$$V' = V_1 + \cdots + V_m$$

, *é uma soma direta.* Temos de provar que todo elemento u nessa soma pode ser escrito de forma única como

$$u = u_1 + \cdots + u_m, \quad \text{com} \quad u_i \in V_i.$$

Todo elemento de V_i é da forma $f_i(B)v_i$ onde f_i é um polinômio de grau $\leq r_i$. Suponhamos que

(1) $$f_1(B)v_1+\cdots+f_m(B)v_m = O.$$

Aplicando B e observando que $Bf_i(B) = f_i(B)B$, obtemos

$$f_1(B)w_1 + \cdots + f_m(B)w_m = O.$$

Mas, $W_1 + \cdots + W_m$ é uma decomposição em soma direta de BV, logo

$$f_i(B)w_i = O, \qquad \text{para todo} \quad i = 1,\ldots,m.$$

Portanto t^{r_i} divide $f_i(t)$ e, em particular, t divide $f_i(t)$. Podemos então escrever

$$f_i(t) = g_i(t)t$$

para algum polinômio g_i, o que implica $f_i(B) = g_i(B)B$. Segue a partir de (1) que

$$g_1(B)w_1 + \cdots + g_m(B)w_m = O.$$

Novamente, t^{r_i} divide $g_i(t)$, donde t^{r_i+1} divide $f_i(t)$ e, portanto, $f_i(B)v_i = O$. Isto demonstra o que buscávamos, isto é, que V' é uma soma direta de $V_1,\ldots,V_m$.

Pela construção de V' observamos que $BV' = BV$, pois todo elemento de BV é da forma

$$f_1(B)w_1 + \cdots + f_m(B)w_m$$

para alguns polinômios f_i, e dessa forma é a imagem por B do elemento

$$f_1(B)v_1 + \cdots + f_m(B)v_m,$$

que pertence a V'. Com isto devemos concluir que

$$V = V' + \text{Nuc}B.$$

De fato, seja $v \in V$. Então $Bv = Bv'$ para algum $v' \in V'$ e, portanto, $B(v - v') = O$. Logo

$$v = v' + (v - v'),$$

provando dessa forma que $V = V' + \text{Nuc} B$. É evidente que a soma não é direta. Entretanto, se considerarmos $\mathcal{B}'$ uma base de Jordan em V', então poderemos estender $\mathcal{B}'$ a uma base de V usando elementos do Nuc B. Dessa forma, se $\{u_1, ..., u_s\}$ é uma base do Nuc B, então

$$\{\mathcal{B}', u_{j_1}, ..., u_{j_l}\}$$

é, para apropriados índices $j_1, ..., j_l$, uma base de V. Cada u_j satisfaz $Bu_j = O$, donde u_j é um autovetor para A, e o espaço de dimensão 1 gerado por u_j é A−invariante e cíclico. Denotemos esse espaço por U_j. Assim,

$$\begin{aligned} V &= V' \oplus U_{j_1} \oplus \cdots \oplus U_{j_l} \\ &= V_1 \oplus \cdots \oplus V_m \oplus U_{j_1} \oplus \cdots \oplus U_{j_l}, \end{aligned}$$

dando assim a expressão desejada de V como uma soma direta de subespaços cíclicos. Assim fica demonstrado o teorema.

XI, §6. EXERCÍCIOS

Em todos estes exercícios, suponha que V seja um espaço vetorial de dimensão finita sobre $\mathbb{C}$, e considere também que $A : V \to V$ seja uma aplicação linear.

1. Mostre que A pode ser escrito na forma $A = D + N$, onde D é um operador diagonalizável, N é um operador nilpotente, e $DN = ND$.

2. Suponha que V seja cíclico. Mostre que o subespaço de V gerado pelos autovetores de A tem dimensão 1.

3. Suponha que V seja cíclico e considere um polinômio f. Em termos dos autovalores de A, quais são os autovalores de $f(A)$? Considere a mesma questão quando V não for cíclico.

4. Se A é nilpotente e $\neq O$, mostre que A não é diagonalizável.

5. Seja P_A o polinômio característico de A, e o escreva como um produto

$$P_A(t) = \prod_{i=1}^{r}(t-\alpha_i)^{m_i},$$

onde $\alpha_1, \ldots, \alpha_r$ são distintos. Seja f um polinômio. Expresse o polinômio característico $P_{f(A)}$ como um produto em que os fatores têm grau 1.

Capítulo 12

Números Complexos

XII, §1. DEFINIÇÕES

Seja S um subconjunto de $\mathbb{R}^m$. Dizemos que S é **convexo** se, dados os pontos P e Q em S, o segmento de reta unindo P a Q também estiver contido em S.

Lembramos que o segmento de reta unindo P a Q é o conjunto de todos os pontos de $P+t(Q-P)$, com $0 \leq t \leq 1$. É portanto o conjunto dos pontos

$$(1-t)P + tQ,$$

com $0 \leq t \leq 1$.

Teorema 1.1. *Sejam $P_1, \ldots, P_n$ pontos de $\mathbb{R}^m$. O conjunto de todas combinações lineares*

$$x_1 P_1 + \cdots + x_n P_n$$

com $0 \leq x_i \leq 1$ e $x_1 + \cdots + x_n = 1$ é um conjunto convexo.

Teorema 1.2. *Sejam $P_1, \ldots, P_n$ pontos de $\mathbb{R}^m$. Qualquer conjunto* convexo que contiver $P_1, \ldots, P_n$ conterá também todas combinações lineares

$$x_1 P_1 + \cdots + x_n P_n$$

tais que $0 \leq x_i \leq 1$ para todo i, e $x_1 + \cdots + x_n = 1$.

Faça as demonstrações como exercício ou consulte-as no Capítulo III, §5.

Em conseqüência dos Teoremas 1.1 e 1.2, concluímos que o conjunto das combinações lineares descritas nesses teoremas é o menor conjunto convexo contendo todos os pontos $P_1, \ldots, P_n$.

As proposições seguintes já apareceram em exercícios, e as recordamos aqui com o objetivo de completar as idéias.

1. Se S e S' são conjuntos convexos, então a interseção $S \cap S'$ é convexa.

2. Seja $F : \mathbb{R}^m \to \mathbb{R}^n$ uma aplicação linear. Se S for convexo em $\mathbb{R}^m$, então $F(S)$ (a imagem de S por F) será convexa em $\mathbb{R}^n$.

3. Seja $F : \mathbb{R}^m \to \mathbb{R}^n$ uma aplicação linear. Seja S' um conjunto convexo de $\mathbb{R}^n$, e seja $S = F^{-1}(S')$ o conjunto de todos os $X \in \mathbb{R}^m$ tais que $F(X)$ pertença a S'. Então S é convexo.

Exemplos. Seja A um vetor em $\mathbb{R}^n$. A aplicação F tal que $F(X) = A \cdot X$ é linear. Notemos que um ponto $c \in \mathbb{R}$ é um conjunto convexo. Logo, o **hiperplano** H formado por todos os X tais que $A \cdot X = c$ é convexo.

Além disso, o conjunto S' de todos os $x \in \mathbb{R}$ tais que $x > c$ é convexo. Assim, o conjunto de todos os $X \in \mathbb{R}^n$ tais que $A \cdot X > c$ é convexo. Esse conjunto recebe o nome de **semi-espaço aberto**. De maneira análoga, o conjunto dos pontos $X \in \mathbb{R}^n$ tais que $A \cdot X \geq c$ é denominado **semi-espaço**

fechado. Na figura abaixo, ilustramos um hiperplano (reta) no $\mathbb{R}^2$, e um semi-espaço determinado pelo hiperplano.

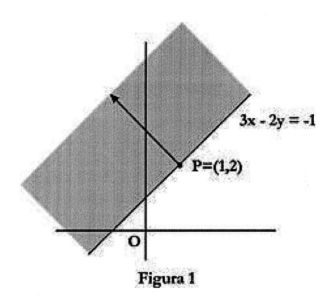

Figura 1

A reta está definida pela equação $3x - 2y = -1$. Ela passa pelo ponto $P = (1, 2)$, e $N = (3, -2)$ é um vetor perpendicular à reta. A área sombreada é o semi-espaço dos pontos X tais que $X \cdot N \leq -1$.

Vemos que um hiperplano cuja equação é $X \cdot N = c$ determina dois semi-espaços fechados, que são os espaços definidos pelas equações

$$X \cdot N \geq c \quad \text{e} \quad X \cdot N \leq c$$

e analogamente para os semi-espaços abertos.

Dado que a interseção de conjuntos convexos é convexa, a interseção de um número finito de semi-espaços é convexa. Nas figuras que seguem (Figs. 2 e 3), nós representamos interseções de um número finito de semi-planos. Uma tal interseção pode ser limitada ou não. (Lembramos que um subconjunto S de $\mathbb{R}^n$ é dito **limitado** se existir um número $c > 0$ tal que $\|X\| \leq c$, para todo $X \in S$).

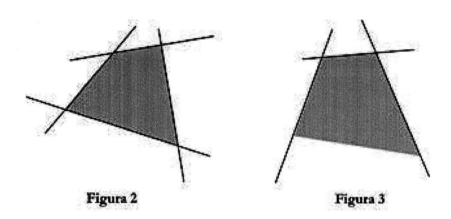

Figura 2   Figura 3

XII, §.2 HIPERPLANOS SEPARADORES

Teorema 2.1. *Seja S um conjunto convexo fechado em $\mathbb{R}^n$. Seja P um ponto de $\mathbb{R}^n$. Então, ou P pertence a S, ou existe um hiperplano H que contém P e é tal que S está contido em um dos semi-espaços abertos determinados por H.*

Demonstração: Utilizamos um fato que provém do Cálculo. Suponhamos que P não pertença a S. Consideremos a função f definida sobre o conjunto fechado S e dada por

$$f(X) = \|X - P\|.$$

Nos cursos de Cálculo prova-se (com ε e δ) que esta função tem um mínimo em S. Seja Q um ponto de S tal que

$$\|Q - P\| \leq \|X - P\|$$

para todo X em S. Tomemos

$$N = Q - P.$$

Como P não está em S, $Q - P \neq O$ e $N \neq O$. Afirmamos que o hiperplano, passando por P e perpendicular a N, verifica nossas condições. Seja Q' um ponto qualquer de S, e digamos que $Q' \neq Q$. Então para todo t tal que $0 < t \leq 1$, temos

$$\|Q - P\| \leq \|Q + t(Q' - Q) - P\| = \|(Q - P) + t(Q' - Q)\|.$$

Elevando ao quadrado, obtemos

$$(Q - P)^2 \leq (Q - P)^2 + 2t(Q - P) \cdot (Q' - Q) + t^2(Q' - Q)^2.$$

Cancelando e dividindo por t, obtemos

$$0 \leq 2(Q - P) \cdot (Q' - Q) + t(Q' - Q)^2.$$

Fazendo t tender a 0, resulta que

$$\begin{aligned} 0 &\leq (Q - P) \cdot (Q' - Q) \\ &\leq N \cdot (Q' - P) + N \cdot (P - Q) \\ &\leq N \cdot (Q' - P) - N \cdot N. \end{aligned}$$

Mas $N \cdot N > 0$. Logo,

$$Q' \cdot N > P \cdot N.$$

Isto prova que S está contido no semi-espaço aberto definido por $X \cdot N > P \cdot N$.

Seja S um conjunto convexo fechado em $\mathbb{R}^n$, então a aderência de S (indicada por $\bar{S}$) é convexa.

É fácil demonstrar isto, pois se P e Q são pontos de aderência, podemos encontrar pontos de S, digamos P_k e Q_k tendendo para P e Q, respectivamente. Logo, para $0 \le t \le 1$, os pontos

$$tP_k + (1-t)Q_k$$

tendem a $tP + (1-t)Q$ e, portanto, os pontos pertencem à aderência de S.

Seja S um conjunto convexo em $\mathbb{R}^n$. Seja P um ponto da fronteira de S (isto é, um ponto tal que para cada $\varepsilon > 0$, a bola aberta de centro P e raio ε, em $\mathbb{R}^n$, contém pontos de S e pontos fora de S). Diz-se que um hiperplano H é **hiperplano de suporte de S em P**, se P está contido em H e se S está contido em um dos semi-espaços fechados determinados por H.

Teorema 2.2. *Seja S um conjunto convexo em $\mathbb{R}^n$, e seja P um ponto da fronteira de S. Então existe um hiperplano de suporte de S em P.*

Demonstração: Seja $\bar{S}$ a aderência de S. Então já foi visto que $\bar{S}$ é convexa, e que P é um ponto da fronteira de $\bar{S}$. Se conseguirmos provar nosso teorema para $\bar{S}$, então ele certamente será válido para S. Logo, sem perda de generalidade, podemos supor que S é fechado.

Para cada inteiro $k > 2$, podemos encontrar um ponto P_k fora de S, mas a uma distância $< 1/k$ de P. Usando o Teorema 2.1, encontramos um ponto Q_k em S a uma distância mínima de P_k, e consideramos $N_k = Q_k - P_k$. Seja N_k' o vetor orientado com a mesma direção e sentido que N_k mas tendo norma 1. A seqüência de vetores N_k' tem um ponto de acumulação na esfera de raio 1, digamos que ele seja N', pois a esfera é compacta. Pelo Teorema

2.1, temos, para todo $X \in S$,

$$X \cdot N_k \geq P_k \cdot N_k$$

para todo k; donde, dividindo ambos os lados pela norma de N_k, obtemos

$$X \cdot N'_k \geq P_k \cdot N'_k$$

para todo k. Como N' é um ponto de acumulação de $\{N'_k\}$, e dado que P é um limite de $\{P_k\}$, segue-se por continuidade que, para cada $X \in S$,

$$X \cdot N' \geq P \cdot N'.$$

Isto conclui o nosso teorema.

Observação. Seja S um conjunto convexo, e seja H um hiperplano definido por uma equação

$$X \cdot N = a.$$

Suponhamos que para todo $X \in S$, temos $X \cdot N \geq a$. Se P é um ponto de S pertencente ao hiperplano, então P é um ponto de fronteira de S. No caso contrário, para $\varepsilon > 0$ e ε suficientemente pequeno, $P - \varepsilon N$ seria um ponto de S, e portanto

$$(P - \varepsilon N) \cdot N = P \cdot N - \varepsilon N \cdot N = a - \varepsilon N \cdot N < a,$$

o que contradiz a hipótese. Assim, concluímos, portanto, que H é um hiperplano de suporte de S em P.

XII, §.3 PONTOS EXTREMOS E HIPERPLANOS DE SUPORTE

Seja S um conjunto convexo e seja P um ponto de S. Diremos que P é um **ponto extremo** de S se não existirem pontos Q_1 e Q_2, tais que P

possa ser escrito sob a forma

$$P = tQ_1 + (1-t)Q_2 \quad \text{com} \quad 0 < t < 1.$$

Em outras palavras, P não pode pertencer a um segmento de reta contido em S, a não ser que P seja uma das extremidades do segmento de reta.

Teorema 3.1. *Seja S um conjunto convexo fechado e limitado. Então todo hiperplano de suporte de S contém um ponto extremo.*

Demonstração: Seja H um hiperplano de suporte, definido pela equação $X \cdot N = P_0 \cdot N$ num ponto de fronteira P_0, e digamos $X \cdot N \geq P_0 \cdot N$ para todo $X \in S$. Indiquemos por T a interseção de S com o hiperplano. Então T é convexa, fechada e limitada. Afirmamos que um ponto extremo de T também será um ponto extremo de S. Isto reduzirá nosso problema à determinação dos pontos extremos de T. Para provar nossa asserção, seja P um ponto extremo de T, e suponhamos que seja possível escrever

$$P = tQ_1 + (1-t)Q_2, \quad 0 < t < 1.$$

Fazendo o produto escalar com N, e usando o fato que P está no hiperplano, portanto que $P \cdot N = P_0 \cdot N$, nós obtemos

(1) $$P_0 \cdot N = tQ_1 \cdot N + (1-t)Q_2 \cdot N.$$

Sabemos que $Q_1 \cdot N$ e $Q_2 \cdot N \geq P_0 \cdot N$, pois Q_1 e Q_2 estão em S. Se $Q_1 \cdot N$ ou $Q_2 \cdot N$ for $> P_0 \cdot N$, digamos $Q_1 \cdot N > P_0 \cdot N$, então o membro direito da equação (1) seria

$$> tP_0 \cdot N + (1-t)P_0 \cdot N = P_0 \cdot N,$$

e isto é impossível. Logo, tanto Q_1 como Q_2 pertencem ao hiperplano, o que resulta numa contradição da hipótese de que P seja um ponto extremo de T.

Vamos agora encontrar um ponto extremo de T. Dentre todos os pontos de T, existe pelo menos um ponto cuja primeira coordenada é a menor possível, pois T é fechado e limitado. (Projetamos sobre a primeira coordenada. A imagem de T por essa projeção possui um ínfimo que é atingido por um elemento de T, dado que T é fechado.) Seja T_1 o subconjunto de T formado por todos os pontos cuja primeira coordenada é igual a esse mínimo. Então T_1 é fechado e limitado. Portanto, podemos encontrar um ponto de T_1 cuja segunda coordenada é a menor dentre todos os pontos de T_1, e o conjunto T_2 de todos os pontos de T_1 que têm essa segunda coordenada é fechado e limitado. Podemos proceder desta maneira até encontrarmos um ponto P de T que possua sucessivamente as menores primeira, segunda,..., n-ésima coordenadas. Afirmamos que P é um ponto extremo de T. Seja $P = (p_1, \ldots, p_n)$.

Suponhamos que seja possível escrever

$$P = tX + (1-t)Y, \qquad 0 < t < 1,$$

sendo $X = (x_1, \ldots, x_n)$, $Y = (y_1, \ldots, y_n)$ pontos de T. Então $x_1 \geq p_1$ e $y_1 \geq p_1$, e

$$p_1 = tx_1 + (1-t)y_1.$$

Se $x_1 > p_1$ ou $y_1 > p_1$, então

$$tx_1 + (1-t)y_1 > tp_1 + (1-t)p_1 = p_1,$$

o que é impossível. Portanto, $x_1 = y_1 = p_1$. Procedendo por indução, suponhamos que já esteja provado que $x_i = y_i = p_i$ para $i = 1, \ldots, r$. Então, se $r < n$

$$p_{r+1} = tx_{r+1} + (1-t)y_{r+1},$$

e podemos repetir o argumento anterior. Assim, resulta que

$$X = Y = P,$$

donde P é um ponto extremo, e nosso teorema fica demonstrado.

XII, §.4 TEOREMA DE KREIN-MILMAN

Seja E um conjunto de pontos no $\mathbb{R}^n$ (com pelo menos um ponto). Queremos descrever o menor conjunto convexo que contém E. Podemos dizer que é a interseção de todos os conjuntos convexos que contém E, pois a interseção é convexa, e é de forma clara o menor conjunto.

Também podemos descrever esse menor conjunto convexo de uma outra forma. Seja E^c o conjunto de todas as combinações lineares

$$t_1 P_1 + \cdots + t_m P_m$$

de pontos $P_1, \ldots, P_m$ em E com coeficientes reais t_i tais que

$$0 \leq t_i \leq 1 \quad \text{e} \quad t_1 + \cdots + t_m = 1.$$

Então o conjunto E^c é convexo. Deixamos a verificação, que é trivial, para o leitor. Quaquer conjunto convexo contendo E necessariamente contém E^c e, portanto, E^c é o menor conjunto que contém E. Chamamos E^c de **fecho convexo** de E.

Seja S um conjunto convexo, e seja E o conjunto de seus pontos extremos. Então E^c está contido em S. Queremos saber em que condições $E^c = S$.

Sob o aspecto geométrico, pontos extremos podem ser pontos como aqueles na casca de um ovo, ou pontos correspondentes aos vértices de um polígono, isto é:

Números Complexos

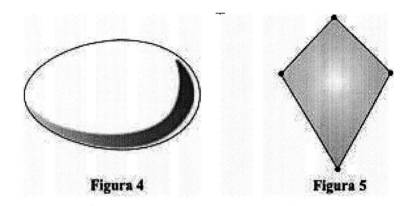

Figura 4   Figura 5

Um conjunto convexo não-limitado não é necessariamente o fecho convexo de seus pontos extremos: por exemplo, o semi-plano fechado superior, que não tem pontos extremos. Também, um conjunto convexo aberto não é necessariamente o fecho convexo de seus pontos extremos (o interior do ovo não tem pontos extremos). O teorema de Krein-Milman afirma que se eliminarmos essas duas possibilidades, não haverá nenhum outro problema.

Teorema 4.1. *Seja S um conjunto convexo, fechado e limitado. Então S é o menor conjunto convexo fechado que contém seus pontos extremos.*

Demonstração: Seja S' a interseção de todos os conjuntos convexos que contém os pontos extremos de S. Então $S' \subset S$. Devemos mostrar que S está contido em S'. Seja $P \in S$, e suponhamos que $P \notin S'$. Pelo Teorema 2.1, existe um hiperplano H passando por P, definido por uma equação

$$X \cdot N = c,$$

tal que $X \cdot N > c$ para todo $X \in S'$. Seja $L : \mathbb{R}^n \to \mathbb{R}$ a aplicação linear tal que $L(X) = X \cdot N$. Então $L(P) = c$, e $L(P)$ não pertence a $L(S')$. Dado que S é fechado e limitado, a imagem $L(S)$ é fechada, limitada e também convexa. Portanto, $L(S)$ é um intervalo fechado, digamos $[a, b]$, que contém c. Logo, $a \leq c \leq b$. Seja H_a o hiperplano definido pela equação

$$X \cdot N = a.$$

Conforme a observação que seguiu o Teorema 2.2, sabemos que H_a é um hiperplano de suporte de S. Pelo Teorema 3.1, concluímos que H_a contém um ponto extremo de S. Esse ponto extremo está em S'. Com isto, obtemos uma contradição do fato que $X \cdot N > c \geq a$ para todo X em S', e assim concluímos a prova do teorema de Krein-Milman.

XII, §4. EXERCÍCIOS

1. Seja A um vetor no $\mathbb{R}^n$. Seja $F : \mathbb{R}^n \to \mathbb{R}^n$ a translação,

$$F(X) = X + A.$$

Mostre que se S é convexo em $\mathbb{R}^n$, então $F(S)$ também é convexo.

2. Sejam um número $c > 0$, e seja P um ponto em $\mathbb{R}^n$. Seja S o conjunto de pontos X tais que $\|X - P\| < c$. Mostre que S é convexo. De maneira análoga, mostre que o conjunto de pontos X tais que $\|X - P\| \leq c$ é convexo.

3. Esboce o fecho convexo dos seguintes conjuntos de pontos:
   (a) $(1, 2)$, $(1, -1)$, $(1, 3)$, $(-1, 1)$
   (b) $(-1, 2)$, $(2, 3)$, $(-1, -1)$, $(1, 0)$

4. Seja $L : \mathbb{R}^n \to \mathbb{R}^n$ uma aplicação linear invertível. Seja S um conjunto convexo em $\mathbb{R}^n$ e P um ponto extremo de S. Mostre que $L(P)$ é um ponto extremo de $L(S)$. Essa asserção ainda será válida se L não for invertível?

5. Prove que a interseção de um número finito de semi-espaços fechados em $\mathbb{R}^n$ pode ter apenas um número finito de pontos extremos.

6. Seja B um vetor coluna em $\mathbb{R}^n$, e A uma matriz $n \times n$. Mostre que o conjunto de soluções das equações lineares $AX = B$ é um conjunto convexo em $\mathbb{R}^n$.

Capítulo 13

Apêndice

Números Complexos

Os **números complexos** constituem um conjunto de objetos que podem ser somados e multiplicados, sendo a soma e o produto de dois números complexos também um número complexo, satisfazendo as seguintes condições.

(1) Todo número real é um número complexo, e se α e β são números reais, então sua soma e seu produto como números complexos são os mesmos que sua soma e seu produto como números reais.

(2) Existe um número complexo denotado por i tal que $i^2 = -1$.

(3) Todo número complexo pode ser escrito de modo único sob a forma $a + bi$, onde a e b são números reais.

(4) As leis usuais da Aritmética relativas à adição e à multiplicação são satisfeitas. Essas leis são:

Se α, β e γ são números complexos, então

$$(\alpha\beta)\gamma = \alpha(\beta\gamma) \quad \text{e} \quad (\alpha + \beta) + \gamma = \alpha + (\beta + \gamma).$$

Temos $\alpha(\beta + \gamma) = \alpha\beta + \alpha\gamma$ e $(\beta + \gamma)\alpha = \beta\alpha + \gamma\alpha$.

Temos $\alpha\beta = \beta\alpha$ e $\alpha + \beta = \alpha + \beta$.

Se 1 é o número real um, então $1\alpha = \alpha$.

Se 0 é o número real zero, então $0\alpha = 0$.

Temos $\alpha + (-1)\alpha = 0$.

Vamos agora deduzir as conseqüências dessas propriedades. A cada número complexo $a + bi$, associamos o vetor (a, b) no plano. Sejam dois números complexos $\alpha = a_1 + a_2 i$ e $\beta = b_1 + b_2 i$. Então

$$\alpha + \beta = a_1 + b_1 + (a_2 + b_2)i.$$

Portanto a adição de números complexos é efetuada "componente por componente", correspondendo à adição de vetores no plano. Por exemplo,

$$(2 + 3i) + (-1 + 5i) = 1 + 8i.$$

Na multiplicação de números complexos, aplicamos a regra $i^2 = -1$ para simplificar o produto e reduzi-lo à forma $a + bi$. Por exemplo, sejam $\alpha = 2 + 3i$ e $\beta = 1 - i$. Então

$$\begin{aligned}\alpha\beta = (2+3i)(1-i) &= 2(1-i) + 3i(1-i) \\ &= 2 - 2i + 3i - 3i^2 \\ &= 2 + i - 3(-1) \\ &= 2 + 3 + i \\ &= 5 + i.\end{aligned}$$

Seja $\alpha = a + bi$ um número complexo. Definimos $\bar{\alpha}$ como sendo $a - bi$. Dessa forma, se $\alpha = 2 + 3i$, então $\bar{\alpha} = 2 - 3i$. O número complexo $\bar{\alpha}$ é denominado o **conjugado** de α. Vemos imediatamente que

$$\alpha\bar{\alpha} = a^2 + b^2.$$

Com a interpretação vetorial dos números complexos, vemos que $\alpha\bar{\alpha}$ é o quadrado da distância da origem ao ponto (a, b).

Apêndice

Temos agora mais uma propriedade importante dos números complexos, a qual nos permitirá dividir por números complexos não-nulos.

Se $\alpha = a + bi$ for um número complexo $\neq 0$, e se considerarmos

$$\lambda = \frac{\bar{\alpha}}{a^2 + b^2}$$

então $\alpha\lambda = \lambda\alpha = 1$.

A demonstração dessa propriedade é uma consequüência direta da lei de multiplicação de números complexos, pois

$$\alpha \frac{\bar{\alpha}}{a^2 + b^2} = \frac{\alpha\bar{\alpha}}{a^2 + b^2} = 1.$$

O número λ acima é chamado o **inverso** de α, e é denotado por α^{-1} ou $1/\alpha$. Se α e β são números complexos, freqüentemente escrevemos β/α em vez de $\alpha^{-1}\beta$ (ou $\beta\alpha^{-1}$), exatamente como fizemos com os números reais. Assim, podemos dividir por números complexos $\neq 0$.

Definimos o **valor absoluto** de um número complexo $\alpha = a_1 + a_2 i$ como sendo

$$|\alpha| = \sqrt{a_1^2 + a_2^2}.$$

Esse valor absoluto não é senão o comprimento ou norma do vetor (a_1, a_2). Em termos de valores absolutos, podemos escrever

$$\alpha^{-1} = \frac{\bar{\alpha}}{|\alpha|^2}$$

desde que $\alpha \neq 0$.

A desigualdade triangular para o comprimento de vetores pode ser agora enunciada para números complexos. Se α e β são números complexos, então

$$|\alpha + \beta| \leq |\alpha| + |\beta|.$$

No Exercício 5 vamos encontrar mais uma propriedade do valor absoluto.

Usando fatos elementares da Análise, vamos agora provar:

Teorema. *O conjunto dos números complexos é algebricamente fechado, em outras palavras, todo polinômio $f \in \mathbb{C}[t]$ de grau ≥ 1 tem uma raiz em $\mathbb{C}$.*

Demonstração: Podemos escrever

$$f(t) = a_n t^n + a_{n-1} t^{n-1} + \cdots + a_0$$

com $a_n \neq 0$. Para todo número real $R > 0$, a função $|f|$ tal que

$$t \mapsto |f(t)|$$

é contínua sobre o disco fechado de raio R e, portanto, tem um valor mínimo sobre o disco. Por outro lado, pela expressão

$$f(t) = a_n t^n \left(1 + \frac{a_{n-1}}{a_n t} + \cdots + \frac{a_0}{a_n t^n} \right)$$

vemos que à medida que $|t|$ aumenta, $|f(t)|$ também aumenta, ou seja, dado $C > 0$, existe $R > 0$ tal que se $|t| > R$, então $|f(t)| > C$. Conseqüentemente, existe um número positivo R_0 tal que, se z_0 é um mínimo de $|f|$ sobre o disco fechado de raio R_0, então

$$|f(t)| \geq |f(z_0)|$$

para todos os números complexos t. Em outras palavras, z_0 é um mínimo absoluto de $|f|$. Vamos provar que $f(z_0) = 0$.

Expressamos f sob a forma

$$f(t) = c_0 + c_1(t - z_0) + \cdots + c_n(t - z_0)^n$$

com constantes c_i. (Já fizemos isto anteriormente, e pode-se verificar a fórmula colocando $t = z_0 + (t - z_0)$ e substituindo diretamente em $f(t)$.) Se

Apêndice 397

$f(z_0) \neq 0$, então $c_0 = f(z_0) \neq 0$. Consideremos $z = t - z_0$, e seja m o menor inteiro > 0 tal que $c_m \neq 0$. O inteiro m existe porque supomos que f tem grau ≥ 1. Assim, podemos escrever

$$f(t) = f_1(z) = c_0 + c_m z^m + z^{m+1} g(z)$$

para algum polinômio g, e algum polinômio f_1 (obtidos a partir de f trocando a variável). Seja z_1 um número complexo tal que

$$z_1^m = \frac{-c_0}{c_m},$$

e consideremos valores de z do tipo

$$z = \lambda z_1,$$

onde λ é um número real, $0 \leq \lambda \leq 1$. Temos

$$\begin{aligned} f(t) = f_1(\lambda z_1) &= c_0 - \lambda^m c_0 + \lambda^{m+1} z_1^{m+1} g(\lambda z_1) \\ &= c_0 \left[1 - \lambda^m + \lambda^{m+1} z_1^{m+1} c_0^{-1} g(\lambda z_1) \right]. \end{aligned}$$

Existe um número $C > 0$ tal que para todo λ com $0 \leq \lambda \leq 1$, temos $|z_1^{m+1} c_0^{-1} g(\lambda z_1)| \leq C$ e, portanto,

$$|f_1(\lambda z_1)| \leq |c_0|(1 - \lambda^m + C\lambda^{m+1}).$$

Se agora conseguirmos provar que para valores de λ suficientemente pequenos, com $0 < \lambda < 1$ temos

$$0 < 1 - \lambda^m + C\lambda^{m+1} < 1,$$

então, para cada um desses λ obteremos $|f_1(\lambda z_1)| < |c_0|$, contradizendo a hipótese de que $|f(z_0)| \leq |f(t)|$ para todos os números complexos t. A desigualdade à esquerda é óbvia, dado que $0 < \lambda < 1$. A desigualdade à direita implica $C\lambda^{m+1} < \lambda^m$, ou de modo equivalente $C\lambda < 1$, a qual está certamente satisfeita para valores de λ suficientemente pequenos. Isto conclui a demonstração.

APP. EXERCÍCIOS

1. Expresse os números complexos seguintes sob a forma $x + iy$, onde x e y são números reais.

    (a) $(-1+3i)^{-1}$
    (b) $(1+i)(1-i)$
    (c) $(1+i)i(2-i)$
    (d) $(i-1)(2-i)$
    (e) $(7+\pi i)(\pi + i)$
    (f) $(2i+1)\pi i$
    (g) $(\sqrt{2}+i)(\pi + 3i)$
    (h) $(i+1)(i-2)(i+3)$

2. Expresse os números complexos seguintes sob a forma $x + iy$, onde x e y são números reais.

    (a) $(1+i)^{-1}$
    (b) $\dfrac{1}{3+i}$
    (c) $\dfrac{2+i}{2-i}$
    (d) $\dfrac{1}{2-i}$
    (e) $\dfrac{1+i}{i}$
    (f) $\dfrac{i}{1+i}$
    (g) $\dfrac{2i}{3-i}$
    (h) $\dfrac{1}{-1+i}$

3. Seja α um número complexo $\neq 0$. Qual é o valor absoluto de $\alpha/\bar{\alpha}$? O que é $\bar{\bar{\alpha}}$?

4. Sejam α e β dois números complexos. Mostre que $\overline{\alpha\beta} = \bar{\alpha}\bar{\beta}$ e que

$$\overline{\alpha + \beta} = \bar{\alpha} + \bar{\beta}.$$

5. Mostre que $|\alpha\beta| = |\alpha||\beta|$.

6. Defina a adição de n−uplas de números complexos componente por componente, e a multiplicação de n−uplas de números complexos por números complexos também componente por componente. Se $A =$

$(\alpha_1, \ldots, \alpha_n)$ e $B = (\beta_1, \ldots, \beta_n)$ são n−uplas de números complexos, defina seu produto $\langle A, B \rangle$ como sendo

$$\alpha_1 \bar{\beta}_1 + \cdots + \alpha_n \bar{\beta}_n$$

(observe a conjugação complexa!). Prove as seguintes regras:

HP 1. $\langle A, B \rangle = \overline{\langle B, A \rangle}$.

HP 2. $\langle A, B + C \rangle = \langle A, B \rangle + \langle A, C \rangle$.

HP 3. Se α é um número complexo, então

$$\langle \alpha A, B \rangle = \alpha \langle A, B \rangle \quad \text{e} \quad \langle A, \alpha B \rangle = \bar{\alpha} \langle A, B \rangle.$$

HP 4. Se $A = O$ então $\langle A, A \rangle = 0$ e, no caso contrário, $\langle A, A \rangle > 0$.

7. Supomos que o leitor está familiarizado com as funções seno e co-seno, e suas fórmulas de adição. Seja θ um número real.

   (a) Defina
   $$e^{i\theta} = \cos \theta + i \operatorname{sen} \theta.$$

   Mostre que se θ_1 e θ_2 são números reais, então
   $$e^{i(\theta_1 + \theta_2)} = e^{i\theta_1} e^{i\theta_2}.$$

   Mostre que qualquer número complexo de valor absoluto 1 pode ser escrito sob a forma e^{it} para algum número real t.

   (b) Mostre que qualquer número complexo pode ser escrito sob a forma $re^{i\theta}$, para alguns números reais r e θ, com $r \geq 0$.

   (c) Se $z_1 = r_1 e^{i\theta_1}$ e $z_2 = r_2 e^{i\theta_2}$, com $r_1, r_2 \geq 0$ e θ_1, θ_2 reais, mostre que
   $$z_1 z_2 = r_1 r_2 e^{i(\theta_1 + \theta_2)}.$$

(d) Se z é um número complexo, e n um inteiro > 0, mostre que existe um número complexo w tal que $w^n = z$. Se $z \neq 0$ mostre que existem n tais números complexos w distintos. [*Sugestão:* se $z = re^{i\theta}$, considere primeiro $r^{1/n} e^{i\theta/n}$.]

8. Supondo que o conjunto dos números complexos é algebricamente fechado, prove que todo polinômio irredutível sobre o conjunto dos números reais tem grau 1 ou 2. [*Sugestão:* fatore o polinômio sobre os números complexos e junte as raízes complexas conjugadas.]

Índice Remissivo

Algebricamente fechado   396
Algoritmo Euclidiano   347
Adjunto   263
Anti-simétrica
Aplicação   72,9 ,1
Aplicação
Aplicação   3,9
Aplicação linear3,,5,6
Aplicação linear associada   68
Aplicação linear simétrica
Aplicação multilinear 207
Aplicação nula   16, 257
Aplicação unitária
Auto-Adjunto   261
Auto-espaço   275
Autovalor   273, 253
Autovetor   3, 245, 273

Base   4, 20, 21
Base associada ao leque   333
Base de Jordan   371
Base dual   181

Base ortogonal   142, 150
Bijetiva   71, 74
Bilinear   170, 172

Cíclico   370, 371, 373
Coeficiente dominante   238, 334, 350, 353, 354, 357
Coeficientes de uma matriz   49, 227, 228
Coeficientes de um polinômio   287, 386
Coluna   41, 42, 43
Combinação linear   15, 16, 24
Complemento ortogonal   156, 158, 164
Ortonormal   152, 154
Componente   12, 37, 52, 61, 65
Componente de uma matriz   41
Componentes da diagonal   45, 46
Conjugado   64
Conjunto maximal
 de elementos linearmente

independentes 27, 32, 33, 34, 35

Coordenadas relativas à base   24, 129

Contido   10, 111, 20, 106, 116, 316

Convexo   5, 115, 116, 117, 118, 119

Corpo   10, 11, 13, 18, 21, 22, 299, 31, 32

Derivada   27, 6, 1

Desigualdade de Bessel   149, 59

Desigualdade de Schwarz   146, 58

Desigualdade triangular   147, 93

Determinante   3, 5, 9

Determinante de Vandermonde   219

Diagonalização   13, 5, 05

Dimensão   4, 8, 9

Dimensão finita   30, 4, 5

Dimensão infinita   30

Divisão   5, 93, 45, 56

Esfera unitária   273, 304

Elemento   6, 9, 10

Equações homogêneas   51, 52, 94. 143

Equações diferenciais   95, 279

Espaço de funções   18, 24

Espaço dual   182

Equações lineares   6

Equivalentes por coluna   229

Espaço nulo   179

Espaço vetorial   29, 362

Expansão do determinante   209

Fecho convexo   386, 387

Forma hermitiana   259, 260, 262

Forma normal de Jordan   369, 371, 371

Forma nula   195

Forma quadrática   188, 189, 190, 191

Forma simétrica   188, 189, 190, 191

Fatoração única   353

Funcional de Dirac   182

Funcional   180, 181, 182, 183, 184, 185

Funções coordenadas   10, 11, 21, 22, 23, 26

Gerador   25, 350, 351

Gerado   14, 18, 28

Grau de um polinômio   345

Hamilton-Cayley   339

Hiperplano   378, 379
Hiperplano de suporte   382, 384, 388
Hiperplano separador   380

Ideal   349
Ideal unitário   350, 359
Imagem   66
Imagem inversa   118
Independente   20, 21, 23, 24, 30
Índice de nulidade   195, 197, 315
Índice de positividade   197
Injetiva   70, 71, 72, 74
Inversa   55, 60, 70
Interseção   8, 17, 117, 378, 379, 384, 388, 389
Invertível   54, 60
Irredutível   352, 354, 355
Isomorfismo   101

Lema de Schur   366
Leque   333
Limitado   339
Linearmente dependente ou independente   20, 21, 23, 24
Linha   30, 39

Matriz   3
Matriz associada   123
Matriz de Markov   338
Matriz diagonal   43, 44
Matriz hermitiana   266
Matriz quadrada   41, 45
Matriz simétrica   43, 45
Matriz unitária   44, 55
Matriz nula   41, 42, 56
Máximo   5, 35, 166, 168, 275
Máximo divisor comum   351, 354, 355, 356, 362
$M_{B'}^{B}$ 131
Multiplicidade   328, 342

Não-degenerada   197
Não-singular   56, 249, 313
Não-trivial   6, 10, 44
Negativa definida   28, 29
Nilpotente   66, 139
Norma   130, 144
Norma de um vetor   267
Núcleo   89, 90, 91, 94
Números   7, 11
Números complexos   8, 11

Operador   7, 101
Operador positivo definido   7, 144,

146, 154
ortogonal 38, 144, 150
Ortogonalização por Gram-Schmidt
   154

Paralelogramo 87, 112
Período 6
Permutação 234, 235, 331
Permutação par 239, 241
Permutação ímpar 241
Perpendicular 19, 18, 22, 31, 91,
   144
Plano 21, 30, 34, 80, 89
Pitágoras 147, 148, 149, 152, 153
Polarização 226, 265
Polinômio 141
Poliômio característico 277, 284,
   285
Polinômio minimal 362
Posto-coluna 167, 168
Posto-linha 167, 168
Ponto extremo 87, 386, 388
Posto 163, 164
Produto de determinante 242
Produto direto 35, 36
Produto escalar 14, 15, 50, 51,
   139
Produto interno 14

Produto hermitiano 155, 156, 157
Produto de matrizes 51
Projeção 77, 91, 123
Produto positivo definido 5

Raiz 71, 159
Regra de Cramer 222
Reflexão 280, 323
Reta 17, 76
Rotação 124, 125, 127

Segmento 84, 85, 106, 107
Semi-espaço 378
Semilinear 183
Semipositivo 258
Sinal da permutação 237
Sobrejetiva 71, 72, 74, 91, 94, 100
Soma direta 33, 34
Soma de subespacos 34
Subconjunto 7
Subconjunto próprio 7
Subcorpo 9, 19
Subespaço estável 319
Subespaço invariante 315
Solução Trivial 8, 42, 47, 49

Termo constante 328
Teorema espectral 309

Teorema de Krein-Milman   5, 388, 389, 392

Teorema de Sylvester   194, 197, 199, 317

Traço   62, 63

Translação   75, 77, 88, 111, 113, 114, 391

Transposição   233, 234

Transposta de uma aplicação linear   129

Transposta de uma matriz   45

Triângulo   87, 111, 112, 113, 114, 115, 117

Triangular   65, 337, 341

Triangular estritamente superior   64

Triangular superior   48, 140

Triangulável   337

Trilinear   209

Valor característico   276

Vetor-coluna   42, 45, 47, 49, 51

União   10

Impressão e acabamento
Gráfica da Editora Ciência Moderna Ltda.
Tel: (21) 2201-6662